2026 在职考研专用教辅

学好基础
管理类联考数学

MBA MPA MEM MPAcc

高顿在职研学术研究院　编著

北京理工大学出版社
BEIJING INSTITUTE OF TECHNOLOGY PRESS

版权专有　侵权必究

图书在版编目（CIP）数据

管理类联考数学 / 高顿在职研学术研究院编著.
北京：北京理工大学出版社，2025.1. -- （学好基础）.
ISBN 978-7-5763-3008-3

Ⅰ. O13

中国国家版本馆 CIP 数据核字第 2024NG2985 号

责任编辑：曾　仙	**文案编辑**：曾　仙
责任校对：王雅静	**责任印制**：李志强

出版发行 ∕ 北京理工大学出版社有限责任公司
社　　址 ∕ 北京市丰台区四合庄路 6 号
邮　　编 ∕ 100070
电　　话 ∕ （010）68944451（大众售后服务热线）
　　　　　　（010）68912824（大众售后服务热线）
网　　址 ∕ http://www.bitpress.com.cn

版 印 次 ∕ 2025 年 1 月第 1 版第 1 次印刷
印　　刷 ∕ 上海普顺印刷包装有限公司
开　　本 ∕ 787 mm×1092 mm　1/16
印　　张 ∕ 15.25
字　　数 ∕ 430 千字
定　　价 ∕ 59.80 元

图书出现印装质量问题，请拨打售后服务热线，负责调换

前　言

本书是高顿在职研学术研究院专为职场人士备战管理类专业硕士学位 199 综合能力考试编著的数学辅导读物。

本书依据考试大纲内容，共分成七章，分别介绍算术，整式与分式，方程、函数与不等式，数列，几何，数据分析与应用题的相关概念与经典例题。

作者深谙初等数学知识，洞察 199 管理类综合能力考试数学部分的命题特点、动向，了解考生的真实水平和实际需求。全书以独创的架构覆盖了从知识点、例题到练习的各个环节和所有细节，通俗易懂、实战性强，可以有效帮助考生提升应试技巧，快速提升数学成绩。

本书完全针对联考考生的实际情况，多讲实例，少谈理论，以期考生能触类旁通，举一反三，知彼知己，更快更好地掌握联考数学的特点和备考要点。针对考生的基础及在职类考生的阅读习惯，本书在编排上十分注意整散结合，整体上注意系统性和体系性，而每一章都保持较强的独立性，都经过精心雕琢，考生可以根据自己的情况或阅读兴趣进行"碎片化"阅读，挑选一两页或一节阅读，都会有所收获。

在本书的编著过程中，我们得到了许多人士的帮助和支持，在此要特别感谢王京晶老师。王老师凭借深厚的专业素养，精准把握 199 管理类综合能力考试数学命题方向，精心编排七章内容，独创架构体系，贴合考生实际需求，使本书极具实战价值。若没有她的辛勤付出和无私奉献，本书很难如此顺利地完成，再次向她表示衷心的感谢。

扫一扫查看勘误内容　　扫一扫进行错误反馈

目 录

序章　条件充分性判断题型解析　　　　　　　　　　　　　　　　*1*

第一章　算　术

第一节　实数专题　　　　　　　　　　　　　　　　*9*
　　一、实数的分类与相关概念　　　　　　　　　　　　*9*
　　二、奇数、偶数　　　　　　　　　　　　　　　　*10*
　　三、质数、合数　　　　　　　　　　　　　　　　*11*
　　四、有理数、无理数　　　　　　　　　　　　　　*11*
　　五、约数、倍数　　　　　　　　　　　　　　　　*12*
　　六、整数除法的商数、余数　　　　　　　　　　　*13*

第二节　比和比例专题　　　　　　　　　　　　　　*15*
　　一、比与比例的相关概念　　　　　　　　　　　　*16*
　　二、比与比例的运算　　　　　　　　　　　　　　*16*

第三节　绝对值专题　　　　　　　　　　　　　　　*18*
　　一、绝对值的基本概念　　　　　　　　　　　　　*18*
　　二、绝对值的性质　　　　　　　　　　　　　　　*19*

第四节　题型总结　　　　　　　　　　　　　　　　*21*

第五节　综合能力测试　　　　　　　　　　　　　　*34*

第二章　整式与分式

第一节　整式专题　　　　　　　　　　　　　　　　*39*
　　一、整式的概念　　　　　　　　　　　　　　　　*39*
　　二、整式的运算　　　　　　　　　　　　　　　　*39*

第二节　分式专题　　　　　　　　　　　　　　　　*42*
　　一、分式的概念　　　　　　　　　　　　　　　　*42*
　　二、分式的运算性质　　　　　　　　　　　　　　*42*

第三节　题型总结　44

第四节　综合能力测试　50

第三章　方程、函数与不等式

第一节　代数方程专题　55
　　一、常见的代数方程　55
　　二、一元二次方程专题　56

第二节　函数专题　59
　　一、常考函数及其图像　59
　　二、幂函数、指数函数与对数函数　61

第三节　不等式专题　63
　　一、常见不等式考点　64
　　二、均值不等式　66

第四节　题型总结　69

第五节　综合能力测试　79

第四章　数　列

第一节　数列的基本概念　83
　　一、数列的定义　83
　　二、数列的通项公式　83
　　三、数列的前 n 项和　83

第二节　等差数列　85
　　一、等差数列的相关概念　85
　　二、等差数列的性质　85

第三节　等比数列　87
　　一、等比数列的相关概念　88
　　二、等比数列的性质　88

第四节　题型总结　90

第五节　综合能力测试　100

第五章　几　何

第一节	平面几何	105
	一、角与线	105
	二、三角形	106
	三、四边形	108
	四、圆形及扇形	109
第二节	立体几何	112
	知识点归纳	112
第三节	解析几何	114
	一、直角坐标系及点坐标	114
	二、直线方程	115
	三、圆的方程	118
第四节	题型总结	121
第五节	综合能力测试	141

第六章　数据分析

第一节	排列组合专题	147
	一、基本原理	147
	二、排列计算	149
	三、组合计算	149
	四、题型突破	149
第二节	概率专题	155
	一、古典概型	155
	二、相互独立事件的概率	159
	三、N 次独立重复试验——伯努利概率模型	160
第三节	数据处理	163
	一、统计量	163
	二、统计图表	164
第四节	题型总结	166
第五节	综合能力测试	184

第七章　应用题

第一节　八大基本题型　　189
　　一、比例类型　　189
　　二、平均值类型　　190
　　三、行程问题　　192
　　四、工程问题　　195
　　五、容斥类型（Venn 图）　　196
　　六、不定方程类型　　197
　　七、分段收费类型　　198
　　八、最值类型　　199

第二节　题型总结　　201

第三节　综合能力测试　　217

拓展部分习题参考答案　　219

综合能力测试参考答案及解析　　222

扫码观看
全书精讲

序章　条件充分性判断题型解析

一、知识框架

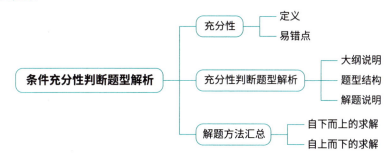

二、学习目标

(1) 熟悉条件充分性判断题型及其选项的定义逻辑；
(2) 熟练掌握条件充分性判断题型"自下而上"以及"自上而下"解题方法及其使用区别；
(3) 熟练掌握条件充分性判断题型的三个易错点；
(4) 快速识别条件充分性判断题型对应的高效解题方法.

三、考试大纲深度解读

(一) 充分性

1. 充分性的定义

对于两个命题 A 与 B，若由命题 A 成立，肯定可以推出命题 B 也成立（$A \Rightarrow B$），则称命题 A 是命题 B 的充分条件，即命题 A 具备了使命题 B 成立的充分性.

例如：

命题 A：小明考上复旦大学 MBA 专业研究生.

命题 B：小明联考笔试过线.

由小明考上了研究生，必然可以推出他联考笔试过线，故命题 A 为命题 B 的充分条件.

反之，由小明联考笔试过线，不一定能推出其"考上研究生"，故命题 B 不是命题 A 的充分条件.

2. 易错点

易错点一：不等式范围的充分性判断.

判定技巧：注意，应将充分性判断转化为集合中的"子集"来理解！即范围 A 为范围 B 的子集，可以推出范围 A 为范围 B 的充分条件（空集除外）.

其 Venn 图如右图所示.

例如：

(1) 命题 A：$x>4$；命题 B：$x>6$.

因 $x>6$ 为 $x>4$ 的子集，故命题 B 为命题 A 的充分条件.

(2) 命题 A：$1<x<5$；命题 B：$2<x<3$.

因 $2<x<3$ 为 $1<x<5$ 的子集，故命题 B 为命题 A 的充分条件.

易错点二：特殊值验证.

判定技巧：利用特值法进行验证时，若该特值满足条件但不满足结论，则可说明此条件一定不充分；但若该特值满足条件且满足结论，则无法说明此条件一定充分. 即：特值法只能用来证明条件不充分，不可用来说明条件充分.

例如：

命题 A：$x>5$；命题 B：$x>3$.

对命题 A，B，取特殊值 4，此时满足命题 B 但无法推出命题 A，

可知命题 B 不是命题 A 的充分条件；

若对命题 A，B，取特殊值 6，此时满足命题 B 且能推出命题 A，

不能说明命题 B 是命题 A 的充分条件.

易错点三：逻辑关联词"且"与"或"的充分性判断.

判定技巧：两个命题 A 与 B，对于"A 且 B"与"A 或 B"命题的真假判断见下表：

命题：A	命题：B	命题：A 且 B	命题：A 或 B
真	真	真	真
真	假	假	真
假	真	假	真
假	假	假	假

易知：只有当命题 A 与 B 同时为真时，才可以推出命题"A 且 B"为真；

当命题 A 与 B 至少有一个为真时，就可以推出命题"A 或 B"为真.

故而对于如下三个命题：

命题 A：P 成立；命题 B：P 且 Q 成立；命题 C：P 或 Q 成立.

则可知充分性结果为：命题 B 为命题 A 的充分条件；

命题 A 为命题 C 的充分条件；

命题 B 为命题 C 的充分条件.

例如：

(1) 设命题 A：$x=1$；命题 B：$x^2=1$.

对命题 B 解读为：$x^2=1 \Rightarrow x=1$ 或 $x=-1$，

故命题 A 成立可以推出命题 B 也成立，即命题 A 是命题 B 的充分条件；

(2) 设命题 A：$x \neq 1$；命题 B：$x^2 \neq 1$.

对命题 B 解读为：$x^2 \neq 1 \Rightarrow x \neq 1$ 且 $x \neq -1$，

故而由命题 B 成立能推出命题 A 成立，即命题 B 为命题 A 的充分条件.

(二) 条件充分性判断题型解析

1. 考试大纲说明

此种题型是管理类联考所特有的题型，其基本结构为：每个小题有一段题干叙述（含假设与结论或只含结论）及两个条件：条件（1）和条件（2），要求判断所给出的条件是否充分支持题干中陈述的结论，并按以下规则在 A、B、C、D、E 中择一作为解答.

A. 条件（1）充分，但条件（2）不充分；

B. 条件（2）充分，但条件（1）不充分；
C. 条件（1）和（2）单独都不充分，但条件（1）和（2）联合起来充分；
D. 条件（1）充分，条件（2）也充分；
E. 条件（1）和（2）单独都不充分，且条件（1）和（2）联合起来也不充分.

2. 题型结构

_____已知条件_____，则_____结论_____.

（1）条件（1）
（2）条件（2）

3. 解题说明：条件充分性判断的基本判断顺序

①判断条件（1）单独是否可以推出结论，若是则充分，反之则不充分；
②判断条件（2）单独是否可以推出结论，若是则充分，反之则不充分；
③当条件（1）与条件（2）单独均不充分时，此时才需将两条件联合起来判断是否充分.

【例1】 在如下共同题干下，对应题目的答案分别为哪个选项？

序号	共同题干：x 为实数，则 $x^2 = 1$		选项答案
1	（1）$x = 1$	（2）$x = 0$	
2	（1）$x \neq 0$	（2）$x = 1$	
3	（1）$x = 1$	（2）$x = -1$	
4	（1）$x < 2$	（2）$x > 0$	
5	（1）$x \geq 1$	（2）$x \leq 1$	

【例2】 在如下共同题干下，对应题目的选项分别为哪个选项？

序号	共同题干：x 为实数，则 $x^2 \neq 1$		选项答案
1	（1）$x > 2$	（2）$x < 0$	
2	（1）$x \neq 1$	（2）$x = 0$	
3	（1）$x \neq 1$	（2）$x \neq -1$	
4	（1）$x = 2$	（2）$x = -2$	
5	（1）$x > -2$	（2）$x < 0$	
6	（1）$x > 0$	（2）$x < 0$	

（三）条件充分性判断题型解题方法

1. 条件充分性判断题型的理论解题方法——自下而上代入求解

【解题提示】 已知题干，结合条件（1）和（2），分别推算结论是否正确. 若结论正确，则条件充分；反之，则条件不充分. 尤其当结论为具体值时，千万不可以将结论的值代入条件验证！

【例3】 $x = -1$.
（1）方程 $x^2 - 3x - 4 = 0$

(2) 满足不等式 $x^2+2x<0$

【例4】 三条长度分别为 a, b, c 的线段能构成一个三角形.

(1) $a+b>c$

(2) $b-c<a$

2. 若题目结论复杂或为不等式解集求解时——自上而下化简题干求解

> 【解题提示】 可先**化简题干结论**，求出参数的值或范围. 然后分别验证两个条件的值或范围是否为所求出的参数的值或范围的**子集**（空集除外）. 若是，则条件充分；反之，则条件不充分；即"下"为"上"的子集（空集除外）.

【例5】 要使 $\dfrac{1}{a}>1$ 成立.

(1) $a<1$

(2) $a>1$

【例6】 关于 x 的方程 $x^2+ax+b-1=0$ 有实根.

(1) $a+b=0$

(2) $a-b=0$

（四）真题实练

【练习1】 (2014) $x \geq 2014$.

(1) $x>2014$

(2) $x=2014$

【练习2】 (2002) 为了完成一项工作，丙的工作效率比甲的工作效率高.

(1) 甲、乙两人合作，需 10 天完成该项工作

(2) 乙、丙两人合作，需 7 天完成该项工作

【练习3】 (2010) 某班有 50 名学生，其中女生 26 名. 已知在某次选拔测试中，有 27 名同学未通过，则有 9 名男生通过.

(1) 在通过的学生中，女生比男生多 5 人

(2) 在男生中，未通过的人数比通过的人数多 6 人

【练习4】 (2012) 某人用 10 万元购买了甲、乙两种股票. 若甲种股票上涨 $a\%$，乙种股票下降 $b\%$ 时，此人购买的甲、乙两种股票总值不变，则此人购买甲种股票用了 6 万元.

(1) $a=2$，$b=3$

(2) $3a-2b=0$

【练习5】 (2016) 如右图所示，正方形 $ABCD$ 由四个相同的长方形和一个小正方形拼成，则能确定小正方形的面积.

(1) 已知正方形 $ABCD$ 的面积

(2) 已知长方形的长宽之比

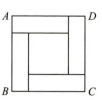

【练习6】（2015）已知 p，q 为非零实数，则能确定 $\dfrac{p}{q(p-1)}$ 的值.

（1） $p+q=1$

（2） $\dfrac{1}{p}+\dfrac{1}{q}=1$

【练习7】（2010）直线 $y=k(x+2)$ 是圆 $x^2+y^2=1$ 的一条切线.

（1） $k=-\dfrac{\sqrt{3}}{3}$

（2） $k=\dfrac{\sqrt{3}}{3}$

【练习8】（2008）整个队列的人数是 57.

（1）甲、乙两人排队买票，甲后面有 20 人，而乙前面有 30 人

（2）甲、乙两人排队买票，甲、乙之间有 5 人

【练习9】（2013）设 a，b 为常数，则关于 x 的二次方程 $(a^2+1)x^2+2(a+b)+b^2+1=0$ 具有重实根.

（1） a，1，b 成等差数列

（2） a，1，b 成等比数列

第一章

算 术

第一章 算　术

第一节　实数专题

考点考频分析

考点	频率	难度	知识点
实数的分类	低	☆	实数分类的情况
奇数、偶数	低	☆	奇数、偶数的定义及运算性质
质数、合数	中	☆☆	质数、合数的运算性质
有理数、无理数	中	☆☆	无理数的判定、相关运算
约数、倍数	低	☆	最大公约数、最小公倍数
整数除法的商数、余数	中	☆☆	整除、余数的理解及应用

一、实数的分类与相关概念

（一）分类

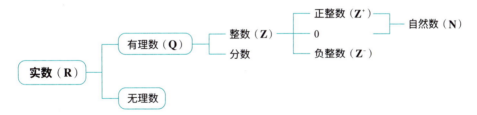

（二）相关概念

(1) **整数**：…，-2，-1，0，1，2，… 全体整数的集合记为：$\mathbf{Z}=\{0, \pm 1, \pm 2, \cdots\}$.

(2) **自然数**：0，1，2，3，… 全体自然数的集合记为：$\mathbf{N}=\{0, 1, 2, 3, \cdots\}$.

特别地：正整数集 $\mathbf{Z}^+=\{1, 2, 3, \cdots\}$；负整数集 $\mathbf{Z}^-=\{-1, -2, -3, \cdots\}$.

(3) **平方数**：指可以写成某个自然数的平方的数，记作 a^2（$a \in \mathbf{Z}$）.

常见的平方数有：$11^2=121$，$12^2=144$，$13^2=169$，$15^2=225$，$16^2=256$，$25^2=625$，…

(4) **平方根与算术平方根**：一个非负数 a，则 $\pm\sqrt{a}$ 称为它的平方根，$\sqrt{a}$ 称为算术平方根.

(5) **立方数**：指可以写成自然数 a 的 3 次方的数，记作 a^3（$a \in \mathbf{Z}$）.

常见的立方数有：$2^3=8$，$3^3=27$，$4^3=64$，$5^3=125$，$6^3=216$，…

(6) **立方根**：一个数的立方为 a，则称这个数为 a 的立方根.

基础模型题展示

以下命题中正确的是（　　）.

A. 两个数的和为正数，则这两个数都是正数
B. 两个数的差为负数，则这两个数都是负数
C. 两个数中较大的一个其绝对值也较大
D. 加上一个负数，等于减去这个数的绝对值
E. 一个数的 2 倍大于这个数本身

考点分析	实数的运算	
步骤详解		
选项 A	当两个数为一正一负的时候，一个为 7，一个为 -3，二者之和为 4，故不符合	满足题意的是选项 D
选项 B	当两个数为一正一负的时候，一个为 -7，一个为 3，二者之差为 -10，故不符合	
选项 C	当两个数为负数的时候，一个为 -3，一个为 -7，二者中 -3 较大，但其绝对值为 3，与之相比，-7 的绝对值为 7，故不符合	
选项 D	满足绝对值的定义，绝对值的结果是正数，加上负号，就是一个负数，故符合	
选项 E	当一个数为负数的时候，它的 2 倍还是负数，故不符合	

小贴士

涉及两个实数的加减运算，须注意正负号的讨论.

二、奇数、偶数

（一）定义

奇数：不能被 2 整除的整数，即 $2k \pm 1$ $(k \in \mathbf{Z})$.
偶数：能被 2 整除的整数，即 $2k$ $(k \in \mathbf{Z})$.

（二）运算性质

奇数±奇数=偶数，奇数±偶数=奇数，偶数±偶数=偶数
奇数×奇数=奇数，奇数×偶数=偶数，偶数×偶数=偶数

基础模型题展示

已知 $3a^2+2a+5$ 是一个偶数，那么整数 a 一定是（　　）.

A. 奇数　　　　B. 偶数　　　　C. 任意数　　　　D. 不确定
E. 既可以是奇数又可以是偶数

考点分析	奇数、偶数的运算	
步骤详解		
第一步	由题意知，$2a$ 是偶数，5 是奇数，故 $2a+5$ 是奇数	满足题意的是选项 A
第二步	而 $2a+5$（奇数）加上 $3a^2$ 为偶数，则 $3a^2$ 为奇数，3 是奇数，故 a^2 是奇数	
第三步	a^2 是奇数，因而 a 是奇数	

小贴士

熟悉奇数、偶数的运算规律．

三、质数、合数

定义：

（1）**质数（素数）**：除了1和它本身之外没有其他约数的数．

例如，30以内的质数有：2，3，5，7，11，13，17，19，23，29．

（2）**合数**：除了1和它本身之外还有其他约数的数，如：4，6，8，9，10．

（3）**互质数**：公约数只有1的两个数称为互质数，如：5与7、8与15．

基础模型题展示

三名小孩中有一名学龄前儿童（年龄不足6岁），他们的年龄都是质数（素数），且依次相差6岁，他们的年龄之和为（　　）．

A．21　　　　　B．27　　　　　C．33　　　　　D．39　　　　　E．51

考点分析	实数概念中的质数运算	
步骤详解		
第一步	通过枚举法可得简便运算	
第二步	首先，满足小于6的质数有2，3，5三个数；其次，分情况讨论，当学龄前儿童（年龄不足6岁）的年龄是2时，其余两个小孩的年龄为8和14（不满足都是质数的要求），故舍去；同理，当学龄前儿童（年龄不足6岁）的年龄是3时，其余两个小孩的年龄为9和15（不满足都是质数的要求），故舍去	满足题意的是选项C
第三步	当学龄前儿童（年龄不足6岁）的年龄是5时，其余两个小孩的年龄为11和17（满足都是质数的要求），故符合	
第四步	5+11+17＝33（三名小孩的年龄之和）	

熟悉20以内的质数．

四、有理数、无理数

（一）定义

（1）**有理数**：任何一个有理数都可以表示成两个整数的比值，即有理数都可以写为 $\dfrac{n}{m}$，其中 m 与 n 都是整数．且当 $m=1$ 时，分数 $\dfrac{n}{m}$ 为一个整数．

（2）**无理数**：也称为无限不循环小数，不能写作两整数之比．

常见的无理数如下：

$\pi \approx 3.14\cdots$，$e \approx 2.718\cdots$，$\sqrt{2} \approx 1.414\cdots$，$\sqrt{3} \approx 1.732\cdots$，$\sqrt{5} \approx 2.236\cdots$，$\dfrac{\sqrt{5}-1}{2} \approx 0.618$，$\cdots$

（二）运算性质

（1）有理数之和（差）仍为有理数；

（2）有理数与无理数之和（差）必为无理数；

（3）无理数之和（差）未必为无理数；

（4）有理数之积（商）仍为有理数；

（5）有理数与无理数之积（商）未必为无理数；

（6）无理数之积（商）未必为无理数.

基础模型题展示

$a = b = 0$.

（1）$ab \geq 0$，$\left(\dfrac{1}{2}\right)^{a+b} = 1$

（2）a，b 是有理数，β 是任意无理数，且 $a + b\beta = 0$

考点分析	有理数与无理数运算规律	
步骤详解		
第一步	判断题型：条件充分性判断题型，由条件（1）和条件（2）判断题干的结论是否充分	满足题意的是选项 D
第二步	条件（1）中 $\left(\dfrac{1}{2}\right)^{a+b} = 1 \Rightarrow \begin{cases} a+b=0 \\ ab \geq 0 \end{cases} \Rightarrow a = b = 0$，故条件（1）充分	
第三步	条件（2）：由有理数与无理数运算规律可得，有理数+有理数×无理数=0，可得有理数均为 0 的结论，即 $a = b = 0$，故条件（2）充分	

小贴士

实数中需要讨论有理数是否为 0 的情况.

五、约数、倍数

定义：

（1）设 a 为一个正整数：$a \in \mathbf{Z}^+$，若 a 能被某个正整数 m 除尽，就称 m 是 a 的一个**约数**或**因子**.（例：$a = 12$，因为 $a = 2 \times 2 \times 3$，所以 a 的约数共有 6 个：1，2，3，4，6，12）

（2）设 a_1，a_2，$\cdots$，a_r 是 r 个正整数，若正整数 m 同时是这 r 个正整数的约数，就称 m 是这 r 个数的**公约数**，且所有这种公约数中最大的一个，称为 a_1，a_2，$\cdots$，a_r 的**最大公约数**.

（3）若正整数 n 同时是 r 个正整数 a_1，a_2，$\cdots$，a_r 的倍数（即每个 a_i 都是 n 的约数），就称 n 是 a_1，a_2，$\cdots$，a_r 的**公倍数**，且所有这种公倍数中最小的一个称为 a_1，a_2，$\cdots$，a_r 的**最小公倍数**.

基础模型题展示

使 a,b 是 $a<b$ 的正整数,则 a 与 b 的最大公约数等于 6,最小公倍数等于 90 的 (a,b) 共有（　　）.

A. 1 个　　B. 2 个　　C. 3 个　　D. 4 个　　E. 5 个

考点分析	最大公约数、最小公倍数的计算	
步骤详解		
第一步	由题意可得：设 $a=6m$, $b=6n$,且 m, n 互质	满足题意的是选项 B
第二步	根据 a 与 b 的最大公约数等于 6,最小公倍数等于 90,则 $6mn=90 \Rightarrow nm=15$	
第三步	通过枚举可找到：$nm=15 \Rightarrow (m,n)=(1,15),(3,5)$；因为需要满足 $a<b$,故舍去 $(15,1),(5,3)$ 这两种情况	
第四步	由于 $a=6m$, $b=6n$,且 m, n 互质；所以 $(a,b)=(6,90),(18,30)$ 共 2 组	

熟悉枚举法在实数中的应用.

六、整数除法的商数、余数

基本概念：

(1) 定义：设正整数 n 被正整数 m 除的**商数**为 s,**余数**为 r,则可以表示为：$n=ms+r$（s 和 r 为自然数,$0 \leq r < m$）.

(2) 特例：n 能被 m **整除**是指 $r=0$.

(3) 性质：

能被 2 整除的数：个位数字为 0,2,4,6,8；

能被 3 整除的数：各位数字之和必能被 3 整除；

能被 4 整除的数：末两位（个位和十位）数字必能被 4 整除；

能被 5 整除的数：个位数字为 0 或 5；

能被 6 整除的数：同时满足能被 2 和 3 整除的条件；

能被 10 整除的数：个位数字为 0.

基础模型题展示

当整数 n 被 6 除时,其余数为 3,则下列不是 6 的倍数的是（　　）.

A. $n-3$　　B. $n+3$　　C. $2n$　　D. $3n$　　E. $4n$

考点分析	整数除法的商数、余数	
题干剖析	当整数 n 被 6 除时,其余数为 3,则 $n=6k+3$	
选项	解析	正误
A	$n-3=6k+3-3=6k$,是 6 的倍数	错误

续表

选项	解析	正误
B	$n+3=6k+3+3=6(k+1)$，是6的倍数	错误
C	$2n=2(6k+3)=6(2k+1)$，是6的倍数	错误
D	$3n=3(6k+3)=9(2k+1)$，不是6的倍数	正确
E	$4n=4(6k+3)=12(2k+1)$，是6的倍数	错误

当数被整除时，余数为0.

拓展测试

【拓展1】 自然数 n 加上3是一个完全平方数，则 n 的值可确定.
(1) $12n-n^2-32>0$
(2) 自然数 n 减去2是一个完全平方数

【拓展2】 设 m 为整数，关于 x 的方程 $2x+6=mx$ 有正整数解，则 m 的允许取值有（　　）.
A. 0个　　　B. 1个　　　C. 2个　　　D. 3个　　　E. 4个

【拓展3】 有偶数位来宾.
(1) 聚会时，所有来宾都安排坐在一张圆桌周围，且每位来宾与其邻座性别不同
(2) 聚会时，男宾人数是女宾人数的两倍

【拓展4】 m^2-n^2 是4的倍数.
(1) m，n 都是偶数
(2) m，n 都是奇数

【拓展5】 两个质数之和为49，则这两个质数之积为（　　）.
A. 90　　　B. 92　　　C. 94　　　D. 96　　　E. 98

【拓展6】 若几个质数（素数）的乘积为770，则它们的和为（　　）.
A. 85　　　B. 84　　　C. 28　　　D. 26　　　E. 25

【拓展7】 若 a 是无理数，b 是实数，且 $ab-a-b+1=0$，则 $b=$（　　）.
A. 0　　　B. 1　　　C. 2　　　D. -1　　　E. 无法确定 b 的值

【拓展8】 n 为任意大于1的自然数，则 n^3-n 必有约数（　　）.
A. 4　　　B. 5　　　C. 6　　　D. 7　　　E. 8

[拓展9] 自然数 n 的各位数字之积为 6.
(1) n 是除以 5 余 3，且除以 7 余 2 的最小自然数；
(2) n 是形如 2^{4m}（m 为正整数）的最小自然数．

思维导图

知识测评

掌握程度	知识点	自测
熟悉	实数分类情况（**R**、**Q**、**Z**、**Z**⁺ 等字母表示的含义）	
掌握	奇数、偶数的相关运算规则	
	质数与合数的判定、唯一的偶质数、质数的运算性质	
	有理数与无理数的判定及其运算性质	
	最大公约数、最小公倍数的求解及其应用	
理解	整数除法的商数、余数；带余公式 $n = ms + r$ 的理解	

第二节 比和比例专题

考点考频分析

考点	频率	难度	知识点
比与比例的概念	低	☆	正比例与反比例、百分比
比例的重要定理	中	☆☆	等比定理等相关的 5 个公式
比与比例的运算	高	☆☆	设比例系数、多层次比例、比例化简

一、比与比例的相关概念

(一) 基本定义

(1) 两个数 a 与 b 之比为 k，是指 $\frac{a}{b}=k$，记作 $a:b=k$，称 k 是 a 与 b 的**比值**。

(2) 比例：相等的比称为比例，记作 $a:b=c:d$ 或 $\frac{a}{b}=\frac{c}{d}$。

特别地：当 $a:b=b:c$ 时，称 b 为 a 和 c 的比例中项，即 $b^2=ac$。

(3) 正比：若 $y=kx$（k 不为 0），则称 y 与 x 成正比，k 称为比例系数；

反比：若 $y=\frac{k}{x}$（k 不为 0），则称 y 与 x 成反比，k 称为比例系数。

(4) 比值常用**百分率**表示：a 是 b 的百分之 r 是指 $a=b \cdot r\%$；

即：个体所占百分比 $=\frac{\text{个体量}}{\text{总量}}\times 100\%$。

二、比与比例的运算

(一) 比例的基本性质

(1) $a:b=c:d \Leftrightarrow ad=bc$（内项积等于外项积）。

(2) $a:b=c:d \Leftrightarrow b:a=d:c \Leftrightarrow b:d=a:c \Leftrightarrow d:b=c:a$。

(二) 重要定理

(1) 更比定理：$\frac{a}{b}=\frac{c}{d} \Leftrightarrow \frac{a}{c}=\frac{b}{d}$。

(2) 反比定理：$\frac{a}{b}=\frac{c}{d} \Leftrightarrow \frac{b}{a}=\frac{d}{c}$。

(3) 合比定理：$\frac{a}{b}=\frac{c}{d} \Leftrightarrow \frac{a+b}{b}=\frac{c+d}{d}$。

(4) 分比定理：$\frac{a}{b}=\frac{c}{d} \Leftrightarrow \frac{a-b}{b}=\frac{c-d}{d}$。

(5) 等比定理：$\frac{a}{b}=\frac{c}{d}=\frac{e}{f}=\frac{a+c+e}{b+d+f}$（$b+d+f\neq 0$）。

基础模型题展示

若实数 a，b，c 满足 $a:b:c=1:2:5$，且 $a+b+c=24$，则 $a^2+b^2+c^2=$ (　　).

A. 30　　　　B. 90　　　　C. 120　　　　D. 240　　　　E. 270

考点分析	比例计算	
步骤详解		
第一步	已知实数 a，b，c 满足 $a:b:c=1:2:5$，那么 a，b，c 占比分别是：$\frac{1}{1+2+5}$，$\frac{2}{1+2+5}$，$\frac{5}{1+2+5}$	—

		续表
第二步	又知 $a+b+c=24$，则 $a=\dfrac{1}{1+2+5}\times 24=3$， $b=\dfrac{2}{1+2+5}\times 24=6$，$c=\dfrac{5}{1+2+5}\times 24=15$	满足题意的是选项 E
第三步	故题干问题：则 $a^2+b^2+c^2=3^2+6^2+15^2=270$	

 小贴士

厘清多个数之间的比例关系.

拓展测试

【拓展1】 设 $\dfrac{a+b-c}{c}=\dfrac{a-b+c}{b}=\dfrac{-a+b+c}{a}$，则 $k=$（　　）．

A. 1　　　　B. 1 或 -2　　　　C. -1 或 2　　　　D. -2　　　　E. 2

【拓展2】 设 $\dfrac{1}{x}:\dfrac{1}{y}:\dfrac{1}{z}=4:5:6$，则使 $x+y+z=74$ 的 y 值是（　　）．

A. 24　　　　B. 36　　　　C. $\dfrac{74}{3}$　　　　D. $\dfrac{37}{2}$　　　　E. 以上都不对

【拓展3】 某公司得到一笔贷款共 68 万元，用于下属三个工厂的设备改造，结果甲、乙、丙三个工厂按比例分别得到 36 万元、24 万元和 8 万元．

（1）甲、乙、丙三个工厂按 $\dfrac{1}{2}:\dfrac{1}{3}:\dfrac{1}{9}$ 的比例贷款

（2）甲、乙、丙三个工厂按 $9:6:2$ 的比例贷款

思维导图

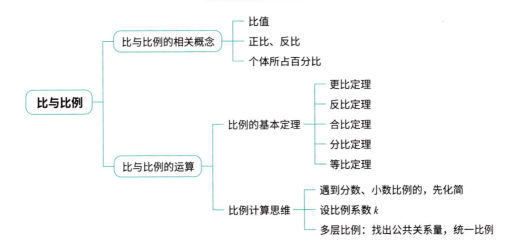

知识测评

掌握程度	知识点	自测
熟悉	比与比例的相关概念（比值、正比、反比，个体所占百分比）	
掌握	小数比例、分数比例整数化思维	
	巧设比例系数"k"思维	
	多层比例的找出公共关系量，锻炼统一比例的求解思维	

第三节　绝对值专题

考点考频分析

考点	频率	难度	知识点
绝对值的定义	中	☆	去绝对值的分类讨论
绝对值的几何意义	中	☆	数轴上表示距离
绝对值的非负性	中	☆☆	非负性的万能公式
三角不等式	中	☆☆☆	求未知量的取值范围
绝对值的图像	高	☆☆	"平底锅"型

一、绝对值的基本概念

（一）定义去绝对值

$$|a| = \begin{cases} a, & a>0 \\ 0, & a=0 \\ -a, & a<0 \end{cases}$$

（二）几何意义

绝对值的几何意义：表示距离.

其中：$|x|=a$ 表示与原点的距离为 a；

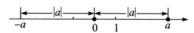

$|x-b|=a$ 表示与 b 点的距离为 a.

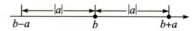

二、绝对值的性质

常考性质：

(1) 对称性：$|a|=|-a|$.

(2) 等价性：$\sqrt{a^2}=|a|$，$|a|^2=a^2$.

(3) 自比性：$-|a|\leqslant a\leqslant |a|$；进而推理可得：$\dfrac{|a|}{a}=\dfrac{a}{|a|}=\begin{cases}1,\ a>0\\-1,a<0\end{cases}$.

(4) 非负性：$|x|\geqslant 0$，$|x|+x\geqslant 0$，$|x|-x\geqslant 0$.
其他具有非负性的因素有：平方数（或偶次乘方）；开偶次根号.

(5) 三角不等式：$|a|-|b|\leqslant |a+b|\leqslant |a|+|b|$.
其中，左边等号成立条件：$ab\leqslant 0$ 且 $|a|\geqslant |b|$；右边等号成立条件：$ab\geqslant 0$.
推论：$|a|-|b|\leqslant |a-b|\leqslant |a|+|b|$.
此时，左边等号成立条件为 $ab\geqslant 0$ 且 $|a|\geqslant |b|$；右边等号成立条件为 $ab\leqslant 0$.

基础模型题展示

成立 $|b-a|+|c-b|-|c|=a$.

(1) a，b，c 在数轴上的位置为：

(2) a，b，c 在数轴上的位置为：

考点分析	绝对值的几何意义	
步骤详解		
第一步	判断题型：条件充分性判断题型，由条件（1）和条件（2）判断题干的结论是否充分	
第二步	在条件（1）下：$|b-a|+|c-b|-|c|=a-b+b-c+c=a$，故充分	条件（1）充分，条件（2）不充分，故选项 A 成立
第三步	在条件（2）下：$|b-a|+|c-b|-|c|=b-a+c-b-c=-a$，故不充分	

小贴士

理解绝对值的几何意义在数轴上的表现形式.

拓展测试

【拓展1】方程 $|x-|2x+1||=4$ 的解是（　　）.

A. -5 或 1　　B. 5 或 -1　　C. 3 或 $-\dfrac{5}{3}$　　D. -3 或 $\dfrac{5}{3}$　　E. 以上均错

【拓展2】若 $x+|3-4x|+|1-3x|=2$ 恒成立，则 x 的取值范围为（　　）.

A. $0 \leqslant x \leqslant \dfrac{3}{4}$　　B. $0 \leqslant x \leqslant \dfrac{1}{3}$　　C. $\dfrac{1}{3} \leqslant x \leqslant \dfrac{3}{4}$　　D. $x \leqslant \dfrac{1}{3}$ 或 $\geqslant \dfrac{3}{4}$　　E. 无法确定

【拓展3】如果 a，b，c 为非零实数，且 $a+b+c=0$，那么 $\dfrac{a}{|a|}+\dfrac{b}{|b|}+\dfrac{c}{|c|}+\dfrac{abc}{|abc|}=$（　　）.

A. 0　　B. 1 或 -1　　C. 2 或 -2　　D. 0 或 -2　　E. 3

【拓展4】若 x，y，z 满足条件 $|x^2+4xy+5y^2|+\sqrt{z+\dfrac{1}{2}}=-2y-1$，则 $(4x-10y)z=$（　　）.

A. -18　　B. -9　　C. 9　　D. 18　　E. 以上均错

【拓展5】$|3x+2|=|x-3|+|2x+5|$，则 x 的取值范围是（　　）.

A. $-\dfrac{5}{2} \leqslant x \leqslant 3$　　B. $x \geqslant 3$　　C. $x \leqslant -\dfrac{5}{2}$　　D. $x \leqslant 0$　　E. $x \geqslant 3$ 或 $x \leqslant -\dfrac{5}{2}$

【拓展6】关于 x 的方程 $|x-2|+|x+2|=6$ 的解为（　　）.

A. $x=3$　　　　　　　　B. $x=-3$　　　　　　　　C. $x=3$ 或 $x=-3$

D. $x=-3$ 或 $x=2$　　　　E. 以上结论均不正确

思维导图

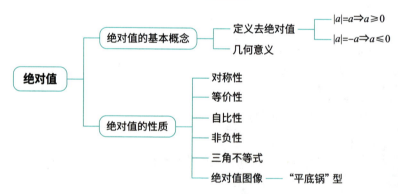

知识测评

掌握程度	知识点	自测
熟悉	去绝对值的分类讨论	
	数轴上表示距离的几何意义	
掌握	非负性的应用	
	三角不等式求未知量的取值范围	
	"平底锅"型求最值	

第四节 题型总结

题型 1.1 奇数与偶数问题

（1）一个数与奇数相乘后，其奇偶性不变；
（2）一个数与偶数相乘，其结果都是偶数；
（3）一个数与其 N 次方后的结果，具备相同的奇偶性；
（4）同奇同偶的两个数，其和与差都是偶数.

【例1】设 a 为正奇数，则 a^2-1 必是（   ）.
A. 5 的倍数   B. 6 的倍数   C. 7 的倍数   D. 8 的倍数   E. 9 的倍数
【答案】D
【解析】由题意知，a 为正奇数，设 $a=2k+1$（$k \geq 0$，且 k 为整数），则 $a^2-1=4k^2+4k=4k(k+1)$，因 k 是整数，则 k 与 $k+1$ 必有 1 个偶数，即必有 2 的倍数，$4k(k+1)$ 必是 8 的倍数，故选 D.

【例2】已知 m，n 是正整数，则 m 是偶数.
(1) $3m+2n$ 是偶数
(2) $3m^2+2n^2$ 是偶数
【答案】D
【解析】(1) 由题意知，$3m+2n$ 为偶数，且 m，n 为正整数，可设 $3m+2n=2k_1$，则 $3m=2k_1-2n$，故 $3m$ 为偶数，因此 m 为偶数；
(2) 由题意知，$3m^2+2n^2$ 为偶数，且 m，n 为正整数，可设 $3m^2+2n^2=2k_2$，则 $3m^2=2k_2-2n^2$，故 $3m^2$ 为偶数，因此 m 为偶数，故选 D.

【例3】有偶数位来宾.
(1) 聚会时所有来宾都被安排坐在一张圆桌周围，且每位来宾与其邻座的性别不同
(2) 聚会时男宾人数是女宾人数的两倍
【答案】A
【解析】(1) 由题意知，男宾两旁是女宾，我们可以发现，以任意一位男宾为起点与其右边的女宾为一组，一直到这位男宾的左边的女生结束，则两人一组为 n 组，总人数为 $2n$，可以得出有偶数位来宾；
(2) 根据题意，设女宾人数为 k，则男宾人数为 $2k$，总人数为 $3k$，此时若 k 为偶数则成立，k 为奇数则不成立，故选 A.

题型 1.2 质数与合数的问题

(1) 穷举法.
- 最常用方法,把质数从小到大依次代入验证即可;
- 30 以内的质数:2,3,5,7,11,13,17,19,23,29.

(2) 以"2"为突破口.
- 所有质数中只有一个偶数,即 2,故常通过分析奇偶性判断有无数字 2;
- 如果两个质数的和或差是奇数,那么其中必定有一个是 2;
- 如果两个质数的乘积是偶数,那么其中必定有一个是 2.

(3) 定义考查.
- 质数=质数×1;
- 遇到和合数有关的乘法、整除等问题时,常用分解质因数法.

【例 4】已知 x 为正整数,且 $6x^2-19x-7$ 的值为质数,则这个质数是( ).
A. 11　　　B. 7　　　C. 13　　　D. 17　　　E. 19

【答案】C

【解析】将原式因式分解得 $6x^2-19x-7=(3x+1)(2x-7)$,由于原式的值为质数,而质数=质数×1,若 $3x+1=1$,则 $x=0$,不成立;因此,$2x-7=1$,$x=4$,$6x^2-19x-7=13$,故选 C.

【例 5】三个质数之积恰好等于它们和的 5 倍,则这三个质数之和为( ).
A. 11　　　B. 12　　　C. 13　　　D. 14　　　E. 15

【答案】D

【解析】根据题意,设三个质数为 a,b,c,且 $a+b+c=\dfrac{abc}{5}$. 由于 $a+b+c$ 为整数,故中必有 5 的倍数的质数,只有 5 符合条件;因此,假设 $a=5$,则 $b+c-bc+5=0$,因式分解得 $(b-1)(c-1)=6$,设 $b<c$,$\begin{cases}b-1=1\\c-1=6\end{cases}\Rightarrow\begin{cases}b=2\\c=7\end{cases}$ 或 $\begin{cases}b-1=2\\c-1=3\end{cases}\Rightarrow\begin{cases}b=3\\c=4\end{cases}$ 不合题意. 所以,$a+b+c=5+2+7=14$,故选 D.

【例 6】若 a,b 都是质数,且 $a^2+b=2\,003$,则 $a+b$ 的值为( ).
A. 1 999　　　B. 2 000　　　C. 2 001　　　D. 2 002　　　E. 2 003

【答案】C

【解析】由题意得,$a^2+b=2\,003$,若 a,b 都为奇质数,则 a^2+b 为偶数,故 a,b 中必有一个为 2. ①若 $a=2$,则 $b=1\,999$ 成立;②若 $b=2$,则 $a^2=2\,001$,此时 a 不为整数,不成立,故选 C.

【例 7】每一个合数都可以写成 k 个质数的乘积,在小于 100 的合数中,k 的最大值为( ).
A. 3　　　B. 4　　　C. 5　　　D. 6　　　E. 7

【答案】D

【解析】根据题意,要使 k 最大,则要取最小的质数 2,从而 $2\times2\times2\times2\times2\times2=64<100$,即 $k=6$ 为最大值,选 D.

【例8】已知3个质数的倒数和为 $\dfrac{1661}{1986}$，则这三个质数的和为（ ）.

A. 334   B. 335   C. 336   D. 338

E. 不存在满足条件的三个质数

【答案】C

【解析】设3个质数为 a，b，c，由题意得 $\dfrac{1}{a}+\dfrac{1}{b}+\dfrac{1}{c}=\dfrac{1661}{1986}$，得 $\dfrac{ab+bc+ac}{abc}=\dfrac{1661}{1986}=\dfrac{1661}{2\times3\times331}$，所以三个质数为2，3，331，和为336，故选C.

题型1.3 整除与约数及倍数问题

（1）只要整除问题出现在条充题型时，就考虑用特值排除法求解；

（2）只要 a 能被 b 整除，就设 $\dfrac{a}{b}=k$，整理得 $a=bk$（$k\in \mathbf{Z}$）；

（3）只要考余数问题，就优先考虑"0".

【例9】$\dfrac{n}{14}$ 是一个整数.

（1）n 是一个整数，且 $\dfrac{3n}{14}$ 也是一个整数

（2）n 是一个整数，且 $\dfrac{n}{7}$ 也是一个整数

【答案】A

【解析】（1）由于 $\dfrac{3n}{14}$ 为整数，且3和14互质，n 必是14的倍数，故 $\dfrac{n}{14}$ 为整数，成立.

（2）由于 $\dfrac{n}{7}$ 为整数，设 $\dfrac{n}{7}=k$，则 $\dfrac{n}{14}=\dfrac{k}{2}$，当 k 为奇数时，$\dfrac{n}{14}$ 不是整数，不成立.

故选A.

【例10】m 是一个整数.

（1）若 $m=\dfrac{p}{q}$，其中 p 与 q 为非零整数，且 m^2 是一个整数

（2）若 $m=\dfrac{p}{q}$，其中 p 与 q 为非零整数，且 $\dfrac{2m+4}{3}$ 是一个整数

【答案】A

【解析】（1）由于 $m=\dfrac{p}{q}$，m^2 为整数，则 $\left(\dfrac{p}{q}\right)^2$ 为整数. 而 p，q 为非零整数，故 $\dfrac{p}{q}$ 不可能为无理数，由于 $\left(\dfrac{p}{q}\right)^2$ 为整数，因此，$\dfrac{p}{q}$ 不可能是分数，必为整数，成立.

（2）举反例，若 $\dfrac{2m+4}{3}=1$，则 $m=-\dfrac{1}{2}$，不是整数，不成立. 故选A.

【例11】 $4x^2+7xy-2y^2$ 是 9 的倍数.

(1) x，y 是整数
(2) $4x-y$ 是 3 的倍数

【答案】C

【解析】将原式因式分解为 $(4x-y)(x+2y)$，显然单独（1）不成立；条件（2），令 $x=1.4$，$y=2.6$ 时，$4x-y=3$ 为 3 的倍数，但原式条件不成立. 注意：代入（2）时切勿使用（1），即默认 x，y 为整数. 联立（1）和（2），由 $4x-y=3k$，则 k 为整数，由 $x+2y=4x-y-3x+3y$，而 $4x-y$，$3x$，$3y$ 均为 3 的倍数，则 $x+2y$ 为 3 的倍数，可以写作 $x+2y=3l$，l 为整数，则原式为 $9kl$，为 9 的倍数，联合成立，故选 C.

题型 1.4 整数、小数部分问题

一个数的整数部分，是指不大于这个数的最大整数；小数部分是原数减去整数的部分.

【例12】 把无理数 $-\sqrt{5}$ 记作 a，它的小数部分记作 b，则 $-a-\dfrac{4}{b}$ 等于（   ）.

A. 11   B. -11 C. 12   D. -3 E. 3

【答案】D

【解析】$-\sqrt{5}$ 的整数部分为 -3，小数部分为 $3-\sqrt{5}$，因此原式可变形为：$\sqrt{5}-\dfrac{4}{3-\sqrt{5}}=\sqrt{5}-\dfrac{4(3+\sqrt{5})}{(3-\sqrt{5})(3+\sqrt{5})}=-3$，故选 D.

题型 1.5 无理数题型扩展

(1) 已知 a，b 为有理数，λ 为无理数，若有 $a+\lambda b=0$，则有 $a=b=0$.
(2) 分母有理化（分母上带根号）：
  • 单个根式：分子分母同乘相同的根式；
  • 根式加减：将分母上带根号的式子凑成平方差，以实现去根号的目的.
(3) 去根号：
  • 数值：开几次根号就凑几次方；
  • 式子：凑完全平方式.
(4) 无理数的化简求值：
①分母有理化（分母上带根号）：
将分母上带根号的式子凑成平方差，可以去根号：$(\sqrt{n+k}+\sqrt{n})(\sqrt{n+k}-\sqrt{n})=k$；
②多个无理分数相加减：
先将每个无理分数进行分母有理化，再消项即可：$\dfrac{1}{\sqrt{(n+k)}+\sqrt{n}}=\dfrac{1}{k}(\sqrt{(n+k)}-\sqrt{n})$；
当 $k=1$ 时，$\dfrac{1}{\sqrt{(n+1)}+\sqrt{n}}=\sqrt{(n+1)}-\sqrt{n}$.

【例13】 已知 a，b 均为有理数，若 $\sqrt{9-4\sqrt{5}}=a\sqrt{5}+b$，则 $2014a+2015b$ 为（　　）.

A. 2016　　　　B. -2016　　　　C. 2014　　　　D. -2014　　　　E. 1

【答案】 B

【解析】 因 $\sqrt{9-4\sqrt{5}}=\sqrt{(2-\sqrt{5})^2}=\sqrt{5}-2=a\sqrt{5}+b$，则 $a=1$，$b=-2$，故 $2014a+2015b=-2016$，选 B.

【例14】 若 x，y 均是有理数，且满足 $(1+2\sqrt{3})x+(1-\sqrt{3})y-2+5\sqrt{3}=0$，则 x，y 的值分别为（　　）.

A. 1，3　　　　B. -1，2　　　　C. -1，3　　　　D. 1，2　　　　E. 以上均不正确

【答案】 A

【解析】 将原式整理得 $(x+y-2)+\sqrt{3}(2x-y+5)=0$，由于 x，y 均是有理数，故 $x+y-2=0$，$2x-y+5=0$，因此，$x=1$，$y=3$，选 A.

【例15】 $\left(\dfrac{1}{1+\sqrt{2}}+\dfrac{1}{\sqrt{2}+\sqrt{3}}+\cdots\dfrac{1}{\sqrt{2009}+\sqrt{2010}}+\dfrac{1}{\sqrt{2010}+\sqrt{2011}}\right)\times(1+\sqrt{2011})=$（　　）.

A. 2006　　　　B. 2007　　　　C. 2008　　　　D. 2009　　　　E. 2010

【答案】 E

【解析】 原式 $=(\sqrt{2}-1+\sqrt{3}-\sqrt{2}+\cdots+\sqrt{2010}-\sqrt{2009}+\sqrt{2011}-\sqrt{2010})\times(1+\sqrt{2011})=(\sqrt{2011}-1)\times(\sqrt{2011}+1)=2010$，选 E.

题型 1.6　实数的运算技巧

1. 多个分数求和

如果题干为多个分数求和，则使用裂项相消法. 常用公式：

$$\dfrac{1}{n(n+k)}=\dfrac{1}{k}\left(\dfrac{1}{n}-\dfrac{1}{n+k}\right)$$

特别地，当 $k=1$ 时，$\dfrac{1}{n(n+1)}=\left(\dfrac{1}{n}-\dfrac{1}{n+1}\right)$.

2. 换元法

如果题干中多次出现某些相同的项，则可将这些相同的项换元，设为 t.

【例16】 $\dfrac{1}{1\times 2}+\dfrac{1}{2\times 3}+\dfrac{1}{3\times 4}+\cdots+\dfrac{1}{99\times 100}=$（　　）.

A. $\dfrac{99}{100}$　　　　B. $\dfrac{100}{101}$　　　　C. $\dfrac{99}{101}$　　　　D. $\dfrac{97}{100}$

E. 以上选项均不正确

【答案】 A

【解析】 原式 $=\left(1-\dfrac{1}{2}+\dfrac{1}{2}-\dfrac{1}{3}+\dfrac{1}{3}-\dfrac{1}{4}+\cdots+\dfrac{1}{99}-\dfrac{1}{100}\right)=1-\dfrac{1}{100}=\dfrac{99}{100}$，选 A.

【例 17】 已知 $f(x)=\dfrac{1}{(x+1)(x+2)}+\dfrac{1}{(x+2)(x+3)}+\cdots+\dfrac{1}{(x+9)(x+10)}$，则 $f(8)=$（　　）．

A. $\dfrac{1}{9}$　　　　B. $\dfrac{1}{10}$　　　　C. $\dfrac{1}{16}$　　　　D. $\dfrac{1}{17}$　　　　E. $\dfrac{1}{18}$

【答案】 E

【解析】 原式 $=\dfrac{1}{x+1}-\dfrac{1}{x+2}+\dfrac{1}{x+2}-\dfrac{1}{x+3}+\cdots+\dfrac{1}{x+9}-\dfrac{1}{x+10}=\dfrac{1}{x+1}-\dfrac{1}{x+10}$，所以，$f(8)=\dfrac{1}{9}-\dfrac{1}{18}=\dfrac{1}{18}$，选 E.

【例 18】 已知 $M=(a_1+a_2+\cdots+a_{n-1})(a_2+a_3+\cdots+a_n)$，$N=(a_1+a_2+\cdots+a_n)(a_2+a_3+\cdots+a_{n-1})$，则 $M>N$.

(1) $a_1>0$

(2) $a_1 a_n>0$

【答案】 B

【解析】 设 $a_2+a_3+\cdots+a_{n-1}=x$，则 $M=(a_1+x)(x+a_n)=x^2+(a_1+a_n)x+a_1 a_n$，$N=(a_1+x+a_n)x=x^2+(a_1+a_n)x$，故 $M=N+a_1 a_n$，当 $a_1 a_n>0$ 时，$M>N$，选 B.

题型 1.7　比例问题

出题模型	题型套路总结
比例为分式 例如：$a:b:c=\dfrac{1}{2}:\dfrac{1}{3}:\dfrac{1}{4}$	同时乘以分母的最小公倍数
分数比例问题 例如：$\dfrac{1}{a}:\dfrac{1}{b}:\dfrac{1}{c}=\dfrac{1}{2}:\dfrac{1}{3}:\dfrac{1}{4}$	两边同取倒数
三连比问题	三条线
整体与部分间比例	从份数角度考虑
变化比例问题	以上一期为基期数量
连比问题 例如：$\dfrac{x}{a}=\dfrac{y}{b}$	常用设 k 法，则可设 $\dfrac{x}{a}=\dfrac{y}{b}=k$，则 $x=ak$，$y=bk$（特值：令 $k=1$）
某一指标固定	统一比例法
比例性质问题	常考等比定理

1. 比例为分式

【例 19】 将 3 700 元奖金按 $\dfrac{1}{2}:\dfrac{1}{3}:\dfrac{2}{5}$ 的比例分给甲、乙、丙三人，则乙应得奖金（　　）元.

A. 1 000　　　B. 1 050　　　C. 1 200　　　D. 1 500　　　E. 1 700

【答案】A

【解析】设三人的奖金分别为 $\frac{1}{2}k$，$\frac{1}{3}k$，$\frac{2}{5}k(k>0)$，则 $\frac{1}{2}k+\frac{1}{3}k+\frac{2}{5}k=3\,700$，得 $k=3\,000$，故乙的奖金为 $\frac{1}{3}k=1\,000$，选 A．

2. 分数比例问题

【例20】已知 $\frac{1}{x}:\frac{1}{y}:\frac{1}{z}=4:5:6$，且 $x+y+z=74$，那么 $y=($　　$)$．

A．24　　　　B．36　　　　C．$\frac{74}{3}$　　　　D．$\frac{37}{2}$　　　　E．$\frac{37}{3}$

【答案】A

【解析】设 $\frac{1}{x}=4k$，$\frac{1}{y}=5k$，$\frac{1}{z}=6k(k\neq 0)$，则 $x=\frac{1}{4k}$，$y=\frac{1}{5k}$，$z=\frac{1}{6k}$，那么，$x+y+z=\frac{1}{4k}+\frac{1}{5k}+\frac{1}{6k}=74$，解得 $k=\frac{1}{120}$，$y=24$，故选 A．

3. 三连比问题

【例21】某家庭在一年总支出中，子女教育支出与生活资料支出的比为 3:8，文化娱乐支出与子女教育支出的比为 1:2．已知文化娱乐支出占家庭总支出的 10.5%，则生活资料支出占家庭总支出的（　　）．

A．40%　　　B．42%　　　C．48%　　　D．56%　　　E．64%

【答案】D

【解析】设子女教育支出、生活资料支出、文化娱乐支出及家庭总支出分别为 a，b，c，d，根据已知条件，$\frac{a}{b}=\frac{3}{8}$，$\frac{c}{a}=\frac{1}{2}$，$\frac{c}{d}=0.105$．从而，$\frac{b}{d}=\frac{c}{d}\cdot\frac{a}{c}\cdot\frac{b}{a}=0.105\times 2\times\frac{8}{3}=0.56=56\%$，故选 D．

4. 整体与部分间比例

【例22】甲、乙两商店同时购进了一批某品牌电视机，当甲店售出 15 台时乙售出了 10 台，此时两店的库存比为 8:7，库存差为 5，甲、乙两店总进货量为（　　）．

A．85　　　B．90　　　C．95　　　D．100　　　E．105

【答案】D

【解析】设甲商店购进了 x 台电视，乙商店购进了 y 台电视，则 $\begin{cases}(x-15):(y-10)=8:7\\(x-15)-(y-10)=5\end{cases}$，得 $\begin{cases}x=55\\y=45\end{cases}$，则 $x+y=100$，选 D．

5. 变化比例问题

【例23】甲企业今年人均成本是去年的 60%．

(1) 甲企业今年总成本比去年减少 25%，员工人数增加 25%

(2) 甲企业今年总成本比去年减少 28%，员工人数增加 20%

【答案】D

【解析】(1) 设去年总成本为 a，去年员工人数为 b，则今年总成本为 $0.75a$，今年人数为

1.25b，所以今年人均成本为 $\frac{\frac{0.75a}{1.25b}}{\frac{a}{b}} \times 100\% = 60\%$.

(2) 设去年总成本为 a，去年员工人数为 b，则今年总成本为 $0.72a$，今年人数为 $1.2b$，所以今年人均成本为 $\frac{\frac{0.72a}{1.2b}}{\frac{a}{b}} \times 100\% = 60\%$，故（1），（2）都成立，选 D.

【例24】 如果甲公司的年终奖总额增加 25%，乙公司的年终奖总额减少 10%，两者相等，则能确定两公司的员工人数之比.

(1) 甲公司的人均年终奖与乙公司的相同

(2) 两公司的员工人数之比与两公司的年终奖总额之比相等

【答案】 D

【解析】 设甲的年终奖总额为 x，员工人数为 a，乙的年终奖总额为 y，员工人数为 b. 由题干得，$1.25x = 0.9y$，$\frac{x}{y} = 0.72$.

(1) $\frac{x}{a} = \frac{y}{b} \Rightarrow \frac{a}{b} = \frac{x}{y} = 0.72$；(2) $\frac{a}{b} = \frac{x}{y} = 0.72$，故（1）（2）都成立，选 D.

6. 连比问题

【例25】 已知 x，y，z 都是实数，有 $x+y+z=0$.

(1) $\frac{x}{a+b} = \frac{y}{b+c} = \frac{z}{c+a}$

(2) $\frac{x}{a-b} = \frac{y}{b-c} = \frac{z}{c-a}$

【答案】 B

【解析】（1）令 $\frac{x}{a+b} = \frac{y}{b+c} = \frac{z}{a+c} = k$，则 $x=k(a+b)$，$y=k(b+c)$，$z=k(a+c)$，$x+y+z = 2k(a+b+c)$，不成立.

(2) 令 $\frac{x}{a-b} = \frac{y}{b-c} = \frac{z}{c-a} = k$，则 $x=k(a-b)$，$y=k(b-c)$，$z=k(a-c)$，$x+y+z = 0$，成立，故选 B.

7. 某一指标固定

【例26】 甲、乙两人手中的钱数之比为 5∶4，如果甲给乙 22.5 元，则甲、乙手中的钱数之比为 5∶7. 甲原来手中有（　　）元.

A. 72   B. 90   C. 115   D. 126   E. 135

【答案】 B

【解析】 设甲有 $5k$，乙有 $4k$，改变后之比为 $(5k-22.5):(4k+22.5) = 5:7$，解得 $5k=90$，故选 B.

8. 比例性质问题

【例27】 一个最简正分数，如果分子加 36，分母加 54，分数值不变，则原分数的分母与分子之积为（　　）.

A. 2   B. 3   C. 4   D. 6   E. 12

【答案】D

【解析】设分数为 $\dfrac{a}{b}$，且 a，b 互质，则 $\dfrac{a}{b} = \dfrac{a+36}{b+54} = \dfrac{2}{3}$，$ab=6$，故选 D．

【例 28】已知 a，b，c 为非零实数，且满足 $\dfrac{b+c}{a} = \dfrac{a+c}{b} = \dfrac{a+b}{c} = k$，则 k 的值为（　　）．

A．0　　　　B．2　　　　C．-1　　　　D．-1 或 2　　　　E．1 或 -2

【答案】D

【解析】当 $a+b+c \neq 0$ 时，由等比定理得 $k = \dfrac{2(a+b+c)}{a+b+c} = 2$；当 $a+b+c = 0$，$b+c = -a$，$k = -1$，故选 D．

题型 1.8　绝对值的基本问题

【例 29】$|b-a| + |c-b| - |c| = a$．

(1) a，b，c 在数轴上的位置为：

$\overset{}{\underset{c\ \ \ b\ \ 0\ \ \ a}{\longleftrightarrow}}$

(2) a，b，c 在数轴上的位置为：

$\overset{}{\underset{a\ \ \ 0\ \ b\ \ c}{\longleftrightarrow}}$

【答案】A

【解析】(1) 去绝对值，由图得 $b-a<0$，$c-b<0$，故原式 $=a-b+b-c+c=a$；

(2) 绝对值，由图得 $b-a>0$，$c-b>0$，故原式 $=b-a+c-b-c=-a$，不成立，故选 A．

【例 30】已知 $\dfrac{|x+y|}{x-y} = 2$，则 $\dfrac{x}{y}$ 等于（　　）．

A．$\dfrac{1}{2}$　　　　B．3　　　　C．$\dfrac{1}{3}$ 或 3　　　　D．$\dfrac{1}{2}$ 或 $\dfrac{1}{3}$　　　　E．$\dfrac{1}{2}$ 或 3

【答案】C

【解析】原式变形为 $|x+y| = 2x-2y$，若 $|x+y| \geq 0$，则 $x+y = 2x-2y$，$\dfrac{x}{y} = 3$；若 $|x+y| \leq 0$，则 $-x-y = 2x-2y$，$\dfrac{x}{y} = \dfrac{1}{3}$．故 $\dfrac{x}{y} = \dfrac{1}{3}$ 或 3，选 C．

【例 31】可以确定 $\dfrac{|x+y|}{x-y} = 2$．

(1) $\dfrac{x}{y} = 3$

(2) $\dfrac{x}{y} = \dfrac{1}{3}$

【答案】E

【解析】(1) (2) 均无法确定 $x-y$ 的符号，而 $|x+y|$ 确定为非负，故无法确定 $\dfrac{|x+y|}{x-y}$ 的符号，选 E．

【例32】 方程 $x^2-3|x-2|-4=0$ 的所有实根之和为（　　）.

A. -4　　　　B. -3　　　　C. -2　　　　D. -1　　　　E. 0

【答案】B

【解析】去绝对值，当 $x-2\geq 0$（即 $x\geq 2$）时，方程为 $x^2-3x+2=0$，解得 $x_1=2$，$x_2=1$（范围不符合，舍去）；当 $x-2<0$（即 $x<2$）时，方程为 $x^2+3x-10=0$，解得 $x_1=-5$，$x_2=2$（舍去2），所以所有实根和为 -3，选 B.

题型 1.9　非负性问题

出题模型	应对套路
基础式	$\|a\|+b^2+\sqrt{c}=0$　$\|a\|+b^2+\sqrt{c}\leq 0$
凑配方	等价变换凑完全平方式
多个式子	两式合一式，左边加左边=右边加右边
根式限制	根号内大于等于0

【例33】 若实数 a，b，c 满足 $|a-3|+\sqrt{3b+5}+(5c-4)^2=0$，则 abc 的值为（　　）.

A. -4　　　　B. -5　　　　C. 4　　　　D. 3　　　　E. 5

【答案】A

【解析】由绝对值、二次根式与平方式的非负性，可得 $\begin{cases}a-3=0\\3b+5=0\\5c-4=0\end{cases}$，解后相乘可得 $abc=-4$，故选 A.

【例34】 已知实数 a，b，x，y 满足 $y+|\sqrt{x}-\sqrt{2}|=1-a^2$ 和 $|x-2|=y-1-b^2$，则 $3^{x+y}+3^{a+b}=$（　　）.

A. 25　　　　B. 26　　　　C. 27　　　　D. 28　　　　E. 29

【答案】D

【解析】在两个式子中将 y 消除，可得 $|x-2|+|\sqrt{x}-\sqrt{2}|+a^2+b^2=0$，由绝对值、二次根式与平方式的非负性，可得 $x=2$，$y=1$，$a=b=0$，可得 $3^{x+y}+3^{a+b}=28$，故选 D.

【例35】 实数 x，y，z 满足条件 $|x^2+4xy+5y^2|+\sqrt{z+\dfrac{1}{2}}=-2y-1$，则 $(4x-10y)^z$ 的值为（　　）.

A. $\dfrac{\sqrt{6}}{2}$　　　　B. $-\dfrac{\sqrt{6}}{2}$　　　　C. $\dfrac{\sqrt{2}}{6}$　　　　D. $-\dfrac{\sqrt{2}}{6}$　　　　E. $\dfrac{\sqrt{6}}{6}$

【答案】C

【解析】将原式整理得 $(x+2y)^2+(y+1)^2+\sqrt{z+\dfrac{1}{2}}=0$，由非负性得 $x=2$，$y=-1$，$z=-\dfrac{1}{2}$，代入可得 $(4x-10y)^z=\dfrac{\sqrt{6}}{2}$，故选 C.

题型 1.10　自比性问题

(1) 自比性：
$$\frac{|a|}{a}=\frac{a}{|a|}=\begin{cases}1, & a>0\\ -1, & a<0\end{cases}.$$
(2) 0 没有自比性.
(3) 自比性问题可以考虑特值"秒杀".

【例 36】 代数式 $\dfrac{a}{|a|}+\dfrac{b}{|b|}+\dfrac{c}{|c|}$ 的可能值有（　　）.

A. 1 种　　　　B. 2 种　　　　C. 3 种　　　　D. 4 种　　　　E. 5 种

【答案】 D

【解析】 ① a，b，c 均为正数，原式为 3；② a，b，c 两正一负，原式为 1；③ a，b，c 两负一正，原式为 -1；④ a，b，c 均为负数，原式为 -3，故有 4 种情况，选 D.

【例 37】 $\dfrac{b+c}{|a|}+\dfrac{c+a}{|b|}+\dfrac{a+b}{|c|}=1$.

(1) 实数 a，b，c 满足 $a+b+c=0$
(2) 实数 a，b，c 满足 $abc>0$

【答案】 C

【解析】 由 (1) 可得 $\dfrac{-a}{|a|}+\dfrac{-b}{|b|}+\dfrac{-c}{|c|}=1$，则 a，b，c 为两负一正，即 $1+1-1=1$，但条件 (1) 无法得出 a，b，c 的具体正数与负数的数量，故不充分，单独 (2) 显然也不充分. 联立后可以得出 a，b，c 为两负一正，故充分，选 C.

题型 1.11　求绝对值的最值

1. 三类绝对值的最值模型

(1) 凹槽型：形如 $y=|x-a|+|x-b|$
设 $a<b$，则当 $x\in[a, b]$ 时，y 有最小值 $|a-b|$. 函数的图像如左下图所示.
(2) Z 字型：形如 $y=|x-a|-|x-b|$
y 有最小值 $-|a-b|$，最大值 $|a-b|$. 函数的图像如中下图所示（正"Z"形或反"Z"形）.
(3) 削铅笔型：形如 $y=|x-a|+|x-b|+|x-c|$
若 $a<b<c$，则当 $x=b$ 时，y 有最小值 $|a-c|$. 函数的图像如右下图所示.

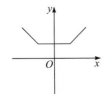 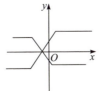 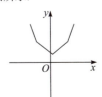

推广：$y=|x-a|+|x-b|+|x-c|+\cdots$（共奇数个），则当 x 取到中间值时，y 的值最小.

2. 绝对值最值的通用方法

(1) x 的系数之和相加大于零，y 值趋于正无穷，有最小值；

(2) x 前的系数之和相加小于零，y 值趋于负无穷，有最大值；

(3) x 前的系数之和相加等于零，y 值趋于常数；

(4) 最值一定取在范围分界点（图像拐点）处.

【例 38】 满足关系式 $|x-2|+|x+4|=6$.

(1) $x\leqslant 2$

(2) $-4\leqslant x\leqslant 3$

【答案】 C

【解析】 当 $x<-4$ 时，可得 $|x-2|+|x+4|=-2x-2\neq 6$. 当 $-4\leqslant x\leqslant 2$ 时，可得 $|x-2|+|x+4|=6$；当 $x>2$ 时，可得 $|x-2|+|x+4|=2x+2\neq 0$，故联立可成立，选 C.

【例 39】 当 $|x|\leqslant 4$ 时，函数 $y=|x-1|+|x-2|+|x-3|$ 的最大值与最小值之差是（　　）.

A. 4　　　　B. 6　　　　C. 16　　　　D. 20　　　　E. 14

【答案】 C

【解析】 代入三个式子的转折位置，$x=1$，$x=2$，$x=3$，可得 $x=2$ 时取值最小，为 2，且式子关于 $x=2$ 对称（类似二次函数图像）. 当 $x=-4$ 时，距离 $x=2$ 最远，此时最大值为 18，故差为 16，选 C.

【例 40】 不等式 $|x-2|+|4-x|<s$ 无解.

(1) $s\leqslant 2$

(2) $s>2$

【答案】 A

【解析】 由绝对值的凹槽型图可得 $|x-2|+|4-x|$ 的最小值为 2，在 $[2, 4]$ 取得，故 $|x-2|+|4-x|<2$ 时无解，即 $s\leqslant 2$ 时原不等式无解，故选 A.

【例 41】 设实数 x 满足 $|x-2|-|x-3|=a$，则能确定 x 的值.

(1) $0<a\leqslant \dfrac{1}{2}$

(2) $\dfrac{1}{2}<a\leqslant 1$

【答案】 A

【解析】 由绝对值的 Z 字型图像可得 $|x-2|-|x-3|$ 在取值为 -1 与 1 时有无数个解，当取值在 $(-1, 1)$ 时只有一个解，故应选 $(-1, 1)$ 的子集，选 A.

【例 42】 方程 $|x+1|+|x|=2$ 无根.

(1) $x\in (-\infty, -1)$

(2) $x\in (-1, 0)$

【答案】 B

【解析】（1）当 $x\in(-\infty,-1)$ 时，方程可化简为 $2x+3=0$，得 $x=-\dfrac{3}{2}$ 有解；（2）当 $x\in(-1,0)$ 时，方程可化简为 $1=2$，显然无解，故选 B.

题型 1.12 绝对值不等式

(1) 判断等号成立条件的题目可选用特值法；
(2) $|a|+|b|=\max\{|a-b|,|a+b|\}$；
(3) $||a|-|b||=\min\{|a-b|,|a+b|\}$.

【例 43】x，y 是实数，$|x|+|y|=|x-y|$.
(1) $x>0$，$y<0$
(2) $x<0$，$y>0$
【答案】D
【解析】由 (1) 得 $|x|=x$，$|y|=-y$，且 $|x-y|=x-y>0$，所以 $|x|+|y|=x-y=|x-y|$；由 (2) 得 $|x|=-x$，$|y|=y$，且 $x-y<0$，$|x-y|=y-x$，故 $|x|+|y|=y-x=|x-y|$，选 D.

【例 44】已知 a，b 是实数，则 $|a|\leqslant 1$，$|b|\leqslant 1$.
(1) $|a+b|\leqslant 1$
(2) $|a-b|\leqslant 1$
【答案】C
【解析】单独 (1)(2) 显然不成立，考虑联合. (1) $-1\leqslant a+b\leqslant 1$；(2) $-1\leqslant a-b\leqslant 1$. (1)+(2) 得：$-1\leqslant a\leqslant 1$，$|a|\leqslant 1$；(1)-(2) 得：$-1\leqslant b\leqslant 1$，$|b|\leqslant 1$. 联合成立，选 C.

【例 45】设 a，b 为实数，则能确定 $|a|+|b|$ 的值.
(1) 已知 $|a+b|$ 的值
(2) 已知 $|a-b|$ 的值
【答案】C
【解析】单独 (1)(2) 显然不成立，考虑联合.
若 a，b 一项或者两项为 0，则 $|a+b|$，$|a-b|$ 相等，即 $|a|+|b|=|a+b|=|a-b|$. 若 a，b 同号，则 $|a|+|b|=|a+b|>|a-b|$；若 a，b 异号，则 $|a|+|b|=|a-b|>|a+b|$，均可确定 $|a|+|b|$ 的值，故选 C.

第五节 综合能力测试

扫码观看
章节测试讲解

一、问题求解： 第1~10小题，每小题6分，共60分. 下列每题给出的 A、B、C、D、E 五个选项中，只有一项是符合试题要求的.

1. 三个数的和是312，这三个数分别能被7，8，9整除，而且商相同，则最大的数与最小的数相差（　　）.
   A. 18　　　B. 20　　　C. 22　　　D. 24　　　E. 26

2. 加工某种机器零件，要经过三道工序，第一道工序每个工人每小时可完成3个零件，第二道工序每个工人每小时可完成10个零件，第三道工序每个工人每小时可完成5个零件，要使加工生产均衡，三道工序总共至少分配（　　）个工人.
   A. 15　　　B. 16　　　C. 19　　　D. 20　　　E. 25

3. 正整数 N 的9倍与5倍之和，除以10的余数为6，则 N 的最末一位数为（　　）.
   A. 4　　　B. 6　　　C. 9　　　D. 6或9　　　E. 4或9

4. 已知 m，n 是有理数，且 $(\sqrt{5}+2)m+(3-2\sqrt{5})n+7=0$，求 $m+n=$（　　）.
   A. -4　　　B. -3　　　C. 4　　　D. 1　　　E. 3

5. 如果 x 和分式 $\dfrac{3x+4}{x-1}$ 都是整数，那么 x 的值可能为（　　）.
   A. 8　　　B. 2，8　　　C. 2，0，6　　　D. 2，0，8　　　E. -6，2，0，8

6. 将210分解为若干质数之积，则这些质数之和为（　　）.
   A. 17　　　B. 18　　　C. 19　　　D. 20　　　E. 21

7. 设 m，n 是小于20的质数，满足条件 $|m-n|=2$ 的 $\{m, n\}$ 共有（　　）.
   A. 2组　　　B. 3组　　　C. 4组　　　D. 5组　　　E. 6组

8. 从1到100的整数中任取1个数，则该数能被5或7整除的数有（　　）个.
   A. 2　　　B. 14　　　C. 20　　　D. 32　　　E. 34

9. 已知 $|x-a|+|x+2|$ 的最小值是5，则 a 的值为（　　）.
   A. 3　　　B. -3　　　C. 7　　　D. -7　　　E. 3或-7

10. 满足关系式 $|x-3|-|x+1|=4$ 的 x 的取值范围是（　　）.
    A. $x \leq -2$　　　B. $x \leq 1$　　　C. $x \geq -1$　　　D. $x \geq 1$　　　E. $x \leq -1$

二、条件充分性判断：第 11~15 小题，每小题 8 分，共 40 分.
要求判断每题给出的条件（1）和（2）能否充分支持题干所陈述的结论. A、B、C、D、E 五个选项为判断结果，请选择一项符合试题要求的判断.

  A. 条件（1）充分，但条件（2）不充分；
  B. 条件（2）充分，但条件（1）不充分；
  C. 条件（1）和（2）都不充分，但联合起来充分；
  D. 条件（1）充分，条件（2）也充分；
  E. 条件（1）不充分，条件（2）也不充分，联合起来仍不充分.

11. $\dfrac{3a}{26}$ 是一个整数.

  （1）a 是一个整数，且 $\dfrac{3a}{4}$ 也是一个整数

  （2）a 是一个整数，且 $\dfrac{5a}{13}$ 也是一个整数

12. 已知 m，n 是正整数，则 m 是偶数.

  （1）$3m+2n$ 是偶数

  （2）$3m^2+2n^2$ 是偶数

13. 已知 a，b，c 为三个实数，则 $\min\{|a-b|,|b-c|,|a-c|\} \leq 5$.

  （1）$|a| \leq 5$，$|b| \leq 5$，$|c| \leq 5$

  （2）$a+b+c=15$

14. 一满杯酒的容积为 $\dfrac{1}{8}$ 升.

  （1）瓶中有 $\dfrac{3}{4}$ 升酒，再倒入 1 满杯酒可使瓶中的酒增至 $\dfrac{7}{8}$ 升

  （2）瓶中有 $\dfrac{3}{4}$ 升酒，再从瓶中倒出 2 满杯酒可使瓶中的酒减至 $\dfrac{1}{2}$ 升

15. $p=mq+1$ 为质数.

  （1）m 为正整数，q 为质数

  （2）m，q 均为质数

第二章

整式与分式

第二章 整式与分式

第一节 整式专题

考点考频分析

考点	频率	难度	知识点
整式的概念	低	☆	单项式与多项式
加减运算	低	☆	加减运算规则
除法、乘法运算	中	☆☆	整除定理与带余除法定理
因式分解	中	☆☆	一提、二套、三分组

一、整式的概念

（一）整式中的概念

（1）单项式：由数字与字母或字母与字母相乘组成的代数式叫作单项式（单独的一个数字或字母也是单项式）. 单项式中的数字因数叫作这个单项式的系数. 所有字母的指数的和叫作这个单项式的次数.

（2）多项式：若干个单项式的和（差）组成的式子叫作多项式. 多项式中每个单项式叫作多项式的项，这些单项式中的最高次数，就是这个多项式的次数.

（3）单项式与多项式总称为**整式**.

二、整式的运算

（一）整式的加减运算

几个整式相加减，若有括号就先去括号（括号前是负号的，去括号后注意变号），然后合并同类项. 整式加法满足交换律、结合律和分配律.

例如：$(3x^2-6x+5)-(4x^2+7x-6)+(x^2-11)$

$= 3x^2-6x+5-4x^2-7x+6+x^2-11$

$= -13x$

（二）整式的乘除运算

1. 整式的乘法

单项式乘以单项式时，系数与系数相乘，同底数幂相乘；单项式与多项式相乘时，单项式乘以多项式的每一项；多项式乘以多项式时，一个多项式的每一项乘以另一个多项式的每一项，然后合并同类项. 整式的乘法运算满足交换律、结合律和分配律. 例如：

$(x+1)(2-4x)-(1+2x)(1-2x) = 2x-4x^2+2-4x-1+4x^2 = 1-2x$

2. 整式的除法

设整式 $f(x)$ 为 n 次多项式，$g(x)$ 为 m 次多项式且 $m \leq n$，若 $f(x)$ 除以 $g(x)$ 得商式为 $h(x)$，余式为 $r(x)$，则必有：$f(x) = h(x) \cdot g(x) + r(x)$.

其中：$h(x)$ 是 $n-m$ 次多项式，称 $h(x)$ 为 $f(x)$ 被 $g(x)$ 除的**商式**；

$r(x)$ 是方次低于 m 次的多项式，称 $r(x)$ 为 $f(x)$ 被 $g(x)$ 除的**余式**.

特例：若 $f(x)$ 被 $g(x)$ 除的余式 $r(x) = 0$，则称 $f(x)$ 能被 $g(x)$ **整除**.

(三) 因式分解

(1) 把一个多项式化成几个整式的积，这种变形叫作分解因式（或称因式分解）.
① 因式分解的实质是一种恒等变形，是一种化和为积的变形；
② 因式分解与整式乘法是互逆的；
③ 在因式分解的结果中，每个因式都必须是整式；
④ 因式分解要分解到不能再分解为止.

(2) 因式分解的基本方法：公式法、分组分解法、十字相乘法.

(3) 因式分解的一般步骤：一提、二套、三分组.

(四) 常用基本公式

(1) 平方差：$a^2 - b^2 = (a+b)(a-b)$.

(2) 完全平方和：$(a+b)^2 = a^2 + 2ab + b^2$；完全平方差：$(a-b)^2 = a^2 - 2ab + b^2$.

特别地：$\left(x \pm \dfrac{1}{x}\right)^2 = x^2 \pm 2 + \dfrac{1}{x^2}$.

$a^2 + b^2 + c^2 = ab + bc + ca \Rightarrow \dfrac{1}{2}[(a-b)^2 + (b-c)^2 + (c-a)^2] = 0 \Rightarrow a = b = c$.

(3) 十字相乘法：$x^2 + (p+q)x + pq = (x+p)(x+q)$.

(4) 三项和的平方：$(a+b+c)^2 = a^2 + b^2 + c^2 + 2(ab+bc+ac)$.

(5) 立方和：$a^3 + b^3 = (a+b)(a^2 - ab + b^2)$；立方差：$a^3 - b^3 = (a-b)(a^2 + ab + b^2)$.

> **基础模型题展示**

已知 $f(x, y) = x^2 - y^2 - x + y + 1$，则 $f(x, y) = 1$.

(1) $x = y$

(2) $x + y = 1$

考点分析	整式运算	
步骤详解		
第一步	判断题型：条件充分性判断题型，由条件（1）和条件（2）判断题干的结论是否充分	条件（1）充分，条件（2）充分，故选项 D 成立
第二步	在条件（1）下： 由于 $x=y$，将其代入已知式子中得： $f(x, y) = f(x, x) = x^2 - x^2 - x + x + 1 = 1$，故充分	
第三步	在条件（2）下： 由于 $x+y=1$，将其代入已知式子中得： $f(x, y) = f(x, 1-x) = x^2 - (1-x)^2 - x + (1-x) + 1 = 1$，故充分	

小贴士

遇到整式有多个未知数，采用减少未知数的方法来化简.

拓展测试

【拓展1】 已知$(m+n)^2=10$，$(m-n)^2=2$，则m^4+n^4的值为（　　）.
A. 102　　　　　　　　B. 104　　　　　　　　C. 28
D. 22　　　　　　　　E. 以上均错

【拓展2】 已知$f(x)=x^3+a^2x^2+ax-1$能被$x+1$整除，则实数a的值为（　　）.
A. 2或者-1　　　　　B. 2　　　　　　　　C. -1
D. -2或者1　　　　　E. 以上均错

【拓展3】 若$x+\dfrac{1}{x}=3$，则$\dfrac{x^2}{x^4+x^2+1}=$（　　）.

A. $-\dfrac{1}{8}$　　B. $\dfrac{1}{6}$　　C. $\dfrac{1}{4}$　　D. $-\dfrac{1}{4}$　　E. $\dfrac{1}{8}$

思维导图

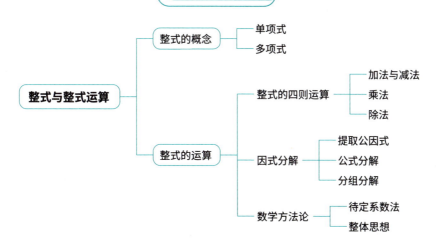

知识测评

掌握程度	知识点	自测
熟悉	单项式、多项式	
	整式的加减运算	
掌握	整除定理与带余除法定理	
	因式分解思维"一提、二套、三分组"	

第二节　分式专题

考点	频率	难度	知识点
分式的基本概念	低	☆	分式有意义、分式等于零
分式方程	低	☆	分式方程求解步骤、增根的理解
分式化简	中	☆☆	分式的运算性质

一、分式的概念

（一）基本概念

定义：分母中含有字母的有理式叫作分式．其中，分式的分母不能为零．
（1）**分式有意义**：分式的所有分母形式都不等于零．
（2）**分式等于零**：分式的分母不为零的前提下，分式的分子为零时，分式的值为零．

（二）分式方程

定义：分母中含有未知数的方程，称为分式方程．
（1）**求解分式方程的步骤**：
①去分母：方程两边同时乘以最简公分母，将分式方程化简．
②求解：按解整式方程的步骤求出未知数的值．
③验根：求出未知数的值后必须验根，防止分母等于零而产生增根．
（2）**分式的增根**：使得分式方程的分母等于零的根，称为该分式方程的增根．

二、分式的运算性质

设以下各式中分母均不为 0：

（1）$\dfrac{a}{b} = \dfrac{ka}{kb}$（分式的分子、分母同乘或除以同一个不为零的式子，分式的值不变）．

（2）$\dfrac{a}{b} \pm \dfrac{c}{b} = \dfrac{a \pm c}{b}$（同分母的几个分式相加减，分母不变，分子相加减）．

（3）$\dfrac{a}{b} \pm \dfrac{c}{d} = \dfrac{ad \pm bc}{bd}$（不同分母的几个分式相加减，取这几个分母的公分母作分母，通分后化为同分母分式的加减运算）．

（4）$\dfrac{a}{b} \cdot \dfrac{c}{d} = \dfrac{ac}{bd}$（几个分式相乘，分子乘分子，分母乘分母，注意约分）．

（5）$\dfrac{a}{b} \div \dfrac{c}{d} = \dfrac{a}{b} \times \dfrac{d}{c} = \dfrac{ad}{bc}$（两个分式相除，即前面式子乘以后面式子的倒数）．

（6）$\left(\dfrac{a}{b}\right)^k = \dfrac{a^k}{b^k}$（分式的幂运算等于分子、分母分别幂次的比值）．

基础模型题展示

分式 $\dfrac{1}{1-\dfrac{1}{x+1}}$ 有意义.

(1) $x \neq -1$

(2) $x \neq 0$

考点分析	分式有意义	
步骤详解		
第一步	看到分式中分母比较复杂，先化简： 原式 $\dfrac{1}{1-\dfrac{1}{x+1}} = \dfrac{1}{\dfrac{x+1-1}{x+1}} \Rightarrow \dfrac{1}{\dfrac{x}{x+1}}$	条件（1）不充分， 条件（2）不充分， 联合充分， 故选项 C 成立
第二步	题干要求分式要有意义， 则分母不为 0	
第三步	由 $\dfrac{1}{\dfrac{x}{x+1}}$，可知 $x \neq -1$ 且 $x \neq 0$	

小贴士

细节：分母不为 0.

拓展测试

【拓展 1】 设 x，y，z 为非零实数，则能确定 $\dfrac{2x+3y-4z}{-x+y-2z}$ 的值.

(1) $x = 2$ (2) $y - 1 = 0$

【拓展 2】 若 $\dfrac{1}{x} = \dfrac{2}{x+z} = \dfrac{3}{y+z}$，求 $\dfrac{x}{y-z}$ 的值为（ ）.

A. -1 B. -2 C. $-\dfrac{1}{2}$ D. 1 E. 以上均错

【拓展 3】 $\dfrac{3a^2 + ab - 2b^2}{a^2 + 2b^2} = 0$.

(1) $\dfrac{a}{b} - \dfrac{b}{a} - \dfrac{a^2 + b^2}{ab} = 2$ (2) $\dfrac{ab}{a^2 - 2b^2} = 1$

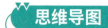

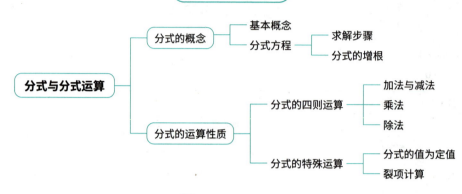

掌握程度	知识点	自测
理解	分式有意义、分式等于零	
	分式增根	
掌握	分式方程求解	
	分式化简及运算	

第三节 题型总结

题型 2.1 因式分解问题

出题模型	应对套路
因式分解问题	1. 首尾相检验法+特值
	2. 公式推导

【例 1】将 x^3+6x-7 因式分解为（ ）.

A. $(x-1)(x^2+x+7)$
B. $(x+1)(x^2+x+7)$
C. $(x-1)(x^2+x-7)$
D. $(x-1)(x^2-x+7)$
E. $(x-1)(x^2-x-7)$

【答案】A

【解析】 由观察可得 $1+6-7=0$，即 $x-1$ 是 x^3+6x-7 的一个因式．故可设原式 $=(x-1)(x^2+ax+7)$，由于原式无二次项，则 $ax^2-x^2=0$，$a=1$．故原式 $=(x-1)(x^2+x+7)$，选 A．

【例2】 在实数的范围内，将 $(x+1)(x+2)(x+3)(x+4)-120$ 分解因式为（　　）．
A．$(x+1)(x+6)(x^2+5x+16)$　　　　B．$(x-1)(x+6)(x^2+5x+16)$
C．$(x-1)(x-6)(x^2+5x+16)$　　　　D．$(x+2)(x-3)(x^2+5x+16)$
E．$(x-1)(x+6)(x^2+5x-16)$

【答案】 E

【解析】 原式 $=(x+1)(x+4)(x+2)(x+3)-120=(x^2+5x+4)(x^2+5x+6)-120=(x^2+5x+4)^2+2(x^2+5x+4)-120$．令 $x^2+5x+4=a$，则原式 $=a^2+2a-120=(a+12)(a-10)=(x^2+5x-6)(x^2+5x+16)=(x-1)(x+6)(x^2+5x+16)$，故选 E．

【例3】 多项式 $x^4+ax^3+bx^2+cx-14$ 的三个因式为 $x+2$，$x-1$，$x+1$，则其第四个一次因式为（　　）．
A．$x-6$　　B．$x+2$　　C．$x-7$　　D．$x+4$　　E．$x+3$

【答案】 C

【解析】 由于最高次项的系数为 1，故设第四个因式为 $x+a$．而因为常数项为 -14，则 $2\times(-1)\times 1\times a=-14$，$a=7$．故选 C．

【例4】 已知多项式 $2x^3-x^2-13x+k$ 有一个因式 $2x+1$，则其必含有因式（　　）．
A．$x-1$　　B．$x-2$　　C．$x+1$　　D．$x-3$　　E．$x+3$

【答案】 D

【解析】 由于 $2x+1$ 是 $2x^3-x^2-13x+k$ 的一个因式，故 $x=-\dfrac{1}{2}$ 是其一个根，代入原式 $=0$ 可解得 $k=-6$．则原式 $=2x^3-x^2-13x-6$，可设为 $(2x+1)(x^2+ax-6)$，代入二次项系数计算，则 $2ax^2+x^2=-x^2$，$a=-1$，则原式 $=(2x+1)(x^2-x-6)=(2x+1)(x-3)(x+2)$，故选 D．

题型 2.2　整式的运算

> 常考计算方法：数值与式子的替换、公式的推导运算、分离系数再带入、加减消元法、换元法．

【例5】 已知 $x-y=5$，且 $z-y=10$，则整式 $x^2+y^2+z^2-xy-yz-xz$ 的值为（　　）．
A．105　　B．75　　C．55　　D．35　　E．25

【答案】 E

【解析】 方法1：由题意得 $x=5+y$，$z=10+y$，则原式可整理为 $(y+5)^2+y^2+(y+10)^2-(y+5)y-y(y+10)-(y+5)(y+10)$，化简后等于 75，故选 B．

方法2：由题意可得 $z-x=5$，原式配方可得 $\dfrac{(x-y)^2+(y-z)^2+(z-x)^2}{2}$，代入可得结果为 75，故选 B．

【例6】代数式 $(x-2)^3-(y-2)^3-(x-y)^3$ 可因式分解为（　　）.

A. $2(x-2)(y-2)$ B. $(x-2)(y+2)(x+y)$
C. $3(x+2)(y+2)(x-y)$ D. $3(x-2)(y-2)(x-y)$
E. $4(x-y)(x-2)$

【答案】D

【解析】令 $x-2=a$，$y-2=b$，则 $x-y=a-b$，则原式 $=a^3-b^3-(a-b)^3=3ab(a-b)$，故选 D.

【例7】设 m，n 是正整数，则能确定 $m+n$ 的值.

(1) $\dfrac{1}{m}+\dfrac{3}{n}=1$

(2) $\dfrac{1}{m}+\dfrac{2}{n}=1$

【答案】D

【解析】(1) 将原式通分整理可得 $3m+n-mn=0$，可得 $(m-1)(n-3)=3$. 而 m，n 是正整数，则 $\begin{cases}m-1=1\\n-3=3\end{cases}$ 或 $\begin{cases}m-1=3\\n-3=1\end{cases}$，得 $\begin{cases}m=2\\n=6\end{cases}$ 或 $\begin{cases}m=4\\n=4\end{cases}$，和均为 8，充分.

(2) 将原式通分整理可得 $(m-1)(n-2)=2$. 而 m，n 是正整数，则 $\begin{cases}m-1=1\\n-2=2\end{cases}$ 或 $\begin{cases}m-1=2\\n-2=1\end{cases}$，得 $\begin{cases}m=2\\n=4\end{cases}$ 或 $\begin{cases}m=3\\n=3\end{cases}$，和均为 6，充分，故选 D.

【例8】设实数 a，b 满足 $|a-b|=2$，$|a^3-b^3|=26$，则 $a^2+b^2=$（　　）.

A. 30   B. 22   C. 15   D. 13   E. 10

【答案】E

【解析】$|a^3-b^3|=|a-b|\times|a^2+ab+b^2|=26$，则 $|a^2+ab+b^2|=13$，而 $\Delta<0$，则 $a^2+ab+b^2=13=(a-b)^2+3ab=4+3ab$，则 $ab=3$，$a^2+b^2=(a-b)^2+2ab=10$，故选 E.

题型2.3　分式求值

出题模型	应对套路
齐次分式	识别+特殊值法
其他分式	特值法；设 k 法；分子分母化 1；迭代降次与平方升次法
常考计算方法	数值与式子的替换、公式的推导运算、分离系数再代入、加减消元法、换元法

【例9】一个分数的分子与分母之和为 38，其分子、分母都减去 15，约分后得 $\dfrac{1}{3}$，则这个分数的分母与分子之差为（　　）.

A. 1   B. 2   C. 3   D. 4   E. 5

【答案】D

【解析】设分数为 $\dfrac{a}{b}$，则 $a+b=38$，$\dfrac{a-15}{b-15}=\dfrac{1}{3}$，解得 $a=17$，$b=21$，则 $b-a=4$，故选 D.

【例 10】已知 p，q 为非零实数．则能确定 $\dfrac{p}{q(p-1)}$ 的值．

(1) $p+q=1$

(2) $\dfrac{1}{p}+\dfrac{1}{q}=1$

【答案】B

【解析】(1) $p+q=1$，则 $p=1-q$，$\dfrac{p}{q(1-p)}=-\dfrac{1-q}{q^2}$，无法确定，不充分．

(2) $\dfrac{1}{p}+\dfrac{1}{q}=1$，则 $p+q=pq$，$\dfrac{p}{q(p-1)}=\dfrac{p}{pq-q}=\dfrac{p}{p+q-q}=1$，充分，故选 B.

【例 11】若 $a:b=\dfrac{1}{3}:\dfrac{1}{4}$，则 $\dfrac{12a+16b}{12a-8b}=$（　　）．

A. 2　　　　　B. 3　　　　　C. 4　　　　　D. -3　　　　　E. -2

【答案】C

【解析】令 $a=\dfrac{1}{3}k$，$b=\dfrac{1}{4}k$，则原式 $=\dfrac{12\times\dfrac{1}{3}k+16\times\dfrac{1}{4}k}{12\times\dfrac{1}{3}k-8\times\dfrac{1}{4}k}=4$，故选 C.

【例 12】设 x，y，z 为非零实数，则 $\dfrac{2x+3y-4z}{-x+y-2z}=1$.

(1) $3x-2y=0$

(2) $2y-z=0$

【答案】C

【解析】显然（1）（2）单独不成立，考虑联立，则 $3x=2y=z$，设 $x=\dfrac{1}{3}k$，$y=\dfrac{1}{2}k$，$z=k$，代入可得 $\dfrac{2x+3y-4z}{-x+y-2z}=1$，故选 C.

【例 13】若 a，b 均为实数，且 $\dfrac{a^2b^2}{a^4-2b^4}=1$，则 $\dfrac{a^2-b^2}{19a^2+96b^2}=$（　　）．

A. $\dfrac{1}{114}$　　　B. $\dfrac{1}{134}$　　　C. $\dfrac{1}{130}$　　　D. $\dfrac{1}{132}$　　　E. $\dfrac{1}{124}$

【答案】B

【解析】将 $\dfrac{a^2b^2}{a^4-2b^4}=1$ 整理可得 $(a^2+b^2)(a^2-2b^2)=0$，又由题干可知，a，b 不能同时为 0，故 $a^2+b^2>0$，所以 $a^2-2b^2=0$，$a^2=2b^2$，将其代入可得 $\dfrac{a^2-b^2}{19a^2+96b^2}=\dfrac{1}{134}$，故选 B.

题型 2.4 求代数式值

出题模型	应对套路
条件处理	条件1：$x+\dfrac{1}{x}=a$，条件2：$x^2+ax+1=0$，形式上可互换
求整式	迭代降次法（高次=低次）
求分式	平方升次法（使用完全平方式、立方和、立方差公式）

【例 14】已知 $x^2-3x-1=0$，则多项式 $3x^3-11x^2+3x+3$ 的值为（　　）．

A．-1　　　　B．0　　　　C．1　　　　D．2　　　　E．3

【答案】C

【解析】由题意可得 $x^2=3x+1$，则 $3x^3-11x^2+3x+3=3x(3x+1)-11(3x+1)+3x+3=9x^2+3x-33x-11+3x+3=9(3x+1)-27x-8=1$，故选 C．

【例 15】$2a^2-5a+\dfrac{3}{a^2+1}=-1$．

(1) a 是方程 $x^2-3x+1=0$ 的根

(2) $|a|=1$

【答案】E

【解析】由 (1) 得 $a^2=3a-1$，则 $2a^2-5a+\dfrac{3}{a^2+1}=2(3a-1)-5a+\dfrac{3}{3a-1+1}=a-2+\dfrac{1}{a}=\dfrac{a^2-2a+1}{a}=\dfrac{a}{a}=1\ne -1$，不充分．

(2) $|a|=1$，当 $a=1$ 时，原式 $=-\dfrac{3}{2}\ne 1$；当 $a=-1$ 时，原式 $=\dfrac{17}{2}\ne 1$，不充分，故选 E．

【例 16】设 x 是非零实数．已知 $x+\dfrac{1}{x}=3$，求：

(1) $x^2+\dfrac{1}{x^2}=$　　　　(2) $x^2-\dfrac{1}{x^2}=$　　　　(3) $x-\dfrac{1}{x}=$

(4) $x^3+\dfrac{1}{x^3}=$　　　　(5) $x^4+\dfrac{1}{x^4}=$　　　　(6) $\sqrt{x}+\dfrac{1}{\sqrt{x}}=$

【答案】(1) 7；(2) $\pm 3\sqrt{5}$；(3) $\pm\sqrt{5}$；(4) 18；(5) 47；(6) $\sqrt{5}$

【解析】(1) 原式 $=\left(x+\dfrac{1}{x}\right)^2-2=7$；

(2) 原式 $=\left(x+\dfrac{1}{x}\right)\left(x-\dfrac{1}{x}\right)$，而 $\left(x-\dfrac{1}{x}\right)^2=x^2+\dfrac{1}{x^2}-2=5$，则 $x-\dfrac{1}{x}=\pm\sqrt{5}$，即原式 $=\pm 3\sqrt{5}$；

(3) 由 (2) 可得原式 $=\pm\sqrt{5}$；

(4) 由（1）与题干代入可得，原式 $=\left(x+\dfrac{1}{x}\right)\left(x^2-1+\dfrac{1}{x^2}\right)=18$；

(5) 原式 $=\left(x^2+\dfrac{1}{x^2}\right)^2-2=47$；

(6) $\left(\sqrt{x}+\dfrac{1}{\sqrt{x}}\right)^2=x+\dfrac{1}{x}+2=5$，而 x 显然大于 0，则 $\sqrt{x}+\dfrac{1}{\sqrt{x}}=\sqrt{5}$.

【例 17】已知 x 为正实数，则能确定 $x-\dfrac{1}{x}$ 的值.

（1）已知 $\sqrt{x}+\dfrac{1}{\sqrt{x}}$ 的值

（2）已知 $x^2-\dfrac{1}{x^2}$ 的值

【答案】B

【解析】（1）已知 $\sqrt{x}+\dfrac{1}{\sqrt{x}}$ 的值，将原式平方后可得 $\left(x-\dfrac{1}{x}\right)^2=\left(x+\dfrac{1}{x}\right)^2-4$，然而无法判断正负，不充分.

（2）$x^2-\dfrac{1}{x^2}=\left(x+\dfrac{1}{x}\right)\left(x-\dfrac{1}{x}\right)=\sqrt{\left(x-\dfrac{1}{x}\right)^2+2}\cdot\left(x-\dfrac{1}{x}\right)$，令 $x-\dfrac{1}{x}=a$，由于 x 为正数，则该式子显然随着 x 的增大而增大，即每一个不同的 a，该式子都有对应唯一的 x 的值.

且 $x^2-\dfrac{1}{x^2}$ 已知，可令为 b，且前等式可变形为 $b=\sqrt{a^2+2}\cdot a$，可解出方程关于 a 的解. 由于 $\sqrt{a^2+2}$ 必定大于 0，因此 a 与 b 的符号一致，即关于 a 的一元二次方程解出的 a 最多有两个解（将 b 视为参数，即当作常数处理解方程），且与符号 b 不一致的解要舍去，即可以唯一确定 a，符合题意，充分，故选 B.

第四节　综合能力测试

扫码观看
章节测试讲解

一、问题求解：第 1~10 小题，每小题 6 分，共 60 分. 下列每题给出的 A、B、C、D、E 五个选项中，只有一项是符合试题要求的.

1. 设 x，y 为实数，则 $f(x, y) = x^2 + 4xy + 5y^2 - 2y + 2$ 的最小值为（　　）.
   A. 1　　B. $\dfrac{1}{2}$　　C. 2　　D. $\dfrac{3}{2}$　　E. 3

2. 若实数 a，b，c 满足：$a^2 + b^2 + c^2 = 9$，则代数式 $(a-b)^2 + (b-c)^2 + (c-a)^2$ 的最大值是（　　）.
   A. 21　　B. 27　　C. 29　　D. 32　　E. 39

3. 已知实数 x 满足 $x^2 + \dfrac{1}{x^2} - 3x - \dfrac{3}{x} + 2 = 0$，则 $x^3 + \dfrac{1}{x^3} =$ （　　）.
   A. 12　　B. 15　　C. 18　　D. 24　　E. 27

4. 已知 $x^2 + y^2 = 9$，$xy = 4$，则 $\dfrac{x+y}{x^3 + y^3 + x + y} =$ （　　）.
   A. $\dfrac{1}{2}$　　B. $\dfrac{1}{5}$　　C. $\dfrac{1}{6}$　　D. $\dfrac{1}{13}$　　E. $\dfrac{1}{14}$

5. 将 $x^3 + 6x - 7$ 因式分解为（　　）.
   A. $(x-1)(x^2+x+7)$　　B. $(x+1)(x^2+x+7)$
   C. $(x-1)(x^2+x-7)$　　D. $(x-1)(x^2-x+7)$
   E. $(x-1)(x^2-x-7)$

6. 若多项式 $f(x)$ 除以 $2x+5$，所得的商式为 $3x-1$，余式为 -5，则 $f(-1) =$ （　　）.
   A. -29　　B. -17　　C. 3　　D. 9　　E. 2

7. 若多项式 $f(x) = x^3 + a^2x^2 + x - 3a$ 能被 $x-1$ 整除，则实数 $a =$ （　　）.
   A. 0　　B. 1　　C. 0 或 1　　D. 2 或 -1　　E. 2 或 1

8. 若 $x^3 + x^2 + ax + b$ 能被 $x^2 - 3x + 2$ 整除，则（　　）.
   A. $a = 4$，$b = 4$　　B. $a = -4$，$b = -4$
   C. $a = 10$，$b = -8$　　D. $a = -10$，$b = 8$
   E. $a = -2$，$b = 0$

9. 已知 $y = ax^7 + bx^5 + cx^3 + dx + e$，其中 a，b，c，d，e 为常数，当 $x = 2$ 时，$y = 23$；当 $x = -2$ 时，$y = -35$，那么 e 的值是（　　）.
   A. 6　　B. -6　　C. 12　　D. -12　　E. 1

10. 若 a，b 均为实数，且 $\dfrac{a^2b^2}{a^4-2b^4}=1$，则 $\dfrac{a^2-b^2}{19a^2+96b^2}=$（　　）.

A. $\dfrac{1}{114}$　　B. $\dfrac{1}{124}$　　C. $\dfrac{1}{130}$　　D. $\dfrac{1}{132}$　　E. $\dfrac{1}{134}$

二、条件充分性判断：第 11~15 小题，每小题 8 分，共 40 分.

要求判断每题给出的条件（1）和（2）能否充分支持题干所陈述的结论. A、B、C、D、E 五个选项为判断结果，请选择一项符合试题要求的判断.

    A. 条件（1）充分，但条件（2）不充分；
    B. 条件（2）充分，但条件（1）不充分；
    C. 条件（1）和（2）都不充分，但联合起来充分；
    D. 条件（1）充分，条件（2）也充分；
    E. 条件（1）不充分，条件（2）也不充分，联合起来仍不充分.

11. 已知 p，q 为非零实数，则能确定 $\dfrac{p}{q(p-1)}$ 的值.

    （1）$p+q=1$
    （2）$\dfrac{1}{p}+\dfrac{1}{q}=1$

12. 设 x，y，z 为非零实数，则 $\dfrac{2x+3y-4z}{-x+y-2z}=1$.

    （1）$3x-2y=0$
    （2）$2y-z=0$

13. 已知 a，b 为实数，则 $a\geq 2$ 或 $b\geq 2$.

    （1）$a+b\geq 4$
    （2）$ab\geq 4$

14. $\sqrt{a^2b}=-a\sqrt{b}$.

    （1）$a>0$，$b<0$
    （2）$a<0$，$b>0$

15. $\triangle ABC$ 是等边三角形.

    （1）$\triangle ABC$ 的三边满足 $a^2+b^2+c^2=ab+bc+ac$
    （2）$\triangle ABC$ 的三边满足 $a^3-a^2b+ab^2+ac^2-b^3-bc^2=0$

第三章

方程、函数与不等式

第三章　方程、函数与不等式

第一节　代数方程专题

考点考频分析

考点	频率	难度	知识点
解方程	低	☆	一元一次方程和一元二次方程（组）
根判别式	中	☆☆	一元二次方程根的个数
韦达定理	高	☆☆☆	根与系数的关系
根的分布	低	☆	根据图像求最值

一、常见的代数方程

（一）一元一次方程

定义：形如 $kx+b=0$，其中，k 为系数，b 为常数.
其解有如下三种情况：

(1) 当 $\begin{cases} k=0 \\ b=0 \end{cases}$ 时，方程有无数解（或关于 x 恒成立）；

(2) 当 $\begin{cases} k=0 \\ b\neq 0 \end{cases}$ 时，方程无解；

(3) 当 $k\neq 0$ 时，方程存在唯一根，且为 $x=-\dfrac{b}{k}$.

（二）一元二次方程组

定义：形如 $\begin{cases} a_1x+b_1y=c_1 \\ a_2x+b_2y=c_2 \end{cases}$ （其中 a_1 与 a_2，b_1 与 b_2 分别不同时为零）.

其解有如下三种情况：

(1) 当 $\dfrac{a_1}{a_2}=\dfrac{b_1}{b_2}=\dfrac{c_1}{c_2}$ 时，方程组有无数解；

(2) 当 $\dfrac{a_1}{a_2}=\dfrac{b_1}{b_2}\neq\dfrac{c_1}{c_2}$ 时，方程组无解；

(3) 当 $\dfrac{a_1}{a_2}\neq\dfrac{b_1}{b_2}$ 时，方程组有唯一解，可采取"代入法"或"消元法"求解.

基础模型题展示

某学生在解方程 $\dfrac{ax+1}{3}-\dfrac{x+1}{2}=1$ 时，误将式中的 $x+1$ 看成 $x-1$，得到解 $x=1$，那么 a 的值和原方程

的解应该是（   ）．

A. $a=1$，$x=-7$
B. $a=2$，$x=5$
C. $a=2$，$x=7$
D. $a=5$，$x=2$
E. $a=5$，$x=\dfrac{1}{7}$

考点分析	代数方程根的求解	
步骤详解		
第一步	题干已知信息： 误将式中的 $x+1$ 看成 $x-1$	满足题意的是选项 C
第二步	则将 $x=1$ 代入 $\dfrac{ax+1}{3}-\dfrac{x-1}{2}=1$， 化简解得：$\dfrac{a+1}{3}=1\Rightarrow a=2$	
第三步	所以，解原方程 $\dfrac{2x+1}{3}-\dfrac{x+1}{2}=1\Rightarrow x=7$	

熟悉未知数求解．

二、一元二次方程专题

（一）定义

一般形如 $ax^2+bx+c=0$（$a\neq 0$），其中，a 为二次项系数，b 为一次项系数，c 为常数项．

（二）根判别式（$\Delta=b^2-4ac$）

方程的解根据 Δ 值的正负号不同，分为如下三种情况：

（1）若 $\Delta>0$，则方程有两个不相等的实根，求根公式为：$x_{1,2}=\dfrac{-b\pm\sqrt{b^2-4ac}}{2a}$；

（2）若 $\Delta=0$，则方程有两个相等的实根 $x_1=x_2=-\dfrac{b}{2a}$；

（3）若 $\Delta<0$，则此时方程没有实根．

【注】一元二次方程根的求解方法：十字分解法、配方开方法、求根公式法．

（三）根与系数关系——韦达定理

定义：设 x_1，x_2 是方程 $ax^2+bx+c=0$（$a\neq 0$）的两个根 $\Leftrightarrow \begin{cases}x_1+x_2=-\dfrac{b}{a}\\ x_1\cdot x_2=\dfrac{c}{a}\end{cases}$．

常见韦达定理的对称轮换式变形：

（1）$x_1^2+x_2^2=(x_1+x_2)^2-2x_1x_2$．

（2）$|x_1-x_2|=\sqrt{(x_1-x_2)^2}=\sqrt{(x_1+x_2)^2-4x_1x_2}$（方程两根之差的绝对值）．

(3) $\dfrac{1}{x_1}+\dfrac{1}{x_2}=\dfrac{x_1+x_2}{x_1x_2}=-\dfrac{b}{c}$.

(4) $\dfrac{1}{x_1^2}+\dfrac{1}{x_2^2}=\dfrac{(x_1+x_2)^2-2x_1x_2}{(x_1x_2)^2}$.

(5) $x_1^2-x_2^2=(x_1+x_2)(x_1-x_2)$.

(6) $x_1^3+x_2^3=(x_1+x_2)(x_1^2-x_1x_2+x_2^2)=(x_1+x_2)[(x_1+x_2)^2-3x_1x_2]$.

(7) $x_1^3-x_2^3=(x_1-x_2)(x_1^2+x_1x_2+x_2^2)=(x_1-x_2)[(x_1+x_2)^2-x_1x_2]$.

(四) 根的分布

设方程为 $ax^2+bx+c=0$ 且 $a\neq 0$ 方程的两个根分别为 x_1 和 x_2,用韦达定理判断:

(1) 方程有两个正根 $\Rightarrow \begin{cases} \Delta\geq 0 \\ x_1+x_2>0 \\ x_1x_2>0 \end{cases}$.

(2) 方程有两个负根 $\Rightarrow \begin{cases} \Delta\geq 0 \\ x_1+x_2<0 \\ x_1x_2>0 \end{cases}$.

(3) 方程有一个正根和一个负根 $\Rightarrow a\cdot c<0$.

$|$正根$|>|$负根$|$,则有 $\begin{cases} a\cdot c<0 \\ x_1+x_2>0 \end{cases}$; $|$负根$|>|$正根$|$,则有 $\begin{cases} a\cdot c<0 \\ x_1+x_2<0 \end{cases}$.

基础模型题展示

关于 x 的方程有实根.

(1) $2x^2+(a+1)x+a^2-a+1=0$

(2) $(b-x)^2-4(a-x)(c-x)=0$

考点分析	判别一元二次方程根的个数	
步骤详解		
第一步	判断题型:条件充分性判断题型,由条件(1)和条件(2)判断题干的结论是否充分	
第二步	在条件(1)下: $\Delta=(a+1)^2-4\times 2\times(a^2-a+1)=-7a^2+10a-7$ 此式不一定都大于 0(如 $a=0$),则条件(1)不充分	条件(1)不充分, 条件(2)充分, 故选项 B 成立
第三步	在条件(2)下: 只需要验证此方程的根判别式即可: $\Delta=(4a+4c-2b)^2+4\times 3\times(b^2-4ac)$ $\quad=4(a^2+b^2+c^2-ab-bc-ac)$ $\quad=2[(a-b)^2+(b-c)^2+(c-a)^2]\geq 0$ 方程必有实根,则条件(2)充分	

熟悉判别式与方程根的个数关系.

拓展测试

【拓展 1】 关于 x 的方程 $mx^2+2x-1=0$ 有两个不相等的实根.
(1) $m>-1$
(2) $m\neq 0$

【拓展 2】 已知 x_1, x_2 是方程 $x^2-ax-1=0$ 的两个实根, 则 $x_1^2+x_2^2=$ ( ).
A. a^2+2 B. a^2+1 C. a^2-1 D. a^2-2 E. $a+2$

【拓展 3】 如果方程 $ax^2+bx+c=0$ 的两根为 2, 3, 则方程 $cx^2+bx+a=0$ 的两根的差的绝对值等于 ( ).
A. $\dfrac{1}{6}$ B. 1   C. $\dfrac{1}{2}$ D. $\dfrac{5}{6}$ E. $\dfrac{3}{5}$

思维导图

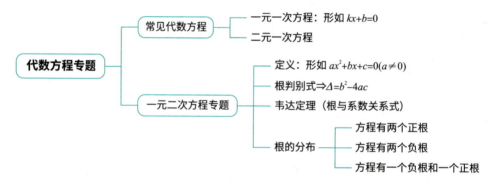

知识测评

掌握程度	知识点	自测
掌握	解一元一次和一元二次方程（组）	
	一元二次方程根判别式（根的个数）	
	韦达定理的应用	
理解	一元二次方程根的分布	

第二节 函数专题

考点考频分析

考点	频率	难度	知识点
一次函数、反比例函数	低	☆	表达式及图像
二次函数	高	☆☆☆	图像、交点情况 最值问题、对称轴
指数函数	低	☆	图像及运算
对数函数	低	☆	图像及运算

一、常考函数及其图像

（一）一次函数

（1）**表达式**：$y=kx+b$.

（2）**图像**：为一条直线，其中 k 为其斜率.

$k>0$ 时，在定义域内为单调递增函数，图像过第一、三象限；

$k<0$ 时，在定义域内为单调递减函数，图像过第二、四象限.

（二）反比例函数

（1）**表达式**：$y=\dfrac{k}{x}$.

（2）**图像**：

$k>0$ 时，在定义域内为单调递减函数，图像过第一、三象限；

$k<0$ 时，在定义域内为单调递增函数，图像过第二、四象限.

（三）一元二次函数

（1）**表达式**：$f(x)=ax^2+bx+c$（$a\neq 0$）.

（2）**图像**：

①图像开口方向：由二次项系数 a 的正负号决定.

$a>0$ 时，图像开口向上；

$a<0$ 时，图像开口向下；

②图像的对称轴：$x_{对称轴}=-\dfrac{b}{2a}$，且函数在对称轴位置取得最值 $\dfrac{4ac-b^2}{4a}$.

函数的顶点式为：$y=a\left(x+\dfrac{b}{2a}\right)^2+\dfrac{4ac-b^2}{4a}$.

函数的顶点坐标为：$\left(-\dfrac{b}{2a},\dfrac{4ac-b^2}{4a}\right)$.

若 $a>0$，则函数有最小值 $\dfrac{4ac-b^2}{4a}$；若 $a<0$，则函数有最大值 $\dfrac{4ac-b^2}{4a}$.

③函数图像的纵截距：即函数图像与 y 轴交于 $(0, c)$ 点.
④常见表达式对应函数值：若 $f(x) = ax^2 + bx + c$ ($a \neq 0$)，则 $a+b+c = f(1)$；$a-b+c = f(-1)$；$4a+2b+c = f(2)$.

基础模型题展示

一元二次函数 $x(1-x)$ 的最大值为（   ）.

A. 0.05　　　B. 0.10　　　C. 0.15　　　D. 0.20　　　E. 0.25

考点分析	一元二次函数求最值	
步骤详解		
第一步	由题意可得： 结合一元二次函数 $y = -x^2 + x$ 的图像可知，其为开口向下的抛物线，函数在对称轴位置取得最大值	满足题意的是选项 E
第二步	即当 $x = \dfrac{1}{2}$ 时，y 取得最大值，且为 $\dfrac{1}{4} = 0.25$	

小贴士

一元二次函数在对称轴位置取到最值.

拓展测试

【拓展 1】 一元二次函数 $x(2+x)$ 的最小值为（   ）.

A. -2　　　B. -0.1　　　C. -1　　　D. 1　　　E. 2

【拓展 2】 抛物线 $y = ax^2 + bx + c$ ($a > 0$) 的对称轴是直线 $x = 1$，且经过点 $P(3, 0)$，则 $a - b + c = ($ $)$.

A. 0　　　B. -1　　　C. 1　　　D. 2　　　E. -2

【拓展 3】 抛物线 $y = x^2 + bx + c$ 的对称轴为 $x = 1$，且过点 $(-1, 1)$，则（   ）.

A. $b = -2$，$c = -2$　　　B. $b = 2$，$c = 2$　　　C. $b = -2$，$c = 2$
D. $b = -1$，$c = -1$　　　E. $b = 1$，$c = 1$

【拓展 4】 能确定二次函数 $f(x) = ax^2 + bx + c$ 的解析式.
(1) $f(2) = f(3)$
(2) $f(4) = 6$

【拓展 5】 实数 a 的值不存在.
(1) 函数 $f(x) = -x^2 + 2ax - 3$ 的最大值为 -5
(2) 抛物线 $f(x) = -x^2 + 2(a-1)x + 2a - a^2$ 关于直线 $x = 2$ 对称

二、幂函数、指数函数与对数函数

1. 幂函数

（1）幂函数定义：以底数为自变量，幂为因变量，指数为常量的函数，称为幂函数．

（2）幂函数的标准形式：$y=x^\alpha$（当 $x>0$ 时，$\alpha\in\mathbf{R}$）．

（3）常考形式：

形如 $y=x^{\frac{1}{2}}$（根式），$y=x^{-1}$（反比例函数），$y=x^0$，$y=x$（一次函数），$y=x^2$（二次函数），$y=x^3$ 等的函数，都是幂函数．

（4）图像特征：

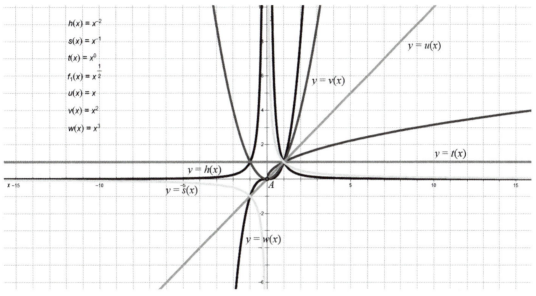

注：由图像可知，根据 α 的正负分类，幂函数具有不同性质．

根据上图，我们可以得到如下结论：

函数式	$y=x$	$y=x^2$	$y=x^3$	$y=x^{\frac{1}{2}}$	$y=x^{-1}$
定义域	$\mathbf{R}$	$\mathbf{R}$	$\mathbf{R}$	$[0,+\infty)$	$\{x\mid x\neq 0\}$
值域	$\mathbf{R}$	$[0,+\infty)$	$\mathbf{R}$	$[0,+\infty)$	$\{y\mid y\neq 0\}$
奇偶性	奇函数	偶函数	奇函数	非奇非偶	奇函数
单调性	在 $\mathbf{R}$ 上单调递增	$[0,+\infty)$ 上递增，$(-\infty,0)$ 上递减	在 $\mathbf{R}$ 上单调递增	在 $[0,+\infty)$ 上单调递增	$(0,+\infty)$ 上递减，$(-\infty,0)$ 上递减
过定点	$(1,1)$，$(0,0)$	$(1,1)$，$(0,0)$	$(1,1)$，$(0,0)$	$(1,1)$，$(0,0)$	$(1,1)$

（5）相关性质：

幂函数 $y=x^\alpha$ 中，我们根据 α（仅考虑整数情况）的正负分类，来讨论性质：

① $\alpha>0$．

定点性：幂函数恒过点 $(1,1)$，$(0,0)$．

② $\alpha<0$．

定点性：幂函数恒过点（1，1）.

③ $\alpha = 0$.

定点性：在区间 $(-\infty, 0) \cup (0, +\infty)$ 上，$y = 1$.

2. 指数函数

(1) 指数幂定义：n 个 a 相乘，记为：a^n.

(2) 指数幂运算性质：$a^m \cdot a^n = a^{m+n}$；$a^m \div a^n = a^{m-n}$；$(a^m)^n = a^{mn} = (a^n)^m$.

(3) 分数指数幂：$a^{\frac{1}{n}} = \sqrt[n]{a}$；$a^{\frac{m}{n}} = \sqrt[n]{a^m}$；负数指数幂：$a^{-n} = \dfrac{1}{a^n}$；$a^{-\frac{m}{n}} = \dfrac{1}{\sqrt[n]{a^m}}$.

(4) 指数函数：形如 $y = a^x (a > 0$ 且 $a \neq 1)$ 的函数叫指数函数，其定义域为 $x \in \mathbf{R}$.

(5) 指数函数图像：

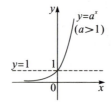
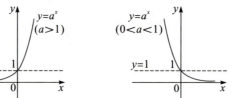

3. 对数函数

(1) 对数定义：设 $a > 0$，$a \neq 1$，$M > 0$，若 $a^\alpha = M$，称 α 是以 a 为底数的 M 的**对数**，记为：$\alpha = \log_a M$.

(2) 对数与指数的关系：$\log_a M = N \Leftrightarrow a^N = M$；对数恒等式：$a^{\log_a M} = M$.

(3) 对数的运算性质：设 $a > 0$ 但 $a \neq 1$，M 和 N 都是正数，则

a. $\log_a M + \log_a N = \log_a MN$

b. $\log_a M - \log_a N = \log_a \dfrac{M}{N}$

c. $\log_a M^n = n \cdot \log_a M$

d. $\log_{a^n} M = \dfrac{1}{n} \cdot \log_a M$

(4) 换底公式：$\log_a M = \dfrac{\log_b M}{\log_b a} = \dfrac{\lg M}{\lg a}$.

(5) 对数函数：形如 $y = \log_a x (a > 0$ 且 $a \neq 1)$ 的函数叫作对数函数，定义域为：$x > 0$.

(6) 对数函数图像：

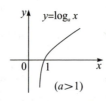
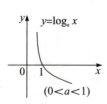

> **基础模型题展示**

已知 $4^x + 1 = 2^{x+1}$，则 x 的值为（　　）.

A. -2　　　　B. -1　　　　C. 0　　　　D. 1　　　　E. 2

考点分析	指数函数	
步骤详解		
第一步	由题意可得： $4^x = (2^x)^2$，$2^{x+1} = 2 \times 2^x$	—

续表

第二步	则原式可变形为：$4^x+1=2^{x+1}\Rightarrow(2^x)^2-2\times 2^x+1=0$	满足题意的是选项 C
第三步	化简整理： 令 $t=2^x$，那么 $t^2-2t+1=0\Rightarrow(t-1)^2=0\Rightarrow t=1$ 即 $t=2^x=1\Rightarrow x=0$	

熟悉指数函数相关运算公式.

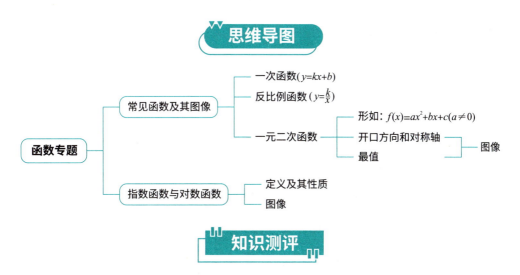

知识测评

掌握程度	知识点	自测
掌握	一元二次函数与 x 轴的交点情况	
	一元二次函数对称轴、最值问题	
理解	一元一次函数、反比函数的表达式及图像	
	指数函数、对数函数的图像及运算	

第三节 不等式专题

考点考频分析

考点	频率	难度	知识点
不等式的性质	低	☆	运用不等式的性质解题

续表

考点	频率	难度	知识点
一元一次不等式	低	☆	常规化简求解
一元二次不等式	中	☆☆	图像综合分析法
其他不等式	低	☆	根式不等式和高次不等式的解法
均值不等式	高	☆☆☆	一正、二定、三相等

一、常见不等式考点

(一) 不等式的基本性质

(1) 反身性：$a>b \Leftrightarrow b<a$.

(2) 传递性：$a>b$，$b>c \Rightarrow a>c$.

(3) 倒数性：$a>b$，$ab>0 \Rightarrow \dfrac{1}{a}<\dfrac{1}{b}$.

(4) 可加性：$a>b \Rightarrow a+c>b+c$；$a>b$，$c>d \Rightarrow a+c>b+d$；

$a>b$，$c<d(-c>-d) \Rightarrow a-c>b-d$.

(5) 可乘性：$a>b$，$c>0 \Rightarrow ac>bc$ (不等号两边同乘以一个正数，不等号方向不变)；

$a>b$，$c<0 \Rightarrow ac<bc$ (不等号两边同乘以一个负数，不等号方向改变)；

$a>b>0$，$c>d>0 \Rightarrow ac>bd$ (正数同向可相乘，不等号方向不变)；

$a>b>0$，$c>d>0 \Rightarrow a>b>0$，$\dfrac{1}{d}>\dfrac{1}{c}>0 \Rightarrow a \cdot \dfrac{1}{d}>b \cdot \dfrac{1}{c}$.

(6) 乘方、开方性：$a>b>0(n \in \mathbf{N}) \Leftrightarrow a^n>b^n$，$\sqrt[n]{a}>\sqrt[n]{b}>0$.

(二) 一元一次不等式及其解法

(1) 一元一次不等式的标准型：$ax>b$ 或 $ax<b(a \neq 0)$.

(2) 一元一次不等式的解法：将所给一元一次不等式化为标准型后，不等式两边同除以未知数 x 的系数.

【注】当系数为正数时，不等号方向不变；当系数为负数时，不等号方向改变.

(3) 一元一次不等式组的解法：分别求出组成不等式组的每个一元一次不等式的解集后，求这些解集的交集.

【注】用数轴可直观地求出交集.

(三) 一元二次不等式及其解法

(1) 一元二次不等式的标准型：$ax^2+bx+c>0$ 或 $ax^2+bx+c<0$ $(a>0)$.

【注】一元二次不等式的标准型中，二次项系数为正.

(2) 一元二次不等式的图像综合分析法如下表所示.

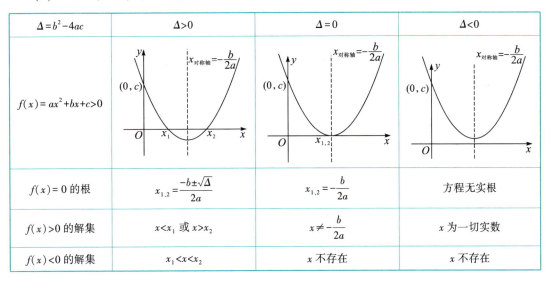

$\Delta = b^2 - 4ac$	$\Delta > 0$	$\Delta = 0$	$\Delta < 0$
$f(x) = ax^2 + bx + c > 0$			
$f(x) = 0$ 的根	$x_{1,2} = \dfrac{-b \pm \sqrt{\Delta}}{2a}$	$x_{1,2} = -\dfrac{b}{2a}$	方程无实根
$f(x) > 0$ 的解集	$x < x_1$ 或 $x > x_2$	$x \neq -\dfrac{b}{2a}$	x 为一切实数
$f(x) < 0$ 的解集	$x_1 < x < x_2$	x 不存在	x 不存在

(四) 其他不等式及其解法

(1) 分式不等式及其解法:

标准型为 $\dfrac{f(x)}{g(x)} > 0$ 或 $\dfrac{f(x)}{g(x)} < 0$;

其解法为: 将分式不等式化简为标准型后, 利用同号异号性质判定求解.

(2) 根式不等式的解法:

标准型为 $\sqrt{f(x)} > g(x)$ 或 $\sqrt{f(x)} < g(x)$;

其解法为: 平方后化简求解, 但要注意根式有意义的前提, 应综合求交集.

(3) 一元高次不等式的解法:

标准型为 $(x-a)(x-b)(x-c)\cdots > 0$ 或 $(x-a)(x-b)(x-c)\cdots < 0$;

穿线法: "所有未知数前系数均为正数时, 自上而下, 从右到左, 奇穿偶不穿".

基础模型题展示

设 a, b 是非零实数, 若 $a < b$, 则下列不等式成立的是 ( ).

A. $a^2 < b^2$　　B. $ab^2 < a^2 b$　　C. $\dfrac{1}{ab^2} < \dfrac{1}{a^2 b}$　　D. $\dfrac{b}{a} < \dfrac{a}{b}$　　E. 无法判断

考点分析	不等式比较大小	
步骤详解		
第一步	通过选项验证: 选项 A 不成立 ($a = -2, b = 1$); 选项 B、D 不成立 ($a = 1, b = 2$)	满足题意的是选项 C
第二步	对于选项 C 做差比较: $a < b \Rightarrow a - b < 0$, 则 $\dfrac{1}{ab^2} - \dfrac{1}{a^2 b} = \dfrac{a-b}{a^2 b^2} < 0$	

续表

| 第三步 | 即 $\dfrac{1}{ab^2} < \dfrac{1}{a^2 b}$，成立 | |

遇到不等式，可以用举反例和做差比较的方法.

拓展测试

【拓展 1】若实数 a，b，c 中，$a>b$，则下列不等式成立的是（　　）.

A. $\dfrac{1}{a} < \dfrac{1}{b}$　　B. $a^2 > b^2$　　C. $\dfrac{a}{c^2+1} > \dfrac{b}{c^2+1}$　　D. $a|c| > b|c|$　　E. 无法判断

【拓展 2】$ab^2 < cb^2$.
(1) 实数 a，b，c 满足 $a+b+c=0$
(2) 实数 a，b，c 满足 $a<b<c$

【拓展 3】不等式 $4+5x^2 > x$ 的解集是（　　）.

A. 全体实数　　B. $(5, -1)$　　C. $(-4, 2)$　　D. 空集　　E. 以上均错

【拓展 4】已知不等式 $ax^2+2x+2>0$ 的解集为 $\left(-\dfrac{1}{3}, \dfrac{1}{2}\right)$，则 $a=$（　　）.

A. -12　　B. 6　　C. 0　　D. 12　　E. 以上均错

【拓展 5】$(x^2-2x-8)(2-x)(2x-2x^2-6)>0$.
(1) $x \in (-3, -2)$
(2) $x \in [2, 3]$

【拓展 6】不等式 $\dfrac{x^2-2x+3}{x^2-5x+6} \geqslant 0$ 的解集是（　　）.

A. $2<x<3$　　B. $x \leqslant 2$　　C. $x \geqslant 3$　　D. $x \leqslant 2$ 或 $x \geqslant 3$　　E. $x<2$ 或 $x>3$

二、均值不等式

(一) 原理

算术平均数 $\geqslant$ 几何平均数：

$$\dfrac{x_1+x_2+x_3+\cdots+x_n}{n} \geqslant \sqrt[n]{x_1 \cdot x_2 \cdot x_3 \cdot \cdots \cdot x_n} \quad (x_i>0,\ i=1,\ 2,\ \cdots,\ n)$$

$$x_1+x_2+x_3+\cdots+x_n \geqslant n \times \sqrt[n]{x_1 \cdot x_2 \cdot x_3 \cdot \cdots \cdot x_n} \quad (x_i>0,\ i=1,\ 2,\ \cdots,\ n)$$

当且仅当 $x_1=x_2=\cdots=x_n$ 时，等号成立.

【注】给定 n 个数 a_1, a_2, $\cdots$, a_n, 称 $\bar{a} = \dfrac{1}{n}\sum\limits_{i=1}^{n}a_i = \dfrac{a_1+a_2+\cdots+a_n}{n}$ 为这 n 个数的**算术平均数**. 如果这 n 个数每个都大于 0, 称 $a_g = \sqrt[n]{a_1 a_2 \cdots a_n}$ 为**这 n 个数的几何平均数**.

(二) 三要素

【三要素】一正、二定、三相等.

当有两个**正数** a, b, 则 $\dfrac{a+b}{2} \geq \sqrt{ab}$, 当且仅当 $a=b$ 时**等号成立（积为常数，和有最小值）**;

当有两个**正数** a, b, 则 $ab \leq \left(\dfrac{a+b}{2}\right)^2$, 当且仅当 $a=b$ 时**等号成立（和为常数，积有最大值）**.

(三) 常用变形

(1) $\dfrac{a+b+c}{3} \geq \sqrt[3]{abc}$.

(2) $x + \dfrac{1}{x} \geq 2\sqrt{x \cdot \dfrac{1}{x}} = 2$ ($x>0$).

(3) $\dfrac{b}{a} + \dfrac{a}{b} \geq 2\sqrt{\dfrac{b}{a} \cdot \dfrac{a}{b}} = 2$ ($ab>0$).

设 a, b 为实数, 则下列式子中正确的有 (　　) 个.

① $\dfrac{a}{5} + \dfrac{5}{a} \geq 2$.　　② $\dfrac{a}{b} + \dfrac{b}{a} \geq 2$.

③ $3^a + 3^{-a} \geq 2$.　　④ $a^2 + b^2 \geq 2(a-b-1)$.

A. 0　　　　B. 1　　　　C. 2　　　　D. 3　　　　E. 4

考点分析	均值不等式	
步骤详解		
第一步	不等式中没有规定正数的前提, 故不正确	满足题意的是选项 C
第二步	式中没有规定 a, b 同号的前提, 故不正确	
第三步	式中 $3^a + 3^{-a} \geq 2\sqrt{3^a \times 3^{-a}} = 2$, 故正确	
第四步	不等式为 $(a^2-2a+1) + (b^2+2b+1) = (a-1)^2 + (b+1)^2 \geq 0$, 故正确	

小贴士

注意均值不等式三要素的运用.

拓展测试

【拓展 7】 函数 $y = 3x + \dfrac{4}{x^2}$ $(x>0)$ 的最小值为（　　）.

A. 3　　　　B. 9　　　　C. $\sqrt[3]{9}$　　　　D. $3\sqrt[3]{9}$　　　　E. $3\sqrt[3]{8}$

【拓展 8】 已知 $x>3$，则 $y = x + \dfrac{4}{x-3}$ 的最小值为（　　）.

A. 2　　　　B. -1　　　　C. 7　　　　D. -5　　　　E. 无法确定

【拓展 9】 设直角三角形两直角边之和为 12，则该直角三角形的最大面积为（　　）.

A. 16　　　　B. 18　　　　C. 22　　　　D. 36　　　　E. 无法确定

思维导图

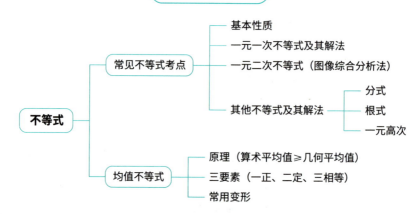

知识测评

掌握程度	知识点	自测
掌握	不等式的基本性质	
	一元二次不等式解析端点值与方程根的关系	
	均值不等式的三要素及变形应用	
理解	一元二次不等式恒成立与无解的分析求解	
	初步具备用数形结合的方式求解不等式的能力	

第四节 题型总结

题型 3.1 根的判别式问题

根的判别式	$\Delta=0$	$\Delta>0$	$\Delta<0$
根的数量 $(a\neq 0)$	两个相等实根且 $x=-\dfrac{b}{2a}$（方程 是一个完全平方式）	两个不相等的实根	没有实数根
抛物线与 x 轴位置 $(a\neq 0)$	抛物线与 x 轴相切， 有一个交点、 一个零点	抛物线与 x 轴相交， 有两个交点、两个 零点	抛物线与 x 轴相离， 没有交点和零点
直线与抛物线 $(a\neq 0)$	直线与抛物线有一个 交点	直线与抛物线有两个 交点	直线与抛物线没有 交点
$y=ax^2+bx+c$ 交点的特殊情况 $(a=0)$	$\begin{cases}a=0\\b\neq 0\end{cases}$，直线与 x 轴只有一个交点	无	$\begin{cases}a=b=0\\c\neq 0\end{cases}$， 平行于 x 轴的直线 与 x 轴没有交点
根数量的特殊情况 $(a=0)$	无	无	$\begin{cases}a=b=0\\c\neq 0\end{cases}$
注意点	（1）有实根优先限制二次项系数 $a\neq 0$； （2）一元二次方程有两个根是 $\Delta\geq 0$		

【例1】已知关于 x 的一元二次方程 $k^2x^2-(2k+1)x+1=0$ 有两个相异实根，则 k 的取值范围为（ ）.

A. $k>\dfrac{1}{4}$ B. $k\geq\dfrac{1}{4}$ C. $k>-\dfrac{1}{4}$ 且 $k\neq 0$ D. $k\geq-\dfrac{1}{4}$ 且 $k\neq 0$

E. 以上选项均不正确

【答案】C

【解析】由题干条件可得 $\begin{cases}k\neq 0\\ \Delta>0\end{cases}$，解得 $k>-\dfrac{1}{4}$ 且 $\neq 0$，故选 C.

【例2】已知二次函数 $f(x)=ax^2+bx+c$，则方程 $f(x)=0$ 有两个不同实根.

（1）$a+c=0$

（2）$a+b+c=0$

【答案】A

【解析】由题意可得 $a\neq 0$ 且 $\Delta>0$.

(1) $\Delta = b^2 - 4ac = b^2 + 4a^2 > 0$，充分．

(2) $b = -a-c$，$\Delta = b^2 - 4ac = (a-c)^2 \geq 0$，不充分，故选 A．

【例 3】直线 $y = ax + b$ 与抛物线 $y = x^2$ 有两个交点．

(1) $a^2 > 4b$

(2) $b > 0$

【答案】B

【解析】由题意可得，两方程联立后 $\Delta > 0$．可得 $a^2 + 4b > 0$，(1) 不充分，(2) $b > 0$ 时充分，故选 B．

题型 3.2　韦达定理问题

(1) 韦达定理的使用前提是 $\Delta \geq 0$．

(2) 根的关系的式子必用韦达定理求解．

(3) 关于 $|x_1 - x_2|$ 考试套路总结：

- $|x_1 - x_2| = \sqrt{(x_1 - x_2)^2} = \sqrt{(x_1 + x_2)^2 - 4x_1 x_2} = \dfrac{\sqrt{\Delta}}{|a|}$；
- 方程两根之间的距离；
- 抛物线截 x 轴的长度；
- 抛物线与两坐标轴围成的三角形的底边长，高是纵截距．

【例 4】已知 x_1，x_2 是 $x^2 + ax - 1 = 0$ 的两个实根，则 $x_1^2 + x_2^2 = (\qquad)$．

A. $a^2 + 2$　　B. $a^2 + 1$　　C. $a^2 - 1$　　D. $a^2 - 2$　　E. $a + 2$

【答案】A

【解析】$x_1 + x_2 = -a$，$x_1 x_2 = -1$，则 $x_1^2 + x_2^2 - 2x_1 x_2 = a^2 + 2$，故选 A．

【例 5】若方程 $x^2 + px + q = 0$ 的一个根是另一个根的 2 倍，则 p 和 q 应满足（　　）．

A. $p^2 = 4q$　　B. $2p^2 = 9q$　　C. $4p = 9q^2$　　D. $2p = 3q^2$

E. 以上选项均不正确

【答案】B

【解析】设方程的两根为 x_1 与 x_2，且 $x_1 = 2x_2$，则 $\begin{cases} x_1 + x_2 = -p \\ x_1 x_2 = q \\ x_1 = 2x_2 \end{cases}$，解得 $2p^2 = 9q$，故选 B．

【例 6】设抛物线 $y = x^2 + 2ax + b$ 与 x 轴相交于 A，B 两点，点 C 坐标为 $(0, 2)$，若 $\triangle ABC$ 的面积等于 6，则（　　）．

A. $a^2 - b = 9$　　B. $a^2 + b = 9$　　C. $a^2 - b = 36$　　D. $a^2 + b = 36$　　E. $a^2 - 4b = 9$

【答案】A

【解析】由题意可得 $S = \dfrac{1}{2} \cdot 2 \cdot |x_1 - x_2| = 6$，而 $x_1 + x_2 = -2a$，$x_1 x_2 = b$，则 $|x_1 - x_2| =$

$\sqrt{(x_1+x_2)^2-4x_1x_2}=6$，代入整理解得 $a^2-b=9$，故选 A.

【例7】 已知 α 与 β 是方程 $x^2-x-1=0$ 的两个根，则 $\alpha^4+3\beta$ 的值为（　　）.

A. 1　　　　B. 2　　　　C. 5　　　　D. $5\sqrt{2}$　　　　E. $6\sqrt{2}$

【答案】 C

【解析】 由题意可得，α 与 β 是方程 $x^2-x-1=0$ 的两个根，则 $\alpha^2-\alpha-1=0$ 且 $\alpha+\beta=1$. 则 $\alpha^2=1+\alpha$，$\beta=1-\alpha$. 则 $\alpha^4+3\beta=(\alpha+1)^2+3(1-\alpha)=\alpha^2-\alpha+4=5$，故选 C.

【例8】 已知方程 $3x^2-5x+1=0$ 的两根为 α 和 β，则 $\sqrt{\dfrac{\beta}{\alpha}}+\sqrt{\dfrac{\alpha}{\beta}}=$（　　）.

A. $-\dfrac{5\sqrt{3}}{3}$　　B. $\dfrac{5\sqrt{3}}{3}$　　C. $\dfrac{\sqrt{3}}{5}$　　D. $-\dfrac{\sqrt{3}}{5}$　　E. 1

【答案】 B

【解析】 由题意可得 $\alpha+\beta=\dfrac{5}{3}$，$\alpha\beta=\dfrac{1}{3}$，且 $\sqrt{\dfrac{\beta}{\alpha}}+\sqrt{\dfrac{\alpha}{\beta}}$ 为正. 计算 $\sqrt{\dfrac{\beta}{\alpha}}+\sqrt{\dfrac{\alpha}{\beta}}$ 的平方，得 $\dfrac{\beta}{\alpha}+\dfrac{\alpha}{\beta}+2=\dfrac{(\alpha+\beta)^2-2\alpha\beta}{\alpha\beta}+2=\dfrac{25}{3}$，故 $\sqrt{\dfrac{\beta}{\alpha}}+\sqrt{\dfrac{\alpha}{\beta}}=\dfrac{5\sqrt{3}}{3}$，选 B.

题型 3.3　根的分布问题

出题模型	应对套路
若一个根比 k 大，另一个根比 k 小	只需保证 $af(k)<0$ 即可
根的位置关系	用图像或者双根式解决

【例9】 方程 $4x^2+(a-2)x+a-5=0$ 有两个不等的负实根.

(1) $a<6$

(2) $a>5$

【答案】 C

【解析】 由题意得 $\begin{cases}\Delta>0\\x_1x_2>0\end{cases}$，代入解得 $5<a<6$，故选 C.

【例10】 设函数 $f(x)=(ax-1)(x-2)$，则在 $x=2$ 的右侧附近有 $f(x)<0$.

(1) $a>\dfrac{1}{2}$

(2) $a<0$

【答案】 B

【解析】由题意得 $f(x)$ 的两个根为 2 和 $\frac{1}{a}$.

(1) $a > \frac{1}{2}$ 时，$0 < \frac{1}{a} < \frac{1}{2}$，开口向上，故在 $x=2$ 右侧没有 $f(x)<0$，不充分.

(2) $a<0$ 时，$\frac{1}{a}<0$，开口向下，故在 $x=2$ 右侧有 $f(x)<0$，充分，故选 B.

【例 11】关于 x 方程 $x^2+(m-2)x+5-m=0$ 的两根都大于 2，则实数 m 的取值范围是（　　）.
A. $(-5, -4]$　　B. $[1, +\infty)$　　C. $(-\infty, -4]$　　D. $[-2, +\infty)$　　E. $(-\infty, -2]$
【答案】A

【解析】由题意得 $\begin{cases} \Delta \geq 0 \\ -\frac{m-2}{2}>2 \\ f(2)>0 \end{cases}$，联立解得 $-5<m\leq 4$，故选 A.

【例 12】关于 x 的方程 $x^2-px+q=0$ 有两个实根 a 和 b，则 $p-q>1$.
(1) $a>1$
(2) $b<1$
【答案】C

【解析】由题意得 $a+b=p$，$ab=q$，则 $p-q=a+b-ab=(a-1)(1-b)+1$. 显然两者单独不成立，考虑联合，则 $(a-1)(1-b)>0 \Rightarrow (a-1)(1-b)+1>1$，即 $p-q>1$，故选 C.

题型 3.4　一元二次函数、方程和不等式的基本题型

【例 13】一元二次函数 $y=ax^2+bx+c$ 的图像如图所示，则 a，b，c 满足（　　）.
A. $a<0$，$b<0$，$c>0$　　　　　B. $a<0$，$b<0$，$c<0$
C. $a<0$，$b>0$，$c>0$　　　　　D. $a>0$，$b<0$，$c>0$
E. $a>0$，$b>0$，$c>0$

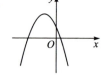

【答案】A

【解析】由图像可得 $\begin{cases} a<0 \\ -\frac{b}{2a}<0 \\ f(0)>0 \end{cases}$，则 $\begin{cases} a<0 \\ b<0 \\ c>0 \end{cases}$，故选 A.

【例 14】一元二次方程 $3x^2-4ax+a^2<0$（$a<0$）的解集是（　　）.
A. $\frac{a}{3}<x<a$　　B. $x>a$ 或 $x<\frac{a}{3}$　　C. $a<x<\frac{a}{3}$　　D. $x>\frac{a}{3}$ 或 $x<a$　　E. $a<x<3a$
【答案】C

【解析】因式分解可得 $(3x-a)(x-a)<0$，而 $a<0$，则 $x_1=a<x_2=\frac{a}{3}$，且图像开口向上，所以方程的解集为 $\left(a, \frac{a}{3}\right)$，故选 C.

【例 15】$f(x)=\sqrt{x-x^2}$ 的定义域是（　　）.

A. $(-\infty, 1]$ B. $(-\infty, 0)\cup(1, +\infty)$

C. $(0, 1)$ D. $(-\infty, 0]\cup[1, +\infty)$

E. $[0, 1]$

【答案】E

【解析】定义域为 $x-x^2\geq 0$，解得 $[0, 1]$，故选 E.

【例 16】设二次函数 $f(x)=ax^2+bx+c$，且 $f(2)=f(0)$，则 $\dfrac{f(3)-f(2)}{f(2)-f(1)}=$（　　）.

A. 2   B. 3   C. 4   D. 5   E. 6

【答案】B

【解析】由于对称轴为 $x=1$，则 $-\dfrac{b}{2a}=1$，$b=-2a$. 则原式 $=\dfrac{9a+3b+c-(4a+2b+c)}{4a+2b+c-(a+b+c)}=\dfrac{5a+b}{3a+b}=\dfrac{3a}{a}=3$，故选 B.

题型 3.5　一元二次函数的最值

函数形式 $x\in\mathbf{R}$	最值何时取	最值是多少
$y=ax^2+bx+c\,(a\neq 0)$	$x=-\dfrac{b}{2a}$	$y=\dfrac{4ac-b^2}{4a}$
$y=a(x-x_1)(x-x_2)\,(a\neq 0)$	$x=\dfrac{x_1+x_2}{2}$	$f\left(\dfrac{x_1+x_2}{2}\right)$
有范围限制	画图像，根据图像的最高点和最低点求解最大值和最小值	

【例 17】一元二次函数 $y=x(1-x)$ 的最大值为（　　）.

A. 0.05   B. 0.10   C. 0.15   D. 0.20   E. 0.25

【答案】E

【解析】$y=-x^2+x$，且开口朝下，则当取对称轴的时候，$x=\dfrac{1}{2}$ 时，$y_{\max}=\dfrac{1}{4}$，故选 E.

【例 18】函数 $f(x)=x^2-4x-2|x-2|$ 的最小值为（　　）.

A. -4 B. -5 C. -6 D. -7 E. -8

【答案】B

【解析】$f(x)=\begin{cases}x^2-6x+4\,(x\geq 2)\\ x^2-2x-4\,(x<2)\end{cases}$，当 $x\geq 2$ 时，$f_{\min}(x)=f(3)=-5$，当 $x<2$ 时，$f_{\min}(x)=f(1)=-5$，故选 B.

题型 3.6　一元二次不等式的恒成立问题

二次函数恒成立问题	题目描述	做题方法
全体实数上恒成立	① 恒成立：函数大于 0 恒成立； ② 无解：函数大于 0 无解； ③ 交点数量：函数与 x 轴无交点； ④ 图像：函数恒在 x 轴上方	看 Δ 和开口
含参数 t 有范围限制	在某范围内恒成立	解出参数 t

【例 19】不等式 $(k+3)x^2-2(k+3)x+k-1<0$，对 x 的任意数值都成立.
(1) $k=0$
(2) $k=-3$
【答案】B
【解析】(1) $k=0$ 时，原式为 $3x^2-6x-1<0$，开口向上，故不充分.
(2) $k=-3$ 时，原式为 $-4<0$，显然成立，故充分，选 B.

【例 20】不等式 $|x^2+2x+a|\leq 1$ 的解集为空集.
(1) $a<1$
(2) $a>2$
【答案】B
【解析】由于二次函数开口向上，故若 x^2+2x+a 存在负值情况，因二次函数是连续的，则必定存在 $x^2+2x+a=0$，不满足题意，即 x^2+2x+a 必定大于 0，则原题可化简为 $x^2+2x+a-1\leq 0$ 的解集为空集. 即 $\Delta<0$，解得 $a>2$，故选 B.

【例 21】$x\in \mathbf{R}$，不等式 $\dfrac{3x^2+2x+2}{x^2+x+1}>k$ 恒成立，则实数 k 的取值范围为 (　　).

A. $1<k<2$　　B. $k<2$　　C. $k>2$　　D. $k<2$ 或 $k>2$　　E. $0<k<2$
【答案】B
【解析】原式可化简为 $\dfrac{2(x^2+x+1)+x^2}{x^2+x+1}=2+\dfrac{x^2}{x^2+x+1}>k$.
(1) 当 $x=0$ 时，原式为 2.
(2) 当 $x\neq 0$ 时，原式可继续化简为 $2+\dfrac{1}{1+\dfrac{1}{x}+\dfrac{1}{x^2}}>k$. 令 $\dfrac{1}{x}=a$，则分母为 a^2+a+1，$\Delta<0$，则分母必定为正. 原式必定大于 2. 综上所述，原式最小值为 2，故选 B.

【例 22】若 $y^2-2\left(\sqrt{x}+\dfrac{1}{\sqrt{x}}\right)y+3<0$ 对一切正数 x 恒成立，则 y 的取值范围是 (　　).

A. $1<y<3$　　B. $2<y<4$　　C. $1<y<4$　　D. $3<y<5$　　E. $2<y<5$

【答案】A

【解析】方法一：令 $\sqrt{x}+\dfrac{1}{\sqrt{x}}=t$ $(t\geq 2)$，则 $y^2+3<2ty$，当 $y=0$ 时，显然不成立，故 $y\neq 0$.

选项中均为 $y>0$，将两边同时除以 $2y$，得 $\dfrac{y^2+3}{2y}<t$，而 $t\geq 2$，则可得 $\dfrac{y^2+3}{2y}<2$，解得 $1<y<3$，故选 A.

方法二：令 $\sqrt{x}=a$，将 a 视为主元，y 视为参数，两边同时乘 a 整理可得 $-2ya^2-2y+(y^2+3)a<0$ 且 $\Delta<0$，解得 $1<y<3$（开口向下，故舍去负值），故选 A.

题型 3.7　幂函数、指数、对数、函数方程和不等式

> **区间根问题：**
> （1）指数不等式四步解题法：化同底、判断指数函数的单调性、构造新不等式、解不等式；
> （2）对数函数优先考虑定义域；
> （3）指数运算法则应用于乘除，对数函数的运算法则应用于加减.

【例 23】若函数 $f(x)=(2m+3)x^{m^2-3}$ 是幂函数，则 m 的值为（　　）.

A. -1　　　B. 0　　　C. 1　　　D. 2　　　E. 3

【答案】A

【解析】若函数 $f(x)=(2m+3)x^{m^2-3}$ 是幂函数，需使 x 的系数 $(2m+3)$ 为 1，即 $2m+3=1$，解得 $m=-1$.

【例 24】幂函数 $f(x)$ 的图像过点 $(2,\sqrt{2})$，则 $f(9)=$（　　）.

A. 1　　　B. 2　　　C. 3　　　D. 4　　　E. 5

【答案】C

【解析】设幂函数为 $f(x)=x^m$，其过点 $(2,\sqrt{2})$，代入可得：$2^m=\sqrt{2}$，解得：$m=\dfrac{1}{2}$. 故 $f(x)=x^{\frac{1}{2}}$，$f(9)=3$.

【例 25】当 $x\in(0,+\infty)$ 时，幂函数 $y=(m^2-m-1)x^{-m-1}$ 为减函数，则 $m=$（　　）.

A. 1　　　B. 2　　　C. 3　　　D. 4　　　E. 5

【答案】B

【解析】因为 $y=(m^2-m-1)x^{-m-1}$ 为幂函数，故 $m^2-m-1=1$，解得 $m=-1$ 或 $m=2$，即幂函数可能是 $y=x^0=1$ 或 $y=x^{-3}$. 又幂函数在 $x\in(0,+\infty)$ 时为减函数，所以，只能是 $y=x^{-3}$，$m=2$.

【例 26】$a>b$.

(1) a,b 为实数，且 $a^2>b^2$

(2) a,b 为实数，且 $\left(\dfrac{1}{2}\right)^a<\left(\dfrac{1}{2}\right)^b$

【答案】B

【解析】（1）无法确定 a,b 的正负值，故不充分.

(2) 由于 $y=\left(\dfrac{1}{2}\right)^x$ 随着 x 的增大而减小，且 $\left(\dfrac{1}{2}\right)^a<\left(\dfrac{1}{2}\right)^b$，故 $a>b$，充分，故选 B.

【例 27】下图是指数函数 (1) $y=a^x$, (2) $y=b^x$, (3) $y=c^x$, (4) $y=d^x$ 的图像，则 a, b, c, d 与 1 的大小关系是（　　）.

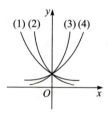

A. $a<b<1<c<d$ 　　B. $b<a<1<d<c$ 　　C. $1<a<b<c<d$ 　　D. $a<b<1<d<c$

E. 以上选项均不正确

【答案】B

【解析】由题意得 $0<a$, $b<1$, $c>1$, $d>1$，令 $x=1$，由图可知 $c>d>a>b$，故 $b<a<1<d<c$，选 B.

【例 28】不等式 $\left(\dfrac{1}{3}\right)^{x^2-8}>3^{-2x}$ 的解集为（　　）.

A. $0<x<2$ 　　B. $-2<x<4$ 　　C. $-2<x<3$ 　　D. $-2<x<0$ 　　E. $-1<x<3$

【答案】B

【解析】原式可转换为 $\left(\dfrac{1}{3}\right)^{x^2-8}>\left(\dfrac{1}{3}\right)^{2x}$. 由于 $\left(\dfrac{1}{3}\right)^a$ 为单调递减函数，故 $x^2-8<2x$，解得 $-2<x<4$，故选 B.

【例 29】关于 x 的方程 $\lg(x^2+11x+8)-\lg(x+1)=1$ 的解为（　　）.

A. 0 　　B. 1 　　C. 2 　　D. 3 　　E. 3 或 2

【答案】B

【解析】原式可变形为 $\lg\dfrac{x^2+11x+8}{x+1}=1$，即 $\dfrac{x^2+11x+8}{x+1}=10$. 解得 $x=1$ 或 -2，由于对数函数的定义域限制，舍去负根，故选 B.

【例 30】若使函数 $f(x)=\dfrac{\lg(2x^2+5x-12)}{\sqrt{x^2-3}}$ 有意义，则 x 的取值范围包括（　　）个正整数.

A. 0 　　B. 1 　　C. 2 　　D. 3 　　E. 无数个

【答案】E

【解析】由题得 $\begin{cases}2x^2+5x-12>0\\ x^2-3>0\end{cases}$，解得 $x<-4$ 或 $x>\sqrt{3}$，故其中包含无数个正整数，故选 E.

题型 3.8　不等式的基本性质

> 只要是条件充分性不等式问题，优先考虑特值排除.

【例31】$ab^2 < cb^2$.

(1) 实数 a, b, c 满足 $a+b+c=0$

(2) 实数 a, b, c 满足 $a<b<c$

【答案】E

【解析】要确定 $ab^2 < cb^2$，即要确定 $a<c$ 且 $b\neq 0$，而无论（1）（2）单独还是联合，均无法保证 $b\neq 0$，故选 E.

【例32】实数 a, b 满足 $|a|(a+b) > a|a+b|$.

(1) $a<0$

(2) $b>-a$

【答案】C

【解析】（1）无法判断 $a+b$ 的正负值，（2）无法判断 a 的正负值，故单独（1）（2）显然不成立，考虑联合. 联合后即 $a<0$, $a+b>0$，去绝对值约分后化为 $-a>a$（注意 $a<0$），故联合充分，选 C.

题型 3.9 均值不等式

情形	题型	定值	最值何时取得
和为定值时，求其积最大	求 $16ab$ 的最大值	一般题目给和的定值	各项均等取最值
积为定值时，求其和最小	求 $x+\dfrac{4}{x^2}$ 最小值	常需拆项凑乘积定值	

【例33】直角边之和为 12 的直角三角形面积最大值等于（　　）.

A. 16　　　B. 18　　　C. 20　　　D. 22

E. 以上选项均不正确

【答案】B

【解析】设一条直角边为 a，则另一条直角边为 $12-a$. 则 $S=\dfrac{1}{2}a(12-a) \leq \dfrac{1}{2}\left[\dfrac{a+(12-a)}{2}\right]^2 = 18$，即最大值为 18，故选 B.

【例34】函数 $f(x) = x+\dfrac{1}{x}$ ($\dfrac{1}{2} \leq x \leq 3$) 的最大值为（　　）.

A. 2　　　B. $\dfrac{5}{2}$　　　C. -2　　　D. $\dfrac{10}{3}$　　　E. 没有最大值

【答案】D

【解析】由函数性质可知，在 $x=1$ 时取最小值，且 $f(x)$ 在 $\left[\dfrac{1}{2}, 1\right]$ 下降，在 $(1, 3]$ 上升. 而 $f\left(\dfrac{1}{2}\right) = \dfrac{5}{2}$，$f(3) = \dfrac{10}{3}$，故最大值为 $\dfrac{10}{3}$，故选 D.

【例35】 设函数 $f(x) = 2x + \dfrac{a}{x^2}(a>0)$，在 $x>0$ 的范围内的最小值为 $f(x_0) = 12$，则 $x_0 =$ (   ).

A. 5　　　　B. 4　　　　C. 3　　　　D. 2　　　　E. 1

【答案】B

【解析】利用三项均值不等式，原式 $= x + x + \dfrac{a}{x^2} \geq 3\sqrt[3]{x \cdot x \cdot \dfrac{a}{x^2}} = 3\sqrt[3]{a} = 12$，故 $a = 64$，$x = 4$，故选 B.（由于分母为二次方，故将 $2x$ 拆为两个 x，方便转换为乘法形式消除 x，若分母为四次方，该如何转换？）

第五节　综合能力测试

扫码观看
章节测试讲解

一、问题求解：第 1~10 小题，每小题 6 分，共 60 分. 下列每题给出的 A、B、C、D、E 五个选项中，只有一项是符合试题要求的.

1. 若 $x+\dfrac{1}{x}=3$，则 $\dfrac{x^2}{x^4+x^2+1}=$（　　）.

   A. $-\dfrac{1}{8}$ B. $\dfrac{1}{6}$ C. $\dfrac{1}{4}$ D. $-\dfrac{1}{4}$ E. $\dfrac{1}{8}$

2. 已知方程 $3x^2+px+5=0$ 的两个根 x_1，x_2 满足 $\dfrac{1}{x_1}+\dfrac{1}{x_2}=2$，则 $p=$（　　）.

   A. 10   B. -6 C. 6   D. -10 E. 11

3. 不等式 $1+x>\dfrac{1}{1-x}$ 的解集为（　　）.

   A. $x>1$ B. $-1<x<1$ C. $x<-1$ D. $x>-1$ E. 空集

4. 设二次函数 $y=ax^2+bx+c$，并且 $f(0)=f(2)$，那么 $\dfrac{f(3)-f(2)}{f(2)-f(1)}=$（　　）.

   A. 2   B. 3   C. 4   D. 5   E. 6

5. 已知方程 $3x^2+5x+1=0$ 的两个根为 α，β，则 $\sqrt{\dfrac{\beta}{\alpha}}+\sqrt{\dfrac{\alpha}{\beta}}=$（　　）.

   A. $-\dfrac{5\sqrt{3}}{3}$ B. $\dfrac{5\sqrt{3}}{3}$ C. $\dfrac{\sqrt{3}}{5}$ D. $-\dfrac{\sqrt{3}}{5}$ E. $\sqrt{3}$

6. 已知关于 x 的一元二次方程 $k^2x^2-(2k+1)x+1=0$ 有两个相异实根，则 k 取值的范围是（　　）.

   A. $k>\dfrac{1}{4}$ B. $k\geq\dfrac{1}{4}$ C. $k>-\dfrac{1}{4}$ 且 $k\neq 0$

   D. $k\geq\dfrac{1}{4}$ 且 $k\neq 0$ E. 以上均不对

7. 设函数 $f(x)=2x+\dfrac{a}{x^2}$（$a>0$）在（0，$+\infty$）内的最小值 $f(x_0)=12$，则 $x_0=$（　　）.

   A. 5   B. 4   C. 3   D. 2   E. 1

8. 已知某厂生产 x 件产品的成本为 $C=25\,000+200x+\dfrac{1}{40}x^2$ 元，要使平均成本最小，所生产的产品件数为（　　）.
A. 100　　　B. 200　　　C. 1 000　　　D. 2 000　　　E. 以上均不对

9. 设实数 x, y 适合等式 $x^2-4xy+4y^2+\sqrt{3}x+\sqrt{3}y-6=0$, 则 $x+y$ 的最大值为（　　）.

A. $\dfrac{\sqrt{3}}{2}$　　　B. $\dfrac{2\sqrt{3}}{3}$　　　C. $2\sqrt{3}$　　　D. $3\sqrt{2}$　　　E. $3\sqrt{3}$

10. 不等式 $\sqrt{3-x}-\sqrt{x+1}>1$ 的解集中包含（　　）个整数.

A. 0　　　B. 1　　　C. 2　　　D. 3　　　E. 无数个

二、条件充分性判断：第 11~15 小题，每小题 8 分，共 40 分.
要求判断每题给出的条件（1）和（2）能否充分支持题干所陈述的结论. A、B、C、D、E 五个选项为判断结果，请选择一项符合试题要求的判断.

A. 条件（1）充分，但条件（2）不充分；
B. 条件（2）充分，但条件（1）不充分；
C. 条件（1）和（2）都不充分，但联合起来充分；
D. 条件（1）充分，条件（2）也充分；
E. 条件（1）不充分，条件（2）也不充分，联合起来仍不充分.

11. 设 x, y 是实数，则 $x \leq 6$, $y \leq 4$.
(1) $x \leq y+2$
(2) $2y \leq x+2$

12. 关于 x 的方程 $x^2+ax+b-1=0$ 有实根.
(1) $a+b=0$
(2) $a-b=0$

13. $a>b$.
(1) a, b 为实数，且 $a^2>b^2$
(2) a, b 为实数，且 $\left(\dfrac{1}{2}\right)^a < \left(\dfrac{1}{2}\right)^b$

14. 已知二次函数 $f(x)=ax^2+bx+c$, 则方程 $f(x)=0$ 有两个不同实根.
(1) $a+c=0$
(2) $a+b+c=0$

15. 直线 $y=ax+b$ 与抛物线 $y=x^2$ 有两个交点.
(1) $a^2>4b$
(2) $b>0$

第四章

数 列

第四章 数 列

第一节 数列的基本概念

考点考频分析

考点	频率	难度	知识点
数列的定义	低	☆	按顺序排列的一列数
数列的通项公式	低	☆	项数和通项的理解
数列的前 n 项和	中	☆☆	求和公式

一、数列的定义

依一定顺序排列的一列数叫作数列。数列中的每一个数都叫这个数列的项。数列的一般表达形式为 a_1，a_2，a_3，$\cdots$，a_n，a_{n+1}，$\cdots$ 或简记为 $\{a_n\}$。

其中，a_n 叫作数列 $\{a_n\}$ 的**通项**；下标 n 为自然数，叫作数列的项数。

二、数列的通项公式

如果通项 a_n 与项数 n 之间的函数关系，可以用一个关于 n 的关系式 $f(n)$ 表示，则称 $a_n = f(n)$ 为数列 $\{a_n\}$ 的**通项公式**。

如：数列 1，3，5，7，$\cdots$，关于 n 的一个通项公式为 $a_n = 2n-1$，$n \in \mathbf{N}^*$；

数列 2，4，6，8，$\cdots$，关于 n 的一个通项公式为 $a_n = 2n$，$n \in \mathbf{N}^*$；

数列 1，$\dfrac{1}{2}$，$\dfrac{1}{4}$，$\dfrac{1}{8}$，$\cdots$，关于 n 的一个通项公式为 $a_n = \dfrac{1}{2^{n-1}}$，$n \in \mathbf{N}^*$。

三、数列的前 n 项和

一个数列的前 n 项的和称为该数列的前 n 项和，通常用 S_n，$T_n \cdots$ 表示，即 $S_n = a_1 + a_2 + \cdots + a_n$，则

显然有：$a_n = \begin{cases} S_1, & n=1 \\ S_n - S_{n-1}, & n \geq 2 \end{cases}$。

基础模型题展示

$a_1 = \dfrac{1}{3}$。

（1）在数列 $\{a_n\}$ 中，$a_3 = 2$

（2）在数列 $\{a_n\}$ 中，$a_2 = 2a_1$，$a_3 = 2a_2$

考点分析	数列的基本概念	
步骤详解		
第一步	判断题型：条件充分性判断题型，由条件（1）和条件（2）判断题干的结论是否充分	
第二步	在条件（1）中：仅知 $a_3=2$，已知信息太少，故 $a_1=\dfrac{1}{3}$ 是无法得到的； 在条件（2）中：仅知 a_1，a_2，a_3 的关系，但是具体数值未知，故 $a_1=\dfrac{1}{3}$ 是无法得到的	条件（1）不充分， 条件（2）不充分， 联合不充分， 故选项 E 成立
第三步	考虑两个条件联合， 由题意可知：$a_2=\dfrac{1}{2}a_3=1$，$a_1=\dfrac{1}{2}a_2=\dfrac{1}{2}\neq\dfrac{1}{3}$，则联合不充分	

小贴士

注意两个条件的范围.

拓展测试

【拓展1】$S_6=126$.

（1）数列 $\{a_n\}$ 的通项公式是 $a_n=10(3n+4)(n\in\mathbf{N})$

（2）数列 $\{a_n\}$ 的通项公式是 $a_n=2^n(n\in\mathbf{N})$

【拓展2】数列 $\{a_n\}$ 的前 n 项和 S_n，且 $S_n=\dfrac{2n-1}{n}$，求 a_8 的值.

思维导图

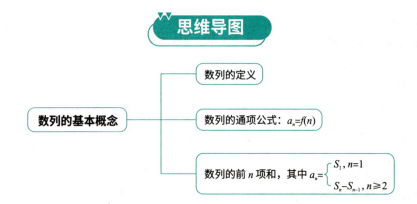

知识测评

掌握程度	知识点	自测
掌握	数列的基本概念（一组有顺序的数列）	
	掌握前 n 项和与通项公式之间的关系及其运算	

第二节 等差数列

考点考频分析

考点	频率	难度	知识点
等差数列的通项	低	☆	首项、公差
前 n 项和公式	中	☆☆	求和公式的理解
等差中项	中	☆☆	三项成等差的情况
项数性质	中	☆☆	项数相等，项数和相等

一、等差数列的相关概念

(1) 定义：如果一个数列 $\{a_n\}$ 从第二项起，每一项与它前一项的差等于同一个常数，则这个数列称为等差数列，其中这个常数叫作该数列的公差，记作 d.

即：$\{a_n\}$ 为等差数列 $\Leftrightarrow a_n - a_{n-1} = d$，$d$ 为常数.

(2) 通项公式：$a_n = a_1 + (n-1)d$，其中 a_1 为首项，d 为公差.

(3) 前 n 项和公式：$S_n = \dfrac{a_1 + a_n}{2} \times n = na_1 + \dfrac{n(n-1)}{2}d$.

(4) 等差中项：如果 a，A，b 成等差数列，则 A 叫作 a 与 b 的等差中项，且满足 $A = \dfrac{a+b}{2}$.

二、等差数列的性质

(1) 公差性质：$d = \dfrac{a_n - a_m}{n - m}$ 或 $a_n = a_m + (n-m)d$.

(2) 项数性质：若等差数列的项数 m，n，p，q，满足 $m+n = p+q$，则有 $a_m + a_n = a_p + a_q$.

例如：等差数列 $\{a_n\}$ 中，$a_1 + a_n = a_2 + a_{n-1} = a_3 + a_{n-2} = \cdots$，

进而也有：$S_n = \dfrac{n \cdot (a_1 + a_n)}{2} = \dfrac{n \cdot (a_2 + a_{n-1})}{2} = \dfrac{n \cdot (a_3 + a_{n-2})}{2} = \cdots$.

(3) 等差中项性质：$a_r = \dfrac{1}{2}(a_{r-1} + a_{r+1}) = \dfrac{1}{2}(a_{r-s} + a_{r+s})$.

(4) 阶段和性质：在等差数列中，S_n 是数列的前 n 项和，则 S_n，$S_{2n}-S_n$，$S_{3n}-S_{2n}$，…仍成等差数列（公差为 n^2d）.

基础模型题展示

下列各项公式表示的数列为等差数列的是（　　）.

A. $a_n = \dfrac{n}{n+1}$　　　　B. $a_n = n^2 - 1$　　　　C. $5n + (-1)^n$

D. $a_n = 3n - 1$　　　　E. $a_n = \sqrt{n} - \sqrt[3]{n}$

考点分析	等差数列的定义	
步骤详解		
第一步	用代入法，求出 a_1，a_2，a_3 即可知 A、B、C、E 都不是等差数列	满足题意的是选项 D
第二步	若 $a_n = 3n - 1$，则 $a_n - a_{n-1} = 3n - 1 - [3(n-1) - 1] = 3$	
第三步	即 $a_n = 3n - 1$ 是以首项为 2、公差为 3 的等差数列	

小贴士

应用：如果一个数列 $\{a_n\}$ 从第二项起，每一项与它前一项的差等同于同一个常数，则这个数列称为等差数列.

拓展测试

【拓展 1】已知等差数列 $\{a_n\}$ 的前 n 项和为 $S_n = an^2 + bn + c$，a，b，c 为常数，若 $a_1 = 1$，$a_3 = 5$，则 $a + 2b + c = $（　　）.

A. 1　　　　B. 2　　　　C. 3　　　　D. 4　　　　E. 5

【拓展 2】若等差数列 $\{a_n\}$ 满足 $5a_7 - a_3 = 12$，则 $\sum\limits_{k=3}^{8} a_k = $（　　）.

A. 15　　　　B. 16　　　　C. 17　　　　D. 18　　　　E. 19

【拓展 3】已知等差数列 $\{a_n\}$，且 $a_2 - a_5 + a_8 = 9$，则 $a_1 + a_2 + \cdots + a_9 = $（　　）.

A. 27　　　　B. 45　　　　C. 54　　　　D. 81　　　　E. 160

【拓展 4】已知等差数列 $\{a_n\}$，则能确定 $a_1 + a_2 + \cdots + a_{13}$ 的值.

(1) 已知 a_1 的值

(2) 已知 a_7 的值

【拓展 5】设 $\{a_n\}$ 为等差数列，则 $a_{10} = 36$.

(1) $a_2 = a_6 - a_4 = 6$

(2) $S_{19} = 684$

【拓展6】方程 $x^2+2(a+b)+c^2=0$ 有实根.
(1) a,b,c 是三角形的三边长
(2) a,c,b 成等差数列

【拓展7】夏季山上的温度从山脚起,每升高 100 m,降低 0.7 ℃.已知山顶处的温度是 14.8 ℃,山脚处的温度是 26 ℃,则山的高度为(　　)m.
A. 1 600　　　　B. 1 700　　　　C. 1 650　　　　D. 1 565　　　　E. 1 620

思维导图

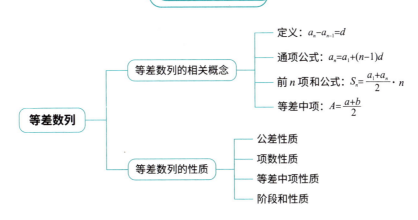

知识测评

掌握程度	知识点	自测
掌握	等差数列的基本概念	
	等差数列中项和项数性质及常数列法	
	等差数列的判定方法	
理解	等差数列在应用题中的应用	

第三节　等比数列

考点考频分析

考点	频率	难度	知识点
等比数列的通项	低	☆	首项、公比
前 n 项和公式	中	☆☆	求和公式的理解
等比中项	中	☆☆	三项成等比的讨论

续表

考点	频率	难度	知识点
项数性质	中	☆☆	项数相等、项数和相等

一、等比数列的相关概念

（1）定义：如果一个数列 $\{a_n\}$ 从第二项起，每一项与它前一项的比等于同一个常数，这个数列叫作等比数列，其中这个常数叫作该数列的公比，记作 q.

即：$\{a_n\}$ 为等比数列 $\Leftrightarrow \dfrac{a_n}{a_{n-1}} = q(q \neq 0)$，$q$ 为等比数列的公比.

（2）通项公式：$a_n = a_1 q^{n-1} (n \in \mathbf{N}^*)$，其中 a_1 为首项，q 为公比.

（3）前 n 项和公式：$S_n = \dfrac{a_1 - a_n \cdot q}{1-q} = \dfrac{a_1(1-q^n)}{1-q}$ $(q \neq 1)$.

特别地：

① 当 $q = 1$ 时，$S_n = n \cdot a_1$；

② 当数列 $\{a_n\}$ 为无穷等比数列，且 $|q| < 1$，则此时的数列前 n 项和 $S_n = \dfrac{a_1}{1-q}$.

（4）等比中项：如果三个非零常数 a，G，b 成等比数列，则 $G^2 = ab$，称 G 为 a 与 b 的等比中项.

二、等比数列的性质

（1）公比性质：$q^{n-m} = \dfrac{a_n}{a_m}$ 或 $a_n = a_m \cdot q^{n-m}$.

（2）项数性质：若等比数列的项数 m，n，p，q，满足 $m+n = p+q$，则有 $a_m \cdot a_n = a_p \cdot a_q$.

（3）等比中项性质：$a_r^2 = a_{r-1} a_{r+1} = a_{r-s} a_{r+s}$.

（4）阶段和性质：在等比数列中，S_n 是数列的前 n 项和，

则：S_n，$S_{2n} - S_n$，$S_{3n} - S_{2n}$，…仍成等比数列（公比为 q^n），

即：$S_{2n} = S_n + S_n q^n = S_n(1+q^n)$，$S_{3n} = S_n(1+q^n+q^{2n})$，…

基础模型题展示

在等比数列 $\{a_n\}$ 中，若 $a_2 = 4$，$a_5 = -\dfrac{1}{2}$，则 $a_n = (\quad)$.

A. $\left(-\dfrac{1}{2}\right)^{n-4}$ B. $\left(\dfrac{1}{2}\right)^{n-4}$ C. $\left(\dfrac{1}{2}\right)^{n-3}$

D. $\left(-\dfrac{1}{2}\right)^{n-3}$ E. $\left(\dfrac{1}{2}\right)^{n}$

考点分析	等比数列的通项公式	
步骤详解		
第一步	已知 $a_2 = 4$，$a_5 = -\dfrac{1}{2}$，则 $\Rightarrow \begin{cases} a_2 = a_1 q = 4 \\ a_5 = a_1 q^4 = -\dfrac{1}{2} \end{cases}$	

续表

第二步	解方程组得 $a_1=-8$，$q=-\dfrac{1}{2}$	满足题意的是选项 A
第三步	所以通项公式 $a_n=\left(-\dfrac{1}{2}\right)^{n-4}$	

 小贴士

熟悉等比数列的通项公式.

拓展测试

【拓展1】数列 $\{a_n^2\}$ 的前 n 项和 $S_n=\dfrac{1}{3}(4^n-1)$.

(1) 数列 $\{a_n\}$ 是等比数列，公比 $q=2$，首项 $a_1=1$

(2) 数列 $\{a_n\}$ 的前 n 项和 $S_n=2^n-1$

【拓展2】甲、乙、丙三人年龄相同.

(1) 甲、乙、丙的年龄成等差数列

(2) 甲、乙、丙的年龄成等比数列

【拓展3】在右边表格中，每行为等差数列，每列为等比数列，$x+y+z=$（　　）．

A. 2　　　B. $\dfrac{5}{2}$　　　C. 3　　　D. $\dfrac{7}{2}$

E. 4

2	$\dfrac{5}{2}$	3
x	$\dfrac{5}{4}$	$\dfrac{3}{2}$
a	y	$\dfrac{3}{4}$
b	c	z

【拓展4】某人在保险柜中存放了 M 元现金，第一天取出它的 $\dfrac{2}{3}$，以后每天取出前一天所取的 $\dfrac{1}{3}$，共取了 7 天，保险柜中剩余的现金为（　　）元.

A. $\dfrac{M}{3^7}$　　　　　　B. $\dfrac{M}{3^6}$　　　　　　C. $\dfrac{2M}{3^6}$

D. $\left[1-\left(\dfrac{2}{3}\right)^7\right]M$　　　E. $\left[1-7\left(\dfrac{2}{3}\right)^7\right]M$

思维导图

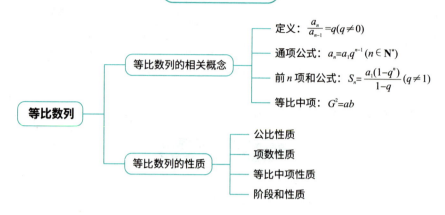

知识测评

掌握程度	知识点	自测
掌握	等比数列的基本概念（首项、公比）	
掌握	等比中项、项数性质及常数列法	
掌握	等比数列的判定方法	
理解	等比数列在应用题中的应用	

第四节　题型总结

题型 4.1　数列的定义问题

（1）数列可确定，指数列的每一项 a_n 都可唯一确定.

（2）知 S_n 求 a_n 的问题：可令 $n=1$，2，3，求出 a_1，a_2，a_3 即可验证选项.

【例 1】数列 $\{a_n\}$ 可以唯一确定.

（1）在数列 $\{a_n\}$ 中，$a_{n+1}=a_n+n$ 成立

（2）数列 $\{a_n\}$ 的第 5 项为 1

【答案】C

【解析】两者单独显然不成立，考虑联合. （1）$a_2-a_1=1$，$a_3-a_2=2$，…，$a_n-a_{n-1}=n-1$，累加得 $a_n-a_1=\dfrac{n(n-1)}{2}$，将（2）的 $a_5=1$ 代入得 $a_1=-9$，则 $a_n=\dfrac{n(n-1)}{2}-9$，故选 C.

【例2】若数列 $\{a_n\}$ 的前 n 项和 $S_n=4n^2+n-2$，则它的通项公式是（　　）.

A. $a_n=8n-3$
B. $a_n=8n+5$
C. $a_n=\begin{cases}3,&n=1\\8n-3,&n\geq2\end{cases}$
D. $a_n=\begin{cases}3,&n=1\\8n+5,&n\geq2\end{cases}$
E. 以上选项均不正确

【答案】C

【解析】$S_n=4n^2+n-2$，则 $S_{n-1}=4(n-1)^2+(n-1)-2$，则 $a_n=S_n-S_{n-1}=8n-3(n\geq2)$. 当 $n=1$ 时，$a_1=3$，故 $a_n=\begin{cases}3,&n=1\\8n-3,&n\geq2\end{cases}$，选 C.

题型4.2　等差数列的基本公式和性质

（1）遇到等差数列问题，可先思考其性质，后考察其通项；

（2）若题目未对公差 d 限制，则可以令 $d=0$，用常数列"秒杀"；

（3）等差数列的均值为 $\dfrac{a_1+a_n}{2}$；

（4）等差数列 $\{a_n\}$ 和 $\{b_n\}$ 的前 $2k-1$ 项的和分别用 S_{2k-1} 和 T_{2k-1} 表示，则 $\dfrac{a_k}{b_k}=\dfrac{S_{2k-1}}{T_{2k-1}}$；

（5）等差数列的通项公式可以看成一元一次函数 $y=An+B$，即 $a_n=dn+(a_1-d)$；

（6）将 a_n 看成一元一次函数，则公差 d 为一次项系数，即可将其看成函数斜率 k，常数项 a_1-d 可看成函数在 y 轴上的截距；

（7）等差数列的求和公式 S_n 可以看成一元二次函数的形式 $S_n=\dfrac{d}{2}n^2+\left(a_1-\dfrac{d}{2}\right)n$；

（8）S_n 可看成一元二次函数（不含常数项），对称轴为 $n=-\dfrac{a_1-\dfrac{d}{2}}{2\times\dfrac{d}{2}}=\dfrac{1}{2}-\dfrac{a_1}{d}$.

【例3】$a_1a_8<a_4a_5$.

（1）$\{a_n\}$ 为等差数列，且 $a_1>0$
（2）$\{a_n\}$ 为等差数列，且公差 $d\neq0$

【答案】B

【解析】由于（1）（2）均有 $\{a_n\}$ 为等差数列的条件，则 $a_1a_8=a_1(a_1+7d)=a_1^2+7a_1d$，$a_4a_5=(a_1+3d)\cdot(a_1+4d)=a_1^2+7a_1d+12d^2$，相减有 $a_4a_5-a_1a_8=12d^2\geq0$，故当 $d\neq0$ 时，可得 $a_4a_5-a_1a_8>0$，故选 B.

【例4】某车间共有40人，某次技术操作考核的平均分为90分，这40人的分数从低到高恰好构成一个等差数列：a_1，a_2，$\cdots$，a_{40}，则 $a_1+a_8+a_{33}+a_{40}=$（　　）.

A. 260
B. 320
C. 360
D. 240
E. 340

【答案】C

【解析】由等差数列的性质可得 $a_1+a_{40}=a_8+a_{33}$，根据题意，$a_1+a_{40}=a_8+a_{33}=2\times90=180$，则 a_1+

$a_{40}+a_8+a_{33}=360$，故选 C.

【例 5】 设 $\{a_n\}$ 是等差数列. 则能确定数列 $\{a_n\}$.

（1）$a_1+a_6=0$

（2）$a_1 a_6=-1$

【答案】 E

【解析】 两者单独显然不充分，考虑联合，则 $a_1+a_6-a_1 a_6=1$，即 $(a_1-1)(a_6-1)=0$. 则 $a_1=1$ 或 $a_6=1$，无法确定，故选 E.

【例 6】 在 0 到 100 之间，能被 7 整除的整数的平均值是（　　）.

A. 49　　　　　　B. 35　　　　　　C. 42　　　　　　D. 54　　　　　　E. 63

【答案】 A

【解析】 能被 7 整除的数可以表示为 $7n$，n 为 0 到 14 的整数，则最大值为 98，最小值为 0，平均值为 49. 由于等差数列的性质，所有整数的平均值也为 49，故选 A.

【例 7】 已知等差数列 $\{a_n\}$ 的公差不为 0，但第三、第四、第七项构成等比数列，则 $\dfrac{a_2+a_6}{a_3+a_7}=$（　　）.

A. $\dfrac{3}{4}$　　　　B. $\dfrac{3}{5}$　　　　C. 2　　　　D. 3　　　　E. 1

【答案】 B

【解析】 由题意可得 $a_4^2=a_3 a_7$，则 $(a_3+d)^2=a_3(a_3+4d)$，$a_3=\dfrac{d}{2}$，所以 $\dfrac{a_2+a_6}{a_3+a_7}=\dfrac{a_4}{a_5}=\dfrac{\dfrac{d}{2}+d}{\dfrac{d}{2}+2d}=\dfrac{3}{5}$，故选 B.

题型 4.3　等差数列的最值问题

最值产生前提	题型	何时取最值
当 $a_1<0$, $d>0$ 时，S_n 有最小值；当 $a_1>0$, $d<0$ 时，S_n 有最大值	令 $a_n=0$ 法	若解得 n 为整数 m，则 $S_m=S_{m-1}$ 均为最值
		若解得的 n 值带小数，则当 n 取其整数部分时，S_n 取到最值
	一元二次函数法：$S_n=\dfrac{d}{2}n^2+\left(a_1-\dfrac{d}{2}\right)n$	对称轴为 $n=-\dfrac{a_1-\dfrac{d}{2}}{2\times\dfrac{d}{2}}=\dfrac{1}{2}-\dfrac{a_1}{d}$，最值取在最靠近对称轴的整数处

【例8】首项为-72的等差数列，从第10项开始为正数，则公差d的取值范围是（　　）.
A. $d>8$　　　　B. $d<9$　　　　C. $8\leq d<9$　　　　D. $8<d\leq 9$　　　　E. $8<d<9$

【答案】D

【解析】由题意得$a_9\leq 0$，$a_{10}>0$，则$\begin{cases}a_9=-72+8d\leq 0\\a_{10}=-72+9d>0\end{cases}$，解得$8<d\leq 9$，故选D.

【例9】一个等差数列的首项为21，公差为-3，则前n项和S_n的最大值为（　　）.
A. 70　　　　B. 75　　　　C. 80　　　　D. 84　　　　E. 90

【答案】D

【解析】由题意可得$a_n=24-3n$，则当S_n为最大值时，$a_n\geq 0$（加上负数后，和便减小）.令$a_n=0$，解得$n=8$，故S_7，S_8为最大值，为$\frac{7\times(3+21)}{2}=84$，故选D.

【例10】已知数列$\{a_n\}$是公差大于零的等差数列，S_n是$\{a_n\}$前n项的和，则$S_n\geq S_{10}$，$n=1$，2…
(1) $a_{10}=0$
(2) $a_{10}a_{11}<0$

【答案】D

【解析】(1) 因为$a_{10}=0$，$d>0$，则数列的前9项均小于0，且第11项大于0，故S_n的最小值为$S_9=S_{10}$，充分.
(2) 由于$a_{10}a_{11}<0$，$d>0$，则显然$a_{10}<0$，$a_{11}>0$，则S_n的最小值为S_{10}，充分，故选D.

【例11】一个等差数列中，首项为13，$S_3=S_{11}$，则n项和S_n的最大值为（　　）.
A. 42　　　　B. 49　　　　C. 50　　　　D. 133　　　　E. 149

【答案】B

【解析】由题意得$\frac{3(a_1+a_3)}{2}=\frac{11(a_1+a_{11})}{2}$，全部转换为$a_n=a_1+(n-1)d$的形式，将$a_1=13$代入其中，可解得$d=-2$，则$a_n=15-2n$，显然$a_7$是数列的最小正数，故$S_n$的最大值为$S_7=\frac{7(13+1)}{2}=49$，故选B.

题型4.4　等比数列基本公式和性质问题

(1) 遇到等比数列问题，可先思考其性质，再考查其通项；
(2) 若题目未对公比q限制，则可以令$q=1$，用常数列"秒杀"；
(3) 等比数列的奇数项同号，偶数项同号；
(4) 等比数列的任何一项和公比都不能为0.

【例12】等比数列$\{a_n\}$，确定a_3.
(1) $a_1a_5=6$
(2) $a_2a_4=6$

【答案】 E

【解析】 由（1）（2）均可以得到 $a_3^2=6$，但是都无法判断正负，故都无法确定 a_3，故选 E.

【例 13】 在等比数列 $\{a_n\}$ 中，$a_7 a_{11}=6$，$a_4 a_{14}=5$，则 $\dfrac{a_{20}}{a_{10}}=(\quad)$.

A. $\dfrac{2}{3}$ B. $\dfrac{3}{2}$ C. $\dfrac{2}{3}$ 或 $\dfrac{3}{2}$ D. $-\dfrac{2}{3}$ 或 $-\dfrac{3}{2}$

E. 以上选项均不正确

【答案】 C

【解析】 因为 $\{a_n\}$ 是等比数列，故 $a_7 a_{11}=a_4 a_{14}=6$，即 $\begin{cases}a_4+a_{14}=6\\a_4 a_{14}=6\end{cases}$，解得：$\begin{cases}a_4=2\\a_{14}=3\end{cases}$ 或 $\begin{cases}a_4=3\\a_{14}=2\end{cases}$，所以，$q^{10}=\dfrac{a_{14}}{a_4}=\dfrac{3}{2}$ 或 $\dfrac{2}{3}$. 因此，$\dfrac{a_{20}}{a_{10}}=q^{10}=\dfrac{3}{2}$ 或 $\dfrac{2}{3}$.

【例 14】 在等比数列 $\{a_n\}$ 中，a_2+a_8 的值能确定.

(1) $a_1 a_2 a_3 + a_7 a_8 a_9 + 3 a_1 a_9 (a_2+a_8)=27$

(2) $a_3 a_7 = 2$

【答案】 A

【解析】 (1) 原式可转化为 $a_2^3 + a_8^3 + 3 a_2 a_8 (a_2+a_8) = (a_2+a_8)^3 = 27$，$a_2+a_8=3$，故充分.

(2) $a_3 a_7 = 2$ 可转化为 $a_2 a_8 = 2$，无法得到 a_2+a_8，故充分，选 A.

题型 4.5 无穷递缩等比数列

1. 应用前提

(1) 有时候虽然 n 并没有趋近于正无穷，但只要 n 足够大，也可以用这个公式进行估算.
(2) 近似计算.
(3) 出现省略号.
(4) 公比 $|q|<1$.

2. 公式

当 $n \to +\infty$，且 $|q|<1$ 时，$S = \lim\limits_{n\to\infty} \dfrac{a_1(1-q^n)}{1-q} = \dfrac{a_1}{1-q}$.

【例 15】 一个球从 100 m 高处自由落下，每次着地后又跳回前一次高度的一半再落下．当它第 10 次着地时，共经过的路程是（　　）m.（精确到 1 m 且不计任何阻力）

A. 300 B. 250 C. 200 D. 150 E. 100

【答案】 A

【解析】 除去最初下落的 100 m，小球每次落地距离为等比数列 $a_n = 100\left(\dfrac{1}{2}\right)^{n-1}$，则 $S_{10} =$

$$\frac{100\left(1-\frac{1}{2^{10}}\right)}{1-\frac{1}{2}} \approx 200 \ (\frac{1}{2^{10}}忽略不计).\ 加上最初的100\ m,\ 共300\ m,\ 故选\ A.$$

【例16】一个无穷递缩等比数列所有奇数项之和为45,所有偶数项之和为-30,则其首项等于（   ）.

A. 24　　　　　B. 25　　　　　C. 26　　　　　D. 27　　　　　E. 28

【答案】B

【解析】由题意得每一个偶数项都比前一个奇数项多乘一个公比,即 $a_2=a_1q$, $a_4=a_3q$, …. 当 n 趋向于无穷大的时候, q^n 趋向于无穷小,且对于 $S_奇$ 而言,由于隔了中间的偶数项,故 $S_奇$ 的公比为 q^2, 则 $S_奇=\dfrac{a_1}{1-q^2}=45$, 又有 $S_奇+S_偶=\dfrac{a_1}{1-q}=45+(-30)=15$, 可得 $q=-\dfrac{2}{3}$, $a_1=25$, 故选 B.

题型 4.6　等差、等比数列连续等长片段和问题

数列	新数列	新公差/ 新公比	快速得分	注意
等差数列	S_m, $S_{2m}-S_m$, $S_{3m}-S_{2m}$	m^2d	此类题也可以令 $m=1$, 即可简化成前三项的关系	S_m, S_{2m}, S_{3m} 不是等长片段, S_m 是前 m 项和, S_{2m} 是前 $2m$ 项和, S_{3m} 是前 $3m$ 项和, 项数不相同
等比数列		q^m		

【例17】等差数列 $\{a_n\}$ 的前 m 项和为30,前 $2m$ 项和为100,则它的前 $3m$ 项和为（   ）.

A. 130　　　　B. 170　　　　C. 210　　　　D. 260　　　　E. 320

【答案】C

【解析】由等差数列性质可得 $S_{km}-S_{(k-1)m}(k\in \mathbf{N}^+)$ 为等差数列,则 $(S_{3m}-S_{2m})+S_m=2(S_{2m}-S_m)$, 解得 $S_{3m}=210$, 故选 C.

【例18】已知等比数列的公比为2,且前4项之和等于1,那么其前8项之和等于（   ）.

A. 15　　　　　B. 17　　　　　C. 19　　　　　D. 21　　　　　E. 23

【答案】B

【解析】由题意可知 $S_4=\dfrac{a_1(1-2^4)}{1-2}=1$, 则 $a_1=\dfrac{1}{15}$, $S_8=\dfrac{a_1(1-2^8)}{1-2}=17$, 故选 B.

【例19】设等比数列 $\{a_n\}$ 前 n 项的和为 S_n, 若 $\dfrac{S_6}{S_3}=\dfrac{1}{2}$, 则 $\dfrac{S_9}{S_3}=$（   ）.

A. $\dfrac{1}{2}$　　　　B. $\dfrac{3}{2}$　　　　C. $\dfrac{3}{4}$　　　　D. $\dfrac{1}{3}$　　　　E. 1

【答案】B

【解析】由题意得 S_3，S_6-S_3，S_9-S_6 成等比数列，则 $(S_9-S_6)S_3=(S_6-S_3)^2$，而 $\dfrac{S_6}{S_3}=\dfrac{1}{2}$，代入解得 $\dfrac{S_9}{S_6}=\dfrac{3}{2}$，故选 B.

题型 4.7　等差数列和等比数列的判定

数列判断方法		等差数列	等比数列
通用方法		令 $n=1$，2，3，检验前三项是否成等差数列或等比数列	
定义法		$a_{n+1}-a_n=d\Leftrightarrow\{a_n\}$	$\dfrac{a_{n+1}}{a_n}=q$（q 是不为 0 的常数，$n\in\mathbf{N^+}$）
中项公式法		$2a_n=a_{n+1}+a_{n-1}$	$a_n^2=a_{n+1}a_{n-1}$
特征判断法	a_n	$a_n=An+B$（A，B 为常数）	$a_n=Aq^n$
	S_n	$S_n=An^2+Bn$	$S_n=kq^n-k$
数列性质		(1) 若数列 $\{a_n\}$ 与 $\{b_n\}$ 均为等差数列，则 $\{ma_n+kb_n\}$ 仍为等差数列，其中 m，k 均为常数. (2) 若 $\{a_n\}$，$\{b_n\}$ 为等比数列，则 $\{\lambda a_n\}$（$\lambda\neq 0$），$\{\|a_n\|\}$，$\left\{\dfrac{1}{a_n}\right\}$，$\{a_n^2\}$，$\{ma_nb_n\}$（$m\neq 0$）仍为等比数列. (3) 除 0 外，所有的常数列既是等差数列，又是等比数列	

【例 20】下列通项公式表示的数列为等差数列的是（　　）.

A. $a_n=\dfrac{n}{n-1}$ 　　　　　　　　B. $a_n=n^2-1$

C. $a_n=5n+(-1)^n$ 　　　　　　　D. $a_n=3n-1$

E. $a_n=\sqrt{n}-\sqrt[3]{n}$

【答案】D

【解析】等差数列的通项公式可表示为 $a_n=An+B$，其中 A，B 是常数，故选 D.

【例 21】数列 $\{a_n\}$ 是等差数列.

（1）点 $p_n(n,a_n)$ 都在直线 $y=2x+1$ 上

（2）点 $Q_n(n,S_n)$ 都在抛物线 $y=x^2+1$ 上

【答案】A

【解析】（1）满足等差数列的通项公式形式，充分.

（2）等差数列的前 n 项和的形式为 $S_n=An^2+Bn$，不含常数项，而（2）中含常数项，故不充分，选 A.

【例22】设数列 $\{a_n\}$ 前 n 项的和为 S_n，则 $\{a_n\}$ 是等差数列．
(1) $S_n = n^2 + 2n$ （$n = 1, 2, 3, \cdots$）
(2) $S_n = n^2 + 2n + 1$ （$n = 1, 2, 3, \cdots$）
【答案】A
【解析】等差数列的前 n 项和的形式为 $S_n = An^2 + Bn$，不含常数项，而（2）中含常数项，故不充分，选 A．

【例23】已知数列 $\{a_n\}$ 的前 n 项和满足 $\log_2(S_n - 1) = n$，则这个数列是（　　）．
A. 等差数列　　　　　　　　B. 等比数列
C. 既非等差数列，又非等比数列　　D. 既是等差数列，又是等比数列
E. 无法判定
【答案】C
【解析】由题意可得 $S_n = 2^n + 1$，不符合等比数列 $S_n = \dfrac{a_1(1-q^n)}{1-q}$ 的形式，也不符合等差数列的形式，故选 C．

【例24】等比数列 $\{a_n\}$ 中的前 n 项的和 $S_n = 3^n + r$，则 r 等于（　　）．
A. -1　　　　B. 0　　　　C. 1　　　　D. 3　　　　E. -3
【答案】A
【解析】由题意可知 $S_n = \dfrac{a_1(1-q^n)}{1-q} = 3^n + r$，需符合分子中 $1-q^n$ 的形式，故 $q = 3$，$r = -1$，选 A．

【例25】数列 a, b, c 是等差数列，不是等比数列．
(1) a, b, c 满足关系式 $2^a = 3$，$2^b = 6$，$2^c = 12$
(2) $a = b = c$ 成立
【答案】A
【解析】（1）由题意得 $2^{2b} = 2^a \cdot 2^c$，则 $2b = a + c$，且不是等比数列，充分．
（2）当 $a = b = c \neq 0$ 时，数列既是等差数列也是等比数列，不充分，故选 A．

题型4.8　等差、等比数列综合题

(1) 非零的常数列既是等差数列又是等比数列．既是等差数列又是等比数列，则一定是常数列．
(2) 韦达定理与数列综合题，注意 $a \neq 0$，且 $\Delta > 0$．
(3) 根的判别式与数列综合题，注意 $a \neq 0$．
(4) 指数、对数与数列综合题，注意定义域．

【例26】甲、乙、丙三人的年龄相同．
(1) 甲、乙、丙的年龄成等差数列
(2) 甲、乙、丙的年龄成等比数列
【答案】C
【解析】显然（1）（2）单独不充分，考虑联立．当一组数既是等差数列又是等比数列时，为常

数列，且不为零，符合题意，故选 C.

【例 27】 $\ln a$，$\ln b$，$\ln c$ 成等差数列.
(1) e^a，e^b，e^c 成等比数列
(2) 实数 a，b，c 成等比数列
【答案】E
【解析】要使 $\ln a$，$\ln b$，$\ln c$ 为等差数列，则 $2\ln b = \ln a + \ln c$，$b^2 = ac$ 且均大于 0.
(1) 可得 $2b = a + c$，不充分.
(2) 可得 $b^2 = ac$，但不确定正负性，故无法保证 $\ln a$，$\ln b$，$\ln c$ 有意义，不充分，联合也不充分，故选 E.

【例 28】 等比数列 $\{a_n\}$ 中，a_3，a_8 是方程 $3x^2 + 2x - 18 = 0$ 的两个根，则 $a_4 a_7 = ($).
A. -9 B. -8 C. -6 D. 6 E. 8
【答案】C
【解析】由题意可得 $a_3 a_8 = -6$，而数列是等比数列，则 $a_4 a_7 = a_3 a_8 = -6$，故选 C.

【例 29】 设 a，b 是两个不相等的实数，则函数 $f(x) = x^2 + 2ax + b$ 的最小值小于零.
(1) 1，a，b 成等差数列
(2) 1，a，b 成等比数列
【答案】A
【解析】根据题意，$f_{\min}(x) = f\left(-\dfrac{2a}{2}\right) = -a^2 + b$.
(1) 由题意得 $2a = b + 1$，此时 $f(x) = -\dfrac{(b-1)^2}{2}$，而 a，b 不相等，1，a，b 成等差数列，所以 $b \neq 1$，故 $f(x) < 0$，充分.
(2) 由题意得 $a^2 = b$，此时 $f(x) = 0$，不充分，故选 A.

题型 4.9　递推公式问题

> (1) 几乎所有递推公式都可以令 $n = 1$，2，3，通过排除选项得到答案.
> (2) 周期数列任取一个周期，和为定值，等于第一个循环周期之和.

【例 30】 如果数列 $\{a_n\}$ 的前 n 项和 $S_n = \dfrac{3}{2}a_n - 3$，那么这个数列的通项公式是 (   ).
A. $a_n = 2(n^2 + n + 1)$ B. $a_n = 3 \times 2^n$
C. $a_n = 3n + 1$ D. $a_n = 2 \times 3^n$
E. 以上选项均不正确
【答案】D
【解析】$S_n = \dfrac{3}{2}a_n - 3$，$S_{n-1} = \dfrac{3}{2}a_{n-1} - 3$，相减整理后可得 $\dfrac{a_n}{a_{n-1}} = 3$，$q = 3$. 而 $S_1 = \dfrac{3}{2}a_1 - 3 = a_1$，可得 $a_1 = 6$，所以 $a_n = 6 \times 3^{n-1} = 2 \times 3^n$，故选 D.

【例31】设数列$\{a_n\}$满足$a_1=0$,$a_{n+1}-2a_n=1$,则$a_{100}=$(   ).
A. $2^{99}-1$ B. 2^{99} C. $2^{99}+1$ D. $2^{100}-1$ E. $2^{100}+1$

【答案】A

【解析】由$a_{n+1}-2a_n=1$,可得与a_{n+1},a_n相关的某个一次多项式数列存在2倍等比关系(系数中存在2).不妨设该数列为$\{a_n+k\}$,则$a_{n+1}+k=2(a_n+k)$,对照原式可解得$k=1$,而$a_1+1=1$,即$\{a_n+1\}$是以1为首项,2为公比的等比数列,则$a_n+1=2^{n-1}$,故$a_{100}=2^{99}-1$,故选A.

【例32】已知数列$\{a_n\}$满足$a_1=1$,$a_2=2$,且$a_{n+2}=a_{n+1}-a_n(n=1,2,3\cdots)$,则$a_{66}=$(   ).
A. 1   B. -1   C. 2   D. -2   E. 0

【答案】B

【解析】通过列举法可得$a_3=1$,$a_4=-1$,$a_5=-2$,$a_6=-1$,$a_7=1$,$a_8=2$,观察可得6项为一个循环,所以$a_{66}=a_6=-1$,故选B.

【例33】数列$\{a_n\}$,$a_{2009}+a_{2010}+a_{2011}+a_{2012}=24$.
(1)数列$\{a_n\}$中任何连续三项和都是20
(2)$a_{102}=7$,$a_{1000}=9$

【答案】C

【解析】(1)(2)单独显然不充分,考虑联合.由(1)可得任何连续三项都为一个循环,即$a_{n+3}=a_n$,联合(2)可得$a_{102}=a_3=7$,$a_{1000}=a_1=9$,则$a_2=4$,则$a_{2012}=a_2=4$,而原式的前三项之和为20,则原式为24,充分,故选C.

第五节 综合能力测试

扫码观看
章节测试讲解

一、问题求解：第 1~10 小题，每小题 6 分，共 60 分。下列每题给出的 A、B、C、D、E 五个选项中，只有一项是符合试题要求的.

1. 下列通项公式表示的数列为等差数列的是（　　）．

    A. $a_n = \dfrac{n}{n-1}$　　　　B. $a_n = n^2 - 1$　　　　C. $a_n = 5n + (-1)^n$

    D. $a_n = 3n - 1$　　　　E. $a_n = \sqrt{n} - \sqrt[3]{n}$

2. 一等差数列中，$a_1 = 2$，$a_4 + a_5 = -3$，该等差数列的公差是（　　）．

    A. -2　　　　B. -1　　　　C. 1　　　　D. 2　　　　E. 3

3. 若在等差数列中前 5 项和 $S_5 = 15$，前 15 项和 $S_{15} = 120$，则前 10 项和 $S_{10} = $（　　）．

    A. 40　　　　B. 45　　　　C. 50　　　　D. 55　　　　E. 60

4. 甲、乙、丙三种货车载重量①成等差数列，2 辆甲种车和 1 辆乙种车的载重量为 95 吨，1 辆甲种车和 3 辆丙种车载重量为 150 吨，则甲、乙、丙各 1 辆车一次最多运送货物为（　　）吨．

    A. 125　　　　B. 120　　　　C. 115　　　　D. 110　　　　E. 105

5. 等差数列 $\{a_n\}$ 的前 n 项和为 S_n，已知 $S_3 = 3$，$S_6 = 24$，则此数列 $\{a_n\}$ 的公差 d 为（　　）．

    A. 3　　　　B. 2　　　　C. 1　　　　D. $\dfrac{1}{2}$　　　　E. $\dfrac{1}{3}$

6. 如图所示，四边形 $A_1B_1C_1D_1$ 是平行四边形，A_2，B_2，C_2，D_2 分别是 $A_1B_1C_1D_1$ 四边的中点，A_3，B_3，C_3，D_3 分别是 $A_2B_2C_2D_2$ 四边的中点，依次下去，得到四边形序列 $A_mB_mC_mD_m$（$m = 1, 2, \cdots$）. 设 $A_mB_mC_mD_m$ 的面积为 S_m，且 $S_1 = 12$，则 $S_1 + S_2 + S_3 + \cdots S_m = $（　　）．

    A. 16　　　　B. 20　　　　C. 24　　　　D. 28

    E. 30

7. 等比数列 $\{a_n\}$ 中，a_3，a_8 是方程 $3x^2 + 2x - 18 = 0$ 的两个根，则 $a_4 a_7 = $（　　）．

    A. -9　　　　B. -8　　　　C. -6　　　　D. 6　　　　E. 8

8. 等差数列 $\{a_n\}$ 中，$a_2 + a_3 + a_{10} + a_{11} = 64$，则 $S_{12} = $（　　）．

    A. 64　　　　B. 81　　　　C. 128　　　　D. 192　　　　E. 188

---

① 本书中重量指的是质量．

9. 若 α^2，1，β^2 成等比数列，而 $\dfrac{1}{\alpha}$，1，$\dfrac{1}{\beta}$ 成等差数列，则 $\dfrac{\alpha+\beta}{\alpha^2+\beta^2}=$ (　　).

   A. $-\dfrac{1}{2}$ 或 1　　　B. $-\dfrac{1}{3}$ 或 1　　　C. $\dfrac{1}{2}$ 或 1　　　D. $\dfrac{1}{3}$ 或 1　　　E. $\dfrac{1}{3}$ 或 2

10. 已知等差数列 $\{a_n\}$ 的公差不为 0，但第 3，4，7 项构成等比数列，则 $\dfrac{a_2+a_6}{a_3+a_7}$ 为 (　　).

    A. $\dfrac{3}{5}$　　　B. $\dfrac{2}{3}$　　　C. $\dfrac{3}{4}$　　　D. $\dfrac{4}{5}$　　　E. $\dfrac{7}{5}$

二、条件充分性判断：第 11～15 小题，每小题 8 分，共 40 分.
要求判断每题给出的条件（1）和（2）能否充分支持题干所陈述的结论. A、B、C、D、E 五个选项为判断结果，请选择一项符合试题要求的判断.
   A. 条件（1）充分，但条件（2）不充分；
   B. 条件（2）充分，但条件（1）不充分；
   C. 条件（1）和（2）都不充分，但联合起来充分；
   D. 条件（1）充分，条件（2）也充分；
   E. 条件（1）不充分，条件（2）也不充分，联合起来仍不充分.

11. 设数列 $\{a_n\}$ 的前 n 项和为 S_n，则数列 $\{a_n\}$ 是等差数列.
    (1) $S_n = n^2 + 2n$，$n = 1$，2，…
    (2) $S_n = n^2 + 2n + 1$，$n = 1$，2，…

12. 设 $\{a_n\}$ 是等差数列，则能确定数列 $\{a_n\}$.
    (1) $a_1 + a_6 = 0$
    (2) $a_1 a_6 = -1$

13. $S_2 + S_5 = 2S_8$.
    (1) 等比数列前 n 项和为 S_n，且公比 $q = -\dfrac{\sqrt[3]{4}}{2}$
    (2) 等比数列前 n 项和为 S_n，且公比 $q = \dfrac{1}{\sqrt[3]{2}}$

14. 等差数列 $\{a_n\}$ 的前 18 项和 $S_{18} = \dfrac{19}{2}$.
    (1) $a_3 = \dfrac{1}{6}$，$a_6 = \dfrac{1}{3}$
    (2) $a_3 = \dfrac{1}{4}$，$a_6 = \dfrac{1}{2}$

15. 已知数列 $\{a_n\}$ 为等差数列，公差为 d，$a_1+a_2+a_3+a_4=12$，则 $a_4=0$.
    (1) $d=-2$
    (2) $a_2+a_4=4$

第五章

几 何

第五章 几 何

第一节 平面几何

考点考频分析

考点	频率	难度	知识点
角与线	低	☆	角与线的概念及性质
三角形	高	☆☆☆	三角形的性质及相似与全等判定
四边形	中	☆☆	四边形的性质
圆与扇形	中	☆☆	圆及扇形的定义及性质

一、角与线

相关概念：

1. 定义：对顶角、同位角、内错角与同旁内角

如图所示，一直线与两条平行直线相交所形成的角中：

①∠1 与∠2 互为对顶角，且∠1 = ∠2．（对顶角相等）

②∠1 与∠4 互为同位角，且∠1 = ∠4．（两直线平行，同位角相等）

③∠2 与∠4 互为内错角，且∠2 = ∠4．（两直线平行，内错角相等）

④∠3 与∠4 互为同旁内角，且∠3 + ∠4 = 180°．（两直线平行，同旁内角互补）

2. 平行线性质：两条直线被一组平行线所截，所得的对应线段成比例

基础模型题展示

如图所示，长方形纸片沿 EF 折叠后，若∠EFB = 65°，则∠AED' = (   ).

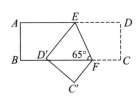

A. 50° B. 55° C. 60° D. 65° E. 70°

考点分析	角的相关计算	
步骤详解		
第一步	由题意得： 长方形纸片中 $AD//BC$，且 $\angle DEF = \angle EFB = 65°$	满足题意的是选项 A
第二步	当翻折后，$\angle D'EF = \angle DEF = 65°$，$\angle AED' = 180° - 65° - 65° = 50°$	

 小贴士

折叠图形中，折叠前后角相等.

二、三角形

（一）相关概念

1. 三角形的共有性质

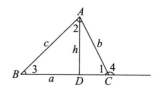

如图所示，任意三角形 ABC 中，有如下性质.

① 三角形内角和等于 $180°$，即：$\angle 1 + \angle 2 + \angle 3 = 180°$.

② 三角形一个外角等于不相邻两内角之和，如：$\angle 4 = \angle 2 + \angle 3$.

③ 三角形三边关系：**任意**两边之和大于第三边，即：$a + b > c$；

　　　　　　　　　任意两边之差小于第三边，即：$a - b < c$.

④ 三角形中位线：三角形两边中点的连线平行于第三边，且等于第三边边长的一半.

⑤ 三角形面积公式：$S = \dfrac{1}{2}ah$，其中，h 是 a 边上的高.

2. 三角形的分类

① 直角三角形：有一个内角为直角的三角形.

a. 勾股定理：在直角三角形 ABC 中，$\angle C$ 为直角，则有 $c^2 = a^2 + b^2$.

b. 常见勾股数：3，4，5；5，12，13；6，8，10；7，24，25；8，15，17；…

② 等腰直角三角形：两直角边长度相等的直角三角形.

a. 边长比关系：$1 : 1 : \sqrt{2}$.

b. 面积公式：$S = \dfrac{1}{2}a^2 = \dfrac{1}{4}c^2$，其中 a 为直角边，c 为斜边.

③ 一个内角为 $30°$ 的直角三角形：其中 $30°$ 角所对的直角边边长为斜边边长的一半，则三边边长比关系为 $1 : \sqrt{3} : 2$.

④ 等腰三角形：有两条边的长度相等的三角形（或有两个内角相等的三角形）.

性质：等腰三角形底边上四线合一.

⑤ 等边（正）三角形：三角形三条边长度都相等的三角形.

面积公式：$S = \dfrac{\sqrt{3}}{4}a^2$，其中 a 为边长.

（二）两个三角形的关系

1. 两个三角形全等

$\triangle ABC \cong \triangle A'B'C'$，其含义为两个三角形的大小与形状完全一致.

【性质】① 两个全等三角形的对应边相等，对应角相等.
② 判定两个三角形全等的充分条件：
a. 两个三角形有两条边及其夹角对应相等；
b. 两个三角形有两个角及其夹边对应相等；
c. 两个三角形的三条边对应相等.

2. 两个三角形相似
$\triangle ABC \backsim \triangle A'B'C'$，其含义是两个三角形的图形是放大、缩小关系.
【性质】① 两个相似三角形对应边长比例相等（该比值称为相似比），对应角相等.
② 两个相似三角的周长比等于相似比；面积比等于相似比的平方.
③ 以下都是两个三角形相似的充分条件：
a. 两个三角形有一组内角对应相等，其两夹边对应成比例；
b. 两个三角形有两组内角对应相等；
c. 两个三角形的三条边对应成比例.

基础模型题展示

三条长度分别为 a，b，c 的线段能构成一个三角形.
(1) $a+b>c$
(2) $b-c<a$

考点分析	三角形的性质	
步骤详解		
第一步	由题意得：三角形三边关系：**任意**两边之和大于第三边，或者**任意**两边之差小于第三边	条件（1）不充分，条件（2）不充分，联合也不充分，故选项 E 符合
第二步	条件（1）中：$a+b>c$，无法满足**任意**两边之和大于第三边这一性质，故不充分	
第三步	同理，条件（2）中：$b-c<a$，无法满足**任意**两边之和大于第三边这一性质，故不充分	
第四步	考虑联合两个条件，那么 $\begin{cases} a+b>c \\ b-c<a \end{cases}$，也无法满足**任意**两边之和大于第三边这一性质，比如 $b+c>a$ 是否成立是不确定的，故联合也不充分	

熟悉三角形边的性质.

【拓展 1】$PQ \cdot RS = 12$.
(1) 如图所示，$QR \cdot PR = 12$
(2) 如图所示，$PQ = 5$

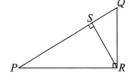

【拓展2】如图所示，在三角形 ABC 中，已知 $EF//BC$，则三角形 AEF 的面积等于梯形 $EBCF$ 的面积.

（1）$|AG|=2|GD|$

（2）$|BC|=\sqrt{2}|EF|$

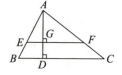

三、四边形

（一）相关概念

1. 平行四边形

两组对边分别平行的四边形称为平行四边形.

【性质】①平行四边形的对边相等，对角相等，对角线互相平分；

②一对对边平行且相等的四边形是平行四边形；

③平行四边形的面积为底乘高：$S_{ABCD}=ah$.

2. 菱形

在一个平面内，有一组邻边相等的四边形，即菱形.

【性质】菱形的对角线互相垂直，对角线平分顶角.

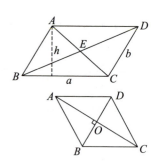

3. 矩形（长方形）

内角都是直角的四边形称为矩形（长方形）.

【性质】①两对角线相等且互相平分，即

$AC=BD=2AE=2EC=2BE=2ED$.

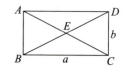

②矩形的面积等于长乘宽，即 $S_{ABCD}=BC\cdot CD=ab$；

③四边相等的矩形称**正方形**，则对角线相互垂直还平分顶角，$S_{ABCD}=a^2$.

4. 梯形

只有一组对边平行的四边形称为梯形.

平行的两边称为梯形的**上底**与**下底**，梯形两腰中点的连线 MN 称为梯形的**中位线**.

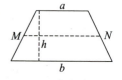

【性质】①梯形的中位线：$MN=\dfrac{1}{2}(a+b)$；

②梯形的面积等于中位线与高的乘积，即 $S_{ABCD}=\dfrac{1}{2}(a+b)h$.

5. 等腰梯形

两腰长度相等（或两底角相等）的梯形称为等腰梯形.

【性质】①等腰梯形的两条腰相等；

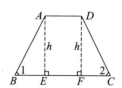

②等腰梯形在同一底上的两个底角相等；

③等腰梯形的两条对角线相等.

6. 直角梯形

有一个角是直角的梯形称为直角梯形.

基础模型题展示

设 P 是以 a 为边长的正方形，P_1 是以 P 的四边中点为顶点的正方形，P_2 是以 P_1 的四边中点为顶点的正方形，……，P_i 是以 P_{i-1} 的四边为顶点的正方形，则 P_6 的面积为（　　）.

A. $\dfrac{a^2}{16}$　　　B. $\dfrac{a^2}{32}$　　　C. $\dfrac{a^2}{40}$　　　D. $\dfrac{a^2}{48}$　　　E. $\dfrac{a^2}{64}$

考点分析	正方形的面积	
步骤详解		
第一步	观察图形特征，依次列举即可： 从 P_1 开始的正方形面积构成以 $\dfrac{a^2}{2}$ 为首项，$\dfrac{1}{2}$ 为公比的等比数列	满足题意的是选项 E
第二步	则 P_6 的面积为： $\dfrac{1}{2}a^2\left(\dfrac{1}{2}\right)^5 = \dfrac{a^2}{64}$ （考试中直接枚举即可）	

小贴士

掌握枚举法在几何中的应用.

拓展测试

【拓展1】梯形 $ABCD$ 中 $AB // CD$，其中 $S_{\triangle AOB} = 4$，$S_{\triangle BOC} = 8$，则 $S_{ABCD} = 36$.

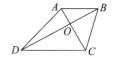

（1）梯形 $ABCD$ 是直角梯形
（2）梯形 $ABCD$ 是等腰梯形

【拓展2】如图所示，大正方形由四个相同的长方形和一个小正方形拼成，则能确定小正方形的面积.

（1）已知大正方形的面积
（2）已知长方形的长宽之比

四、圆形及扇形

（一）圆相关概念

1. 定义

与定点 A 距离等于 r 的平面上动点的轨迹称为以 A 为圆心、半径为 r 的圆.

2. 性质

如图，在圆 O 中，半径为 r，线段 PA，PB 分别是过圆外点 A，B 的切线，则：

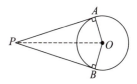

①半径为 r 的圆，面积等于 πr^2，圆周长等于 $2\pi r$；
②直径所对的圆周角是直角；

③弧所对应的圆周角是其所对应的圆心角的一半；
④等弧对等角（圆周角、圆心角）；
⑤圆的切线在切点处与半径垂直；
⑥从圆外一点所作圆的两根切线相等．即：$PA=PB$．

3. 相关定义

若三角形的三个顶点都在圆上，则称三角形是**圆的内接三角形**，圆是三角形的**外接圆**；
若三角形每边都与圆相切，则称三角形是**圆的外切三角形**，圆是三角形的**内切圆**．

外接圆，内接三角形

内切圆，外切三角形

（二）扇形相关概念

1. 扇形的弧长：$l = \dfrac{\theta}{360°} \times 2\pi r$

2. 扇形的面积公式：$S = \dfrac{\theta}{360°} \times \pi r^2$

【注】θ 为圆心角的角度数.

3. 弓形的面积公式：$S_{弓形AOB} = S_{扇} - S_{\triangle AOB}$ （联考中，独指 AB 为劣弧时）

> 基础模型题展示

如图所示，正方形 $ABCD$ 四条边与圆 O 相切，而正方形 $EFGH$ 是圆 O 的内接正方形．已知正方形 $ABCD$ 的面积为 1，则正方形 $EFGH$ 的面积是（　　）．

A. $\dfrac{2}{3}$　　　　B. $\dfrac{1}{2}$　　　　C. $\dfrac{\sqrt{2}}{2}$

D. $\dfrac{\sqrt{2}}{3}$　　　　E. $\dfrac{1}{4}$

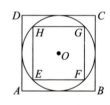

考点分析	平面几何的面积	
步骤详解		
第一步	由题意得：连接 HF，则圆 O 的直径 HF 是正方形 $EFGH$ 的对角线，同时 HF 也是正方形 $ABCD$ 的边长；而又知正方形 $ABCD$ 面积为 1，即正方形 $ABCD$ 的边长为 1，故 $HF=1$	满足题意的是选项 B
第二步	且正方形 $EFGH$ 中：$EH^2 + EF^2 = HF^2 \Rightarrow EH = EF = \dfrac{1}{\sqrt{2}}$	
第三步	故正方形 $EFGH$ 面积：$EH \times EF = \dfrac{1}{\sqrt{2}} \times \dfrac{1}{\sqrt{2}} = \dfrac{1}{2}$	

学会用多种方法求三角形的面积.

拓展测试

【拓展 1】 如图所示，O 是半圆圆心，C 是半圆上一点，OD 垂直于 AC，则 OD 长度可以确定.

（1）已知 BC 长

（2）已知 OA 长

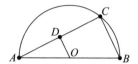

【拓展 2】 如图所示，四边形 $ABCD$ 是边长为 1 的正方形，弧 AOB，BOC，COD，DOA 均为半圆，则阴影部分的面积为（　　）．

A. $\dfrac{1}{2}$

B. $\dfrac{\pi}{2}$

C. $1-\dfrac{\pi}{4}$

D. $\dfrac{\pi}{2}-1$

E. $2-\dfrac{\pi}{2}$

思维导图

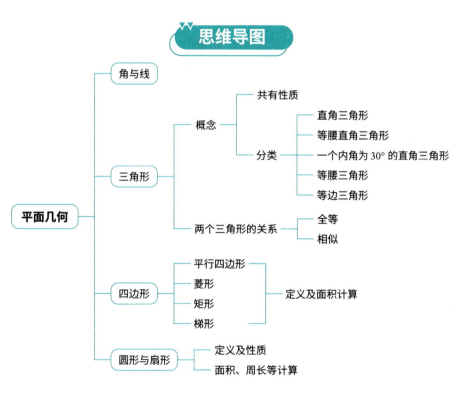

知识测评

掌握程度	知识点	自测
掌握	常见平面图形（三角形、四边形、圆、扇形）相关角度、边长和面积的计算	
	三角形相似与全等的运用	
	圆的相关性质及定理	
	学会用割补法求阴影部分的面积	

第二节　立体几何

考点考频分析

考点	频率	难度	知识点
正方体、长方体	中	☆☆	表面积、体积公式
圆柱体	低	☆	侧面积、体积公式
球体	中	☆☆	表面积、体积公式
圆锥体	中	☆☆	侧面积、体积公式

知识点归纳

管理类联考专业学位综合能力考试中，会涉及简单的空间几何体（长方体、圆柱体、球体）的表面积、全面积、体积的计算公式及其应用．归纳如下：

名称	长方体	圆柱体	球体	圆锥体
底面积（$S_底$）	ab	πr^2	—	πr^2
侧面积（$S_侧$）	$2(a+b)\cdot c$	$2\pi rh$	—	πrh
全面积（$S_全$）	$2(ab+bc+ca)$	$2\pi r(h+r)$	$4\pi r^2$	$\pi r^2+\pi vL$
体积（V）	abc	$\pi r^2 h$	$\dfrac{4}{3}\pi r^3$	$\dfrac{1}{3}\pi r^2 h$

【注】长方体中：a，b，c 分别表示长、宽、高．其中：体对角线为 $d=\sqrt{a^2+b^2+c^2}$；r 表示圆柱体的底面半径、球半径；h 表示圆柱体的高．

能确定长方体的体对角线长度.
（1）已知长方体一个顶点的三个面的面积
（2）已知长方体一个顶点的三个面的面对角线

考点分析	长方体相关计算	
步骤详解		
第一步	由题意可知：体对角线公式为 $L=\sqrt{a^2+b^2+c^2}$	条件（1）充分，条件（2）充分，故选项 D 符合
第二步	条件（1）中，已知 ab，bc，ac 的值，即可求出 a，b，c 的值，因此可求出 L，故充分	
第三步	条件（2）中，已知 $\sqrt{a^2+b^2}$，$\sqrt{b^2+c^2}$，$\sqrt{a^2+c^2}$ 的值，亦可求出 a，b，c 的值，因此可求出 L，故充分	

小贴士

熟悉长方体的体对角线公式.

【拓展1】已知一个长方体的体对角线长为 4 cm，全面积为 20 cm²，则长方体各棱长之和为（　　）cm.
A. 22　　　　B. 30　　　　C. 26　　　　D. 28　　　　E. 24

【拓展2】若球体的内接正方体的体积为 8 m³，则该球体的表面积为（　　）m².
A. 4π　　　　B. 6π　　　　C. 8π　　　　D. 12π　　　　E. 24π

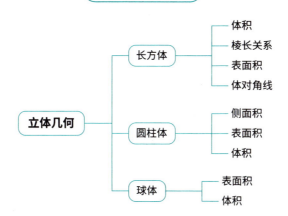

知识测评

掌握程度	知识点	自测
掌握	掌握常见立体图形（正方体、长方体、圆柱体、球）相关**表面积**的计算	
	掌握常见立体图形（正方体、长方体、圆柱体、球）相关**体积**的计算	
	不同几何体的关系量等量转化	

第三节　解析几何

考点考频分析

考点	频率	难度	知识点
直角坐标系及点坐标	中	☆☆	平面坐标系、两点间距离公式
直线方程	高	☆☆☆	斜率、直线方程的常见形式
两条直线之间的性质	中	☆	两直线的垂直、平行关系
点到直线的距离公式	中	☆☆	点到直线的距离公式
圆的方程	高	☆☆☆	圆的标准方程、圆与圆的位置关系

一、直角坐标系及点坐标

1. 平面坐标系、象限及坐标

平面直角坐标系及象限如右图所示，平面内点的坐标表示为：$P(x, y)$.

其中称 x 是点 P 的**横坐标**，点 y 是点 P 的**纵坐标**.

例如，设右图中的 $ABCD$ 是一个正方形，若 $AB=1$，$\angle OAB=45°$，则正方形 $ABCD$ 的 4 个顶点的坐标为：

$A\left(0, \dfrac{1}{\sqrt{2}}\right)$，$B\left(\dfrac{1}{\sqrt{2}}, 0\right)$，$C\left(\sqrt{2}, \dfrac{1}{\sqrt{2}}\right)$，$D\left(\dfrac{1}{\sqrt{2}}, \sqrt{2}\right)$.

2. 两点间距离公式

两点 $A(x_A, y_A)$ 及 $B(x_B, y_B)$ 间的距离 d 为：

$d = \sqrt{(x_A - x_B)^2 + (y_A - y_B)^2}$.

特别地：点 $P(x, y)$ 与原点 $O(0, 0)$ 的距离 d 为 $d = \sqrt{x^2 + y^2}$.

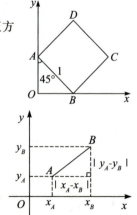

3. 中点公式

设 $A(x_A, y_A)$，$B(x_B, y_B)$，则线段 AB 的中点 $C(x_C, y_C)$ 的坐标为：

$x_C = \dfrac{1}{2}(x_A + x_B)$，$y_C = \dfrac{1}{2}(y_A + y_B)$.

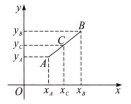

基础模型题展示

已知点 $A(a, -5)$ 与 $B(0, 10)$ 之间的距离是 17，则实数 a 的值为（　　）．

A. ±7　　　　B. ±8　　　　C. 7　　　　D. 8　　　　E. $\sqrt{65}$

考点分析	两点间的距离公式	
步骤详解		
第一步	根据题意识别考点，本题属于两点间的距离公式	
第二步	则可以得到： 两点 $A(x_A, y_A)$ 及 $B(x_B, y_B)$ 间的距离 d 为： $d = \sqrt{(x_A - y_A)^2 + (x_B - y_B)^2}$	满足题意的是选项 B
第三步	故根据题干信息可得： $\sqrt{(a+0)^2 + (-5-10)^2} = 17 \Rightarrow a = \pm 8$	

小贴士

熟悉两点间的距离公式．

【拓展】在平行四边形 $ABCD$ 中，已知顶点 $B(1, 2)$ 及它的两个相邻顶点 $A(-2, 4)$ 及 $C(2, -4)$，则另一顶点 D 的坐标为（　　）．

A. $(-1, 2)$　　B. $(-1, -2)$　　C. $(1, -2)$　　D. $(-2, -1)$　　E. $(-2, 1)$

二、直线方程

（一）相关概念

1. 直线的倾斜角与斜率

①直线的倾斜角：直线与 x 轴正方向的夹角，记为：α 且 $0° \leq \alpha < 180°$．

②直线的斜率：反映直线的倾斜程度，记为：$k = \tan\alpha$，$(\alpha \neq 90°)$．

2. 常见直线倾斜角所对应的直线斜率值

α	0	30°	45°	60°	120°	135°	150°
$\tan\alpha$	0	$\dfrac{1}{\sqrt{3}}$	1	$\sqrt{3}$	$-\sqrt{3}$	-1	$-\dfrac{1}{\sqrt{3}}$

3. 斜率计算公式

经过点 $A(x_A, y_A)$ 和 $B(x_B, y_B)$ 的直线 L 的斜率为：

$$k = \tan\alpha = \frac{y_B - y_A}{x_B - x_A}.$$

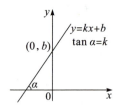

(二) 直线方程的常见形式

1. 水平直线与竖直直线

过点 (x_0, y_0) 的水平直线为 $y = y_0$；竖直直线为 $x = x_0$.

2. 直线的点斜式：$y - y_0 = k(x - x_0)$

指的是：斜率为 k 且过点 (x_0, y_0) 的一条直线.

3. 直线的斜截式：$y = kx + b$

指的是：斜率为 k 且与 y 轴相交于点 $(0, b)$ 的直线，其中称 b 为直线的纵截距.

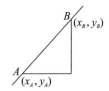

4. 直线的两点式：$\dfrac{y - y_A}{y_B - y_A} = \dfrac{x - x_A}{x_B - x_A}$

求过点 $A(x_A, y_A)$ 与 $B(x_B, y_B)$ 的直线方程.

因为直线 AB 的斜率为 $k = \dfrac{y_B - y_A}{x_B - x_A}$，把直线 AB 看作经过点 (x_A, y_A) 且斜率为 $k = \dfrac{y_B - y_A}{x_B - x_A}$ 的直线，根据直线的点斜式，则方程为 $y - y_A = \dfrac{y_B - y_A}{x_B - x_A}(x - x_A)$，常把这一方程写成关于 A 和 B 的对称形式：$\dfrac{y - y_A}{y_B - y_A} = \dfrac{x - x_A}{x_B - x_A}$，此时为直线的两点式.

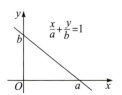

5. 直线的截距式：$\dfrac{x}{a} + \dfrac{y}{b} = 1$

表示：直线与 x 轴及 y 轴都相交且直线与 x 轴交于点 $(a, 0)$，与 y 轴交于点 $(0, b)$，称 a 为直线的**横截距**，b 为直线的**纵截距**.

6. 直线的一般方程：$Ax + By + C = 0$（A 与 B 不全为 0）

若 $A = 0$，方程则为水平直线 $y = -\dfrac{C}{B}$；若 $B = 0$，方程则为竖直直线 $x = -\dfrac{C}{A}$；

若 $C = 0$，直线经过点 $(0, 0)$；若 $B \neq 0$，则方程可改写为 $y = -\dfrac{A}{B}x - \dfrac{C}{B}$，此时，直线的斜率为 $k = -\dfrac{A}{B}$，纵截距为 $y = -\dfrac{C}{B}$，横截距为 $x = -\dfrac{C}{A}$.

(三) 两直线的性质

设直线 L_1 和直线 L_2 的斜率分别为 k_1 和 k_2，记 θ 是两直线夹出的锐角，则 $\tan\theta = \left|\dfrac{k_1 - k_2}{1 + k_1 k_2}\right|$.

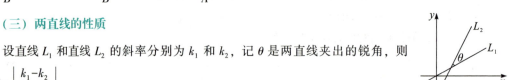

【性质】两直线 L_1 与 L_2 平行（或重合）的充要条件是 $k_1 = k_2$；两直线 L_1 与 L_2 互相垂直的充要条件是 $k_1 k_2 = -1$.

【推论】对于两直线 L_1：$A_1 x + B_1 y + C_1 = 0$ 和 L_2：$A_2 x + B_2 y + C_2 = 0$，

若 $L_1 // L_2 \Leftrightarrow A_1 B_2 - A_2 B_1 = 0$；若 $L_1 \perp L_2 \Leftrightarrow A_1 A_2 + B_1 B_2 = 0$.

（四）点到直线的距离公式

设点 (x_0, y_0) 是直线 $L: Ax+By+C=0$ 外的一个点，则它到直线的距离 d 的计算公式为 $d=\dfrac{|Ax_0+By_0+C|}{\sqrt{A^2+B^2}}$；如果 L 取 $y=kx+b$ 形式，则 $d=\dfrac{|y_0-kx_0-b|}{\sqrt{1+k^2}}$。

【推论】两平行直线 $Ax+By+C_1=0$ 与 $Ax+By+C_2=0$ 间距离为 $d=\dfrac{|C_1-C_2|}{\sqrt{A^2+B^2}}$；

两平行直线 $y=kx+b_1$ 与 $y=kx+b_2$ 间的距离为 $d=\dfrac{|b_1-b_2|}{\sqrt{1+k^2}}$。

基础模型题展示

已知两点 $P(a, b+c)$，$Q(b, c+a)$，则直线 PQ 的倾斜角为（　　）。

A. $45°$　　　B. $90°$　　　C. $120°$　　　D. $135°$　　　E. $60°$

考点分析	两点间的斜率公式	
	步骤详解	
第一步	根据题意识别考点，本题属于两点间的斜率公式	
第二步	**斜率计算公式：** 经过点 $A(x_A, y_A)$ 和 $B(x_B, y_B)$ 的直线 L 的斜率为： $k=\tan\alpha=\dfrac{y_B-y_A}{x_B-x_A}$	满足题意的是选项 D
第三步	故根据题干信息可得： $k_{PQ}=\dfrac{(c+a)-(b+c)}{b-a}=-1$，即直线 PQ 的倾斜角为 $135°$	

小贴士

熟悉两点间的斜率公式。

拓展测试

【拓展1】图中正方形 $ABCD$ 的顶点 A，B，C，D 按逆时针方向排列，已知 A 和 B 的坐标为 $A(2,1)$，$B(3,2)$，则直线 CD 的方程为（　　）。

A. $y=-x+1$　　　B. $y=x+1$　　　C. $y=x+2$
D. $y=2x+2$　　　E. $y=-x+2$

【拓展2】$a=-4$。

(1) 点 $A(0, 1)$ 关于直线 $x-y+1=0$ 的对称点是 $A'\left(\dfrac{a}{4}, -\dfrac{a}{2}\right)$

(2) 两直线 $(2+a)x+5y=1$ 与 $ax+(2+a)y=2$ 相互垂直

三、圆的方程

1. 圆的方程

定义：以 $O(a, b)$ 为圆心，r 为半径的圆的方程为 $(x-a)^2+(y-b)^2=r^2$；

特别地：当圆心为原点，即圆心为 (0, 0) 时，**圆的标准方程**为：$x^2+y^2=r^2$.

形如 $x^2+y^2+Dx+Ey+F=0$ 的方程，称为**圆的一般方程**.

以上 D，E，F 必须使方程能化为圆的标准方程，即化为：

$$\left(x+\frac{D}{2}\right)^2+\left(y+\frac{E}{2}\right)^2=\frac{D^2+E^2-4F}{4}, \text{当且仅当} \frac{D^2+E^2-4F}{4}>0.$$

2. 直线与圆的位置关系

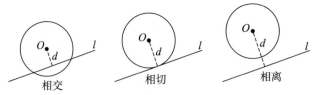

判断思路：通过过圆心 O 到直线 l 的距离 d 与圆半径 r 的关系判断.

① 相交 $\Leftrightarrow d<r$；

② 相切 $\Leftrightarrow d=r$；

③ 相离 $\Leftrightarrow d>r$.

3. 圆与圆的位置关系

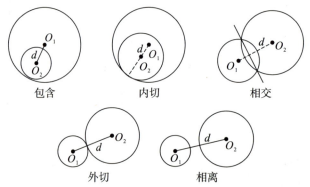

判断思路：通过两圆心 O_1，O_2 的距离 d 与两圆半径间的关系判断. R 为圆 O_1 的半径，r 为圆 O_2 的半径.

① 包含 $\Leftrightarrow 0<d<R-r$；

② 内切 $\Leftrightarrow d=R-r$；

③ 相交 $\Leftrightarrow R-r<d<R+r$；

④ 外切 $\Leftrightarrow d=R+r$；

⑤ 相离 $\Leftrightarrow d>R+r$.

> **基础模型题展示**

设 AB 为圆 C 的直径，点 A，B 的坐标分别是 $(-3, 5)$，$(5, 1)$，则圆 C 的方程是（　　）.

A. $(x-2)^2+(y-6)^2=80$　　　　B. $(x-1)^2+(y-3)^2=20$

C. $(x-2)^2+(y-4)^2=80$　　　　D. $(x-2)^2+(y-4)^2=20$

E. $x^2+y^2=20$

考点分析	圆的方程	
步骤详解		
第一步	已知点 A,B 的坐标分别是 $(-3,5)$,$(5,1)$,根据两点间的距离公式可得,直径的长度为: $2r=\sqrt{(-3-5)^2+(5-1)^2}=\sqrt{80} \Rightarrow r=\sqrt{20}$	满足题意的是选项 B
第二步	再由两点间的中点坐标可知,圆心 O 的中点坐标为: $\left(\dfrac{-3+5}{2}, \dfrac{5+1}{2}\right) \Rightarrow (1,3)$	
第三步	故圆 C 的方程是:$(x-1)^2+(y-3)^2=20$	

小贴士

熟悉圆的方程中圆心及半径的解法.

拓展测试

【拓展 1】圆心为 $C(3,-5)$,且与直线 $x-7y+2=0$ 相切的圆的方程为 (   ).

A. $(x-3)^2+(y+5)^2=24$ B. $(x+3)^2+(y-5)^2=32$
C. $(x-3)^2+(y+5)^2=16$ D. $(x-3)^2+(y+5)^2=32$
E. $(x+5)^2+(y-3)^2=32$

【拓展 2】已知圆 A:$x^2+y^2+4x+2y+1=0$,则圆 B 与圆 A 相切.
(1) 圆 B:$x^2+y^2-2x-6y+1=0$
(2) 圆 B:$x^2+y^2-6x=0$

思维导图

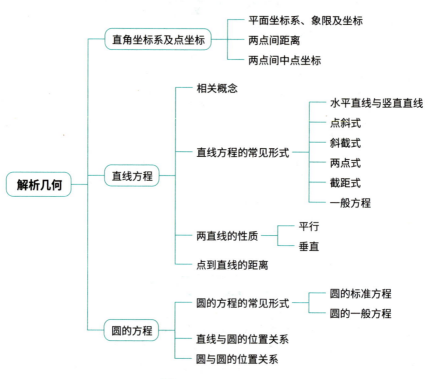

知识测评

掌握程度	知识点	自测
掌握	两点间的距离公式及其细节	
	直线的斜率的公式及其细节	
	直线与直线平行与垂直的充要条件	
	点到直线的距离公式以及平行线间的距离公式	
	直线与圆、圆与圆位置关系的判定	
理解	直线多种表示形式	
	圆的标准方程与一般方程及其判定	

第四节　题型总结

题型 5.1　三角形及四边形的面积与性质

(1) 三角形求面积，与高有关，则选 $S=\dfrac{1}{2}ah$；

(2) 三角形求面积，有角度，则选 $S=\dfrac{1}{2}ab\sin\angle C$；

(3) 三角形求面积，与内切圆有关，则选 $S=\dfrac{r}{2}(a+b+c)$；

(4) 三角形求面积，与外接圆有关，则选 $S=\dfrac{abc}{4R}$；

(5) 等腰直角三角形的面积：$S=\dfrac{1}{2}a^2=\dfrac{1}{4}c^2$（其中 a 为直角边，c 为斜边）；

(6) 等边三角形的面积：$S=\dfrac{\sqrt{3}}{4}a^2$（其中 a 为边长）；

(7) 直角三角形的面积：$S=\dfrac{1}{2}ah=\dfrac{1}{2}ab$；

(8) 直角三角形满足勾股定理，常见勾股数有"3，4，5""5，12，13"；

(9) 三角形中任意两边之和大于第三边，任意两边之差小于第三边；

(10) 平行四边形连接中点，得到的新平行四边形面积为原平行四边形面积的一半；

(11) 平分平行四边形过对角线的交点即可；

(12) 若四边形两条对角线互相垂直，则四边形面积 $=\dfrac{AC\times DB}{2}$；

(13) 正六边形的面积 $=6\times\dfrac{\sqrt{3}}{4}a^2=\dfrac{3\sqrt{3}}{2}a^2$（$a$ 为六边形边长）；

(14) 中线定理：三角形一条中线两侧所对的边的平方和等于底边平方的一半与该边中线平方的两倍的和.

【例1】如图所示，在 $\triangle ABC$ 中，$\angle ABC=30°$，将线段 AB 绕点 B 旋转至 DB，使 $\angle DBC=60°$，则 $\triangle DBC$ 与 $\triangle ABC$ 的面积之比为（　　）.

A. 1　　　　B. $\sqrt{2}$　　　　C. 2　　　　D. $\dfrac{\sqrt{3}}{2}$

E. $\sqrt{3}$

【答案】E

【解析】由于 $\triangle DBC$，$\triangle ABC$ 有公共底 BC，故只需考虑两个三角形的高之比，即为它们的面积之比. 过 A，D 向 BC 做垂线，垂足分别为 E，F，由于 Rt$\triangle ABE$ 中 $\angle ABC=30°$，由于带有30°的角的直角三角形三边长比例为 $1:2:\sqrt{3}$（可补完整为等比三角形然后用勾股定理求出高），则 $AE=\dfrac{AB}{2}$，同理，在 $\triangle BDF$ 中，可利用三边比例求得 $DF=\dfrac{\sqrt{3}BD}{2}=\dfrac{\sqrt{3}AB}{2}$，故选 E.

【例 2】 如图所示，圆 O 是 $\triangle ABC$ 的内切圆，若 $\triangle ABC$ 的面积与周长的大小之比为 $1:2$，则圆 O 的面积为（　　）.

A. π　　　　B. 2π　　　　C. 3π　　　　D. 4π　　　　E. 5π

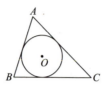

【答案】 A

【解析】 设圆 O 半径为 r，则 $S=\dfrac{1}{2}r(AB+BC+AC)$，而 $C=AB+BC+AC$，故 $S:C=1:2$，所以 $r=1$，所以圆 O 的面积为 π，故选 A.

【例 3】 $\triangle ABC$ 的边长分别为 a，b，c，则 $\triangle ABC$ 为直角三角形.

(1) $(c^2-a^2-b^2)(a^2-b^2)=0$

(2) $\triangle ABC$ 的面积为 $\dfrac{1}{2}ab$

【答案】 B

【解析】 (1) $c^2=a^2+b^2$ 或 $a^2=b^2$，不充分.

(2) 由于 $S_{\triangle ABC}=\dfrac{1}{2}ab$，可得 a，b 的夹角为 $90°$，充分，故选 B.

【例 4】 已知 M 是一个平面有限点集，则平面上存在到 M 中各点距离相等的点.

(1) M 中只有三个点

(2) M 中的任意三点都不共线

【答案】 C

【解析】 (1) 若三点共线，则不存在到三点距离相等的情况.(2) 显然不充分，考虑联合.

联合后即 M 中存在一个三角形，而三角形的外接圆的圆心（即外心）到三角形的各个顶点距离相等，故选 C.

【例 5】 等边三角形外接圆的面积是内切圆面积的（　　）倍.

A. 2　　　　B. $\sqrt{3}$　　　　C. $\dfrac{3}{2}$　　　　D. 4

E. π

【答案】 D

【解析】 如图所示，设等边三角形内切圆的半径为 r，连接内切圆圆心（即外接圆圆心到任意一个顶点），则圆心与顶点的连接的长度即外接圆半径. 由于带有 $30°$ 的角的直角三角形三边长比例为 $1:2:\sqrt{3}$，可得内切圆与外接圆半径比为 $1:2$，即面积比为 $1:4$，故选 D.

【例 6】如图所示，有平行四边形 $A_1B_1C_1D_1$，A_2，B_2，C_2，D_2 分别是平行四边形 $A_1B_1C_1D_1$ 四边的中点，A_3，B_3，C_3，D_3 分别是平行四边形 $A_2B_2C_2D_2$ 四边的中点，依次下去，得到四边形 $A_mB_mC_mD_m$（$m=1$，2，$\cdots$）．设四边形 $A_mB_mC_mD_m$ 的面积为 S_m，且 $S_1=12$，则 $S_1+S_2+S_3+\cdots+S_m=(\quad)$．

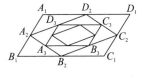

A．16   B．20   C．24   D．28   E．30

【答案】C

【解析】由题意得，后一个四边形面积是前一个的一半，故 S_m 是以 12 为首项，以 $\dfrac{1}{2}$ 为公比的等比数列，则有 $S_1+S_2+\cdots+S_m=\dfrac{12\left(1-\dfrac{1}{2^m}\right)}{1-\dfrac{1}{2}}$，当 m 趋向于无穷大的时候，$\dfrac{1}{2^m}$ 趋向于 0，则原式等于 24，故选 C．

【例 7】如图所示，已知点 $A(-1,2)$，点 $B(3,4)$，若点 $P(m,0)$ 使得 $|PB|-|PA|$ 最大，则（　　）．

A．$m=-5$ B．$m=-3$ C．$m=-1$ D．$m=1$
E．$m=3$

【答案】A

【解析】在 △APB 中，任意两边之差小于第三条边，则 $|PB|-|PA|<|AB|$，只有三点共线的时候，$|PB|-|PA|=|AB|$，由题意可得，直线 AB 的方程为 $y=\dfrac{1}{2}x+\dfrac{5}{2}$，由于 P 在 x 轴上，则令 $y=0$，解得 $m=-5$，故选 A．

题型 5.2　相似模型

1. 相似模型

（1）三角形相似的判定：

- 判定定理 1：若一个三角形的两个角与另外一个三角形的两个角对应相等，则这两个三角形相似．
- 判定定理 2：若一个三角形的两条边与另外一个三角形的两条边对应成比例，并且夹角相等，则这两个三角形相似．
- 判定定理 3：若一个三角形的三条边与另外一个三角形的三条边对应成比例，则这两个三角形相似．

（2）模型类型：

金字塔模型、沙漏模型、直角模型（射影定理）．

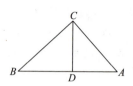

(3) 模型结论：
- 在前两个图形中已知 $DE//BC$，因此 $\triangle ABC$ 与 $\triangle ADE$ 相似，因此以下结论成立：

$$\frac{AD}{AB}=\frac{AE}{AC}=\frac{DE}{BC}=\frac{AF}{AG}$$

$$S_{\triangle ADE}:S_{\triangle ABC}=AF^2:AG^2$$

- 第三个直角三角形 $\triangle ABC$ 中，$\angle ACB=90°$，CD 是斜边 AB 上的高，因此 $\triangle ABC$ 与 $\triangle ACD$、$\triangle CBD$ 相似．
- 第三个直角三角形 $\triangle ABC$ 中，$\angle ACB=90°$，CD 是斜边 AB 上的高，因此满足射影定理：$CD^2=BD \cdot AD$，$BC^2=BD \cdot AB$，$AC^2=AD \cdot AB$．
- 射影定理，又称"欧几里得定理"：在直角三角形中，斜边上的高是两条直角边在斜边射影的比例中项，每一条直角边又是这条直角边在斜边上的射影和斜边的比例中项．

(4) 相似三角形的性质：
- 性质1：相似三角形对应边的比相等，称为相似比．
- 性质2：相似三角形的高、中线、角平分线、周长的比等于相似比．
- 性质3：相似三角形的面积比等于相似比的平方．

2. 三角形全等的判定

(1) 判定定理1：三边长对应相等的三角形全等．
(2) 判定定理2：二边长及它们的夹角对应相等的三角形全等．
(3) 判定定理3：一边长及两个角对应相等的三角形全等．

【例8】如图所示，直角三角形 ABC 的斜边 $AB=13$ cm，直角边 $AC=5$ cm，把 AC 对折到 AB 上去与斜边相重合，点 C 与点 E 重合，折痕为 AD，则图中阴影部分的面积为（　　）cm².

A. 20　　B. $\dfrac{40}{3}$　　C. $\dfrac{38}{3}$　　D. 14　　E. 12

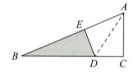

【答案】B

【解析】由题意可得 $BC=\sqrt{13^2-5^2}=12$，$AE=AC=5$，$BE=8$．设 $DC=x$，则 $DE=x$，$BD=12-x$，故 $x^2+8^2=(12-x)^2$，得 $x=\dfrac{10}{3}$，故 $S=\dfrac{1}{2}\times 8\times\dfrac{10}{3}=\dfrac{40}{3}$，选 B．

【例9】如图所示，O 是半圆的圆心，C 是半圆上的一点，$OD\perp AC$，则能确定 OD 的长．

(1) 已知 BC 的长

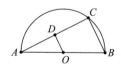

(2) 已知 AO 的长

【答案】 A

【解析】 由题意可得 $\angle ADO = \angle ACB = 90°$，且 $\triangle AOD$ 与 $\triangle ABC$ 有公共角 $\angle BAC$，所以 $\triangle AOD \sim \triangle ABC$，相似比为 $AO:AB = 1:2$，则有 $OD = \dfrac{1}{2}BC$. 故（1）充分，选 A.

【例 10】 如图所示，AD 与圆相切于点 D，AC 与圆相交于点 B，则能确定 $\triangle ABD$ 与 $\triangle BDC$ 的面积比.

(1) 已知 $\dfrac{AD}{CD}$

(2) 已知 $\dfrac{BD}{CD}$

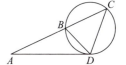

【答案】 B

【解析】 由于弦切角等于弦所对应的圆周角，则 $\angle ADB = \angle C$，$\angle A = \angle A$，则 $\triangle ADB \sim \triangle ACD$，则需要得到相似比，则可得到 $\triangle ADB$ 与 $\triangle ACD$ 的面积比，而 $\triangle ACD$ 的面积减去 $\triangle ADB$ 的面积即可得到 $\triangle BDC$ 的面积，即亦可以求出 $\triangle ADB$，$\triangle ACD$，$\triangle BDC$ 三者的面积比. 而 (2) 是 $\triangle ADB$ 与 $\triangle ACD$ 的相似比，(1) 不是，故 (2) 充分，选 B.

【例 11】 一个在 $\triangle ABC$ 中，D 为 BC 边上的点，且 BD，AB，BC 成等比数列，则 $\angle BAC = 90°$.

(1) $BD = DC$

(2) $AD \perp BC$

【答案】 B

【解析】 由题意得 $\dfrac{AB}{BD} = \dfrac{BC}{AB}$，$\angle B = \angle B$，$\triangle ADB \sim \triangle CAB$，故 $\angle BAC = \angle BDA$. (1) 无法知道角的度数，也无法运用勾股定理，故不充分. (2) $AD \perp BC$，则 $\angle BDA = 90°$，故 $\angle BAC = 90°$，充分，选 B.

题型 5.3　等高模型

> (1) 等底等高的两个三角形面积相同；
> (2) 两个三角形高相同，面积之比等于底边之比；
> (3) 两个三角形底边相同，面积之比等于高之比；
> (4) 若夹在一组平行线之间的两个三角形底边相同，则面积相同（参考梯形）.

【例 12】 如图所示，已知 $|AE| = 3|AB|$，$|BF| = 2|BC|$. 若 $\triangle ABC$ 的面积是 ，则 $\triangle AEF$ 的面积为（　　）.

A. 14　　　　B. 12　　　　C. 10　　　　D. 8

E. 6

【答案】 B

【解析】 由题意得 $BC = CF$，则 $\triangle ABC$，$\triangle AFC$ 等底等高，所以 $S_{\triangle ACF} = S_{\triangle ABC} = 2$，$S_{\triangle ABF} = 4$，$BE = 2AB$，则 $S_{\triangle BEF} = 2S_{\triangle ABF} = 8$，所以 $S_{\triangle AEF} = 12$，故选 B.

【例 13】 如图所示，已知正方形 $ABCD$ 的面积，O 为 BC 上一点，P 为 AO 中点，Q 为 DO 上一点，则能确定 $\triangle PDQ$ 的面积.

(1) O 为 BC 的三等分点

(2) Q 为 DO 的三等分点

【答案】 B

【解析】 由已知正方形 $ABCD$ 的面积，则 $S_{\triangle AOD}=\dfrac{1}{2}S_{正}$，而 P 为 AO 中点，则 $\triangle PDO$ 与 $\triangle ADO$ 同高，$\triangle PDO=\dfrac{1}{2}\triangle ADO$，而 $\triangle PDQ$ 与 $\triangle PDO$ 同高，故若能确定 DQ 与 DO（即两者的底）的比例，即可确定 $\triangle PDQ$ 的面积，故（2）充分，选 B.

题型 5.4　求阴影部分面积

---

1. 割补移动法

（1）注意等量关系；

（2）做辅助线，拼成规则图形.

2. 整体原则

不规则图形用整体加减部分.

3. 集合法

（1）注意重叠部分；

（2）两饼图：$A\cup B=A+B-A\cap B$；

（3）三饼图：$A\cup B\cup C=A+B+C-(A\cap B+B\cap C+C\cap A)+A\cap B\cap C$.

4. 选项排除法

（1）$\pi\pm$ 常 vs 常 $\pm\pi$；

（2）利用相等部分的倍数关系.

【例 14】 某种机器人可搜索到的区域是半径为 1 m 的圆，如图所示，若该机器人沿直线行走 10 m，则其搜索出的区域的面积为（　　）m^2.

A. $10+\dfrac{\pi}{2}$　　　　　　　　B. $10+\pi$

C. $20+\dfrac{\pi}{2}$　　　　　　　　D. $20+\pi$

E. 10π

【答案】 D

【解析】 由图可得 $S=10\times 2+\dfrac{1}{2}\pi\times 1^2\times 2=20+\pi$，故选 D.

【例15】 如图所示，BC 是半圆的直径，且 $BC=4$，$\angle ABC=30°$，则图中阴影部分的面积为（　　）．

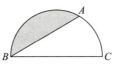

A. $\dfrac{4\pi}{3}-\sqrt{3}$ B. $\dfrac{4\pi}{3}-2\sqrt{3}$ C. $\dfrac{2\pi}{3}+\sqrt{3}$ D. $\dfrac{2\pi}{3}+2\sqrt{3}$ E. $2\pi-2\sqrt{3}$

【答案】 A

【解析】 取圆心 O，过点 O 向 AB 作垂线，交 AB 于点 D．则有 $OB=OA=\dfrac{1}{2}BC=2$，$\angle ABC=\angle BAO=30°$，$\angle AOC=2\angle ABC=60°$，所以得 $\triangle AOB$ 为等腰三角形且 $OD=1$，$BD=\sqrt{3}$，$AB=2BD=2\sqrt{3}$，则阴影部分面积 $=\dfrac{1}{2}\pi\times 2^2-\dfrac{1}{2}\times 1\times 2\sqrt{3}-\dfrac{60°}{360°}\pi\times 2^2=\dfrac{4}{3}\pi-\sqrt{3}$，故选 A.

【例16】 如图所示，$AB=10\text{ cm}$ 是半圆的直径，C 是 AB 弧的中点，延长 BC 于 D，ABD 是以 AB 为半径的扇形，则图中阴影部分的面积是（　　）cm^2．

A. $25\left(\dfrac{\pi}{2}+1\right)$ B. $25\left(\dfrac{\pi}{2}-1\right)$ C. $25\left(\dfrac{\pi}{4}+1\right)$ D. $25\left(1-\dfrac{\pi}{4}\right)$

E. 以上选项均不正确

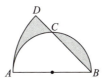

【答案】 B

【解析】 连接 AC，由于 C 是弧 AB 的中点，故由于对称性，可以将 BC 右上侧的阴影部分移动到 AC 左上侧，且 $\angle ABD=45°$．故阴影部分面积为扇形 ABD 减去 $\triangle ABC$，即 $\dfrac{1}{8}\pi\times 10^2-\dfrac{1}{2}\times 5\times 10=25\left(\dfrac{\pi}{2}-1\right)$，故选 B.

【例17】 如图所示，三个边长为 1 的正方形所覆盖区域（实线所围）的面积为（　　）．

A. $3-\sqrt{2}$ B. $3-\dfrac{3\sqrt{2}}{4}$ C. $3-\sqrt{3}$ D. $3-\dfrac{\sqrt{3}}{2}$ E. $3-\dfrac{3\sqrt{3}}{4}$

【答案】 E

【解析】 所求面积为 $3-3\times\dfrac{1}{2}\times 1\times\dfrac{\sqrt{3}}{6}-2\times\dfrac{\sqrt{3}}{4}\times 1^2=3-\dfrac{3\sqrt{3}}{4}$，故选 E.

题型 5.5 空间几何体直接计算型

【例 18】如图所示,圆柱体的底面半径为 2,高为 3,垂直于地面的平面截圆柱体所得截面为矩形 $ABCD$,若弦 AB 所对的圆心角是 $\dfrac{\pi}{3}$,则截掉部分(较小部分)的体积为( ).

A. $\pi-3$ B. $2\pi-6$ C. $\pi-\dfrac{3\sqrt{3}}{2}$ D. $2\pi-3\sqrt{3}$

E. $\pi-\sqrt{3}$

【答案】D

【解析】由题意可得 $BC=AD=3$,$AB=CD=2$,截掉的较小部分的体积为 $\dfrac{1}{6}\pi\times 2^2\times 3-\dfrac{\sqrt{3}}{4}\times 2^2\times 3=2\pi-3\sqrt{3}$,故选 D.

【例 19】有一根圆柱形铁管,管壁厚度为 0.1 m,内径为 1.8 m,长度为 2 m,若将该铁管熔化后浇铸成长方体,则该长方体的体积为( ).(单位:m^3;$\pi\approx 3.14$)

A. 0.38 B. 0.59 C. 1.19 D. 5.09 E. 6.28

【答案】C

【解析】$V_{长方体}=V_{圆柱体}=\left(\dfrac{1.8+0.1\times 2}{2}\right)^2\times 2\pi-\left(\dfrac{1.8}{2}\right)^2\times 2\pi\approx 1.19$,故选 C.

【例 20】如图所示,一个储物罐的下半部分是底面直径与高均是 20 m 的圆柱形,上半部分(顶部)是半球形,已知底面与顶部的造价是 400 元/m^2,侧面的造价是 300 元/m^2,该储物罐的造价是( )万元.($\pi\approx 3.14$)

A. 56.52 B. 62.8 C. 75.36 D. 87.92

E. 100.48

【答案】C

【解析】造价为 $\left[\dfrac{1}{2}\times 4\pi\left(\dfrac{20}{2}\right)^2+\left(\dfrac{20}{2}\right)^2\pi\right]\times 400+2\times\dfrac{20}{2}\pi\times 20\times 300\approx 75.36$(万元),故选 C.

题型 5.6 立体几何内的线和面

(1)将立体几何先转化为平面几何再做题.
(2)立体几何内的未知线的长度都可以通过找特殊点构建直角,根据勾股定理求出未知边长.

【例 21】如图所示,正方体 $ABCD-A'B'C'D'$ 的棱长为 2,F 是棱 $C'D'$ 的中点,则 AF 的长为( ).

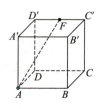

A. 3 B. 5 C. $\sqrt{5}$ D. $2\sqrt{2}$

E. $2\sqrt{3}$

【答案】A

【解析】$A'F=\sqrt{2^2+1^2}=\sqrt{5}$,$AF=\sqrt{A'F^2+A'A^2}=3$,故选 A.

【例22】如图所示，在棱长为2的正方体中，A，B是顶点，C，D是所在棱的中点，则四边形$ABCD$的面积为（　　）.

A. $\dfrac{9}{2}$　　　　B. $\dfrac{7}{2}$　　　　C. $\dfrac{3\sqrt{2}}{2}$　　　　D. $2\sqrt{5}$　　　　E. $3\sqrt{2}$

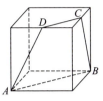

【答案】A

【解析】由题意得$CD=\sqrt{2}$，$AB=2\sqrt{2}$，$AD=\sqrt{5}$，过C，D分别向AB作垂线，垂足分别为F，E，则$FB=AE=\dfrac{\sqrt{2}}{2}$，$DE=\sqrt{AD^2-AE^2}=\dfrac{3\sqrt{2}}{2}$，则四边形（即梯形）$ABCD$的面积为$\dfrac{1}{2}\times(\sqrt{2}+2\sqrt{2})\times\dfrac{3\sqrt{2}}{2}=\dfrac{9}{2}$，故选A.

【例23】如图所示，一个铁球沉入水池中，则能确定铁球的体积.
(1) 已知铁球露出水面的高度
(2) 已知水深及铁球与水面交线的周长

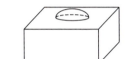

【答案】B

【解析】(1) 已知铁球露出水面的高度无法算出球的半径，所以不充分.
(2) 设水面交线的圆的半径为r，水深为h，铁球的半径为R，则$(h-R)^2+r^2=R^2$，而知道h，且知道水面交线的圆的周长，即可求出半径r，故可求出R，充分，选B.

题型5.7　几何体的外接与内切

几何体	内切球	外接球	外接半球
正方体	$a=2R$	$\sqrt{3}a=2R$	$\sqrt{6}a=2R$
长方体	只有正方体有	$\sqrt{a^2+b^2+c^2}=2R$	$\sqrt{a^2+b^2+(2c)^2}=2R$
圆柱体	当且仅当$2r=h=2R$	$\sqrt{(2r)^2+(h)^2}=2R$	$\sqrt{(2r)^2+(2h)^2}=2R$

【例24】棱长为a的正方体内切球、外接球、外接半球的半径分别为（　　）.

A. $\dfrac{a}{2}$，$\dfrac{\sqrt{2}}{2}a$，$\dfrac{\sqrt{3}}{2}a$　　　　B. $\sqrt{2}a$，$\sqrt{3}a$，$\sqrt{6}a$

C. a，$\dfrac{\sqrt{3}}{2}a$，$\dfrac{\sqrt{6}}{2}a$　　　　D. $\dfrac{a}{2}$，$\dfrac{\sqrt{2}}{2}a$，$\dfrac{\sqrt{6}}{2}a$

E. $\dfrac{a}{2}$，$\dfrac{\sqrt{3}}{2}a$，$\dfrac{\sqrt{6}}{2}a$

【答案】E

【解析】内切球：$a=2r_1$，$r_1=\dfrac{a}{2}$；外接球：$2r_2=\sqrt{3a^2}$，$r_2=\dfrac{\sqrt{3}}{2}a$；外半接球：$\sqrt{6}a=2r_3$，$r_3=\dfrac{\sqrt{6}}{2}a$，故选 E.

【例25】球的半径为3，正方体的底面在球的最大截面上，正方体表面积的最大值为（　　）．
A. 12　　　　B. 18　　　　C. 24　　　　D. 30　　　　E. 36

【答案】E

【解析】由题意得，该球为正方体的外接半球时正方体边长最大，设正方体边长为 a，则有 $\sqrt{6}a=2\times 3$，$a=\sqrt{6}$，所以正方体表面积的最大值为 $6\times\sqrt{6}\times\sqrt{6}=36$，故选 E.

题型5.8　与点有关的位置关系

【例26】已知三点 $A(a,2)$，$B(5,1)$，$C(-4,2a)$ 在同一直线上，则 a 的值为（　　）．
A. 2　　　B. 3　　　C. $-\dfrac{7}{2}$　　　D. 2 或 $\dfrac{7}{2}$　　　E. 2 或 $-\dfrac{7}{2}$

【答案】D

【解析】由题意得 $k_{AB}=k_{BD}$，则 $\dfrac{1-2}{5-a}=\dfrac{2a-1}{-4-5}$，解得 $a=2$ 或 $a=\dfrac{7}{2}$，故选 D.

【例27】若点 $(a,2a)$ 不在圆 $(x-1)^2+(y-1)^2=1$ 内部，则实数 a 的取值范围是（　　）．
A. $\dfrac{1}{5}<a<1$　　B. $a>1$ 或 $a<\dfrac{1}{5}$　　C. $\dfrac{1}{5}\le a\le 1$　　D. $a\ge 1$ 或 $a\le\dfrac{1}{5}$

E. 以上选项均不正确

【答案】B

【解析】将点代入圆的方程，得 $(a-1)^2+(2a-1)^2>1$，解得 $a<\dfrac{1}{5}$ 或 $a>1$，故选 B.

题型5.9　线过象限问题

【例28】直线 $y=ax+b$ 过第二象限．
(1) $a=-1$，$b=1$
(2) $a=1$，$b=-1$

【答案】A

【解析】(1) $a<0$，$b>0$，$y=ax+b$ 过第一、二、四象限，充分．
(2) $a>0$，$b<0$，$y=ax+b$ 过第一、三、四象限，不充分，故选 A.

【例29】 如果圆 $(x-a)^2+(y-b)^2=1$ 的圆心在第二象限，那么直线 $ax+by+1=0$ 不过（　　）．

A．第一象限　　　B．第二象限　　　C．第三象限　　　D．第四象限

E．以上选项均不正确

【答案】B

【解析】由题意得 $a<0$，$b>0$，直线可化为 $y=-\dfrac{a}{b}x-\dfrac{1}{b}$，则 $-\dfrac{a}{b}>0$，$-\dfrac{1}{b}<0$，故直线过第一、三、四象限，故选 B．

题型 5.10　直线与坐标轴所围成的面积问题

（1）求直线构成的三角形面积，求出交点坐标即可．
（2）求正方形面积，通过交点求出边长即可．
（3）求组合图形的面积，用割补法．

【例30】 直线 $y=x$，$y=ax+b$ 与 $x=0$ 所围成的三角形的面积等于 1．

(1) $a=-1$，$b=2$

(2) $a=-1$，$b=-2$

【答案】D

【解析】(1) 当 $a=-1$，$b=2$ 时，$y=x$ 与 $y=ax+b$ 相交于点 $(1,1)$，且 $y=-x+2$ 与 x 轴交于点 $(2,0)$，所以 $S=\dfrac{1}{2}\times 2\times 1=1$，充分．

(2) 当 $a=-1$，$b=-2$ 时，$y=x$ 与 $y=ax+b$ 相交于点 $(-1,-1)$，且 $y=-x-2$ 与 x 轴交于点 $(-2,0)$，所以 $S=\dfrac{1}{2}\times 2\times 1=1$，充分，故选 D．

【例31】 已知直线 L 的斜率为 6，并且直线与两坐标轴围成的三角形的面积为 12，则直线 L 的方程为（　　）．

A．$6x-y-12=0$　　　　　　　　B．$6x-y-12=0$ 或 $6x-y+12=0$

C．$6x+y-12=0$ 或 $6x-y+12=0$　　　D．$6x+y-12=0$

E．$6x-y+12=0$

【答案】B

【解析】根据题意可设直线 L 为 $y=6x+b$，当 $x=0$ 时，$y=b$，$x=-\dfrac{b}{6}$，则 $\dfrac{1}{2}b\cdot\dfrac{b}{6}=12$，$b=\pm 12$，所以直线方程为 $6x-y-12=0$ 或 $6x-y+12=0$，故选 B．

【例32】 设直线 $nx+(n+1)y=1$（n 为正整数）与两坐标轴围成的三角形面积为 S_n（$n=1$，2，…，2 009），则 $S_1+S_2+\cdots+S_{2\,009}=$（　　）．

A．$\dfrac{1}{2}\times\dfrac{2\,009}{2\,008}$　　B．$\dfrac{1}{2}\times\dfrac{2\,008}{2\,009}$　　C．$\dfrac{1}{2}\times\dfrac{2\,009}{2\,010}$　　D．$\dfrac{1}{2}\times\dfrac{2\,010}{2\,009}$

E．以上选项均不正确

【答案】C

【解析】由题意可得，$n=1, 2, \cdots, 2009$，当 $x=0$ 时，$y=\dfrac{1}{n+1}$，当 $y=0$ 时，$x=\dfrac{1}{n}$，$S=\dfrac{1}{2}\times\dfrac{1}{n}\times\dfrac{1}{n+1}=\dfrac{1}{2}\left(\dfrac{1}{n}-\dfrac{1}{n-1}\right)$，所以 $S_1+S_2+\cdots+S_{2009}=\dfrac{1}{2}\left(1-\dfrac{1}{2}+\dfrac{1}{2}-\dfrac{1}{3}+\cdots+\dfrac{1}{2009}-\dfrac{1}{2010}\right)=\dfrac{1}{2}\times\dfrac{2009}{2010}$，故选 C.

【例 33】如图所示，正方形 ABCD 的面积为 1.

(1) AB 所在直线的方程为 $y=x-\dfrac{1}{\sqrt{2}}$

(2) AD 所在直线的方程为 $y=1-x$

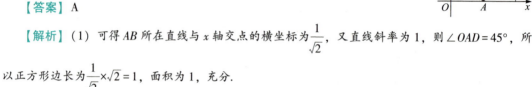

【答案】A

【解析】(1) 可得 AB 所在直线与 x 轴交点的横坐标为 $\dfrac{1}{\sqrt{2}}$，又直线斜率为 1，则 $\angle OAD=45°$，所以正方形边长为 $\dfrac{1}{\sqrt{2}}\times\sqrt{2}=1$，面积为 1，充分.

(2) 可得 AD 所在的直线与 x 轴交点的横坐标为 1，又直线斜率为 1，则 $\angle OAD=45°$，则正方形边长为 $\sqrt{2}$，面积为 2，不充分，故选 A.

题型 5.11 过定点问题

> 先把直线系整理成形如 $a\lambda+b=0$ 的形式，再令 $a=0, b=0$.

【例 34】方程 $(a-1)x-y+2a+1=0\ (a\in\mathbf{R})$ 所表示的直线（　　）.

A. 恒过定点 $(-2, 3)$
B. 恒过定点 $(2, 3)$
C. 恒过点 $(-2, 3)$ 和点 $(2, 3)$
D. 都是平行直线
E. 以上选项均不正确

【答案】A

【解析】原方程整理可得 $(x+2)a-x-y+1=0$，则 $\begin{cases}x+2=0\\-x-y+1=0\end{cases}$，得 $\begin{cases}x=-2\\y=3\end{cases}$，故选 A.

【例 35】圆 $(x-1)^2+(y-2)^2=4$ 和直线 $(1+2\lambda)x+(1-\lambda)y-3-3\lambda=0$ 相交于两点.

(1) $\lambda=\dfrac{2\sqrt{3}}{5}$

(2) $\lambda=\dfrac{5\sqrt{3}}{5}$

【答案】D

【解析】整理直线方程后得 $(2x-y-3)\lambda+(x+y-3)=0$，故 $\begin{cases}2x-y-3=0\\x+y-3=0\end{cases}$，解得 $\begin{cases}x=2\\y=1\end{cases}$，则直线过顶点 $(2, 1)$，而该点在圆内，故无论 λ 为何值，该直线与圆必有两个交点，故选 D.

题型 5.12 直线与直线的位置关系

方程	平行	垂直	应对技巧
$y=k_1x+b_1$; $y=k_2x+b_2$	$k_1=k_2$ 且 $b_1\neq b_2$	$k_1k_2=-1$ 或 x 轴与 y 轴相垂直	选项排除： (1) 把点带入直线； (2) 根据性质
$A_1x+B_1y+C_1=0$; $A_2x+B_2y+C_2=0$	$A_1B_2=A_2B_1$ 且 $C_1\neq C_2$	$A_1A_2+B_1B_2=0$	

【例 36】在 y 轴的截距为 -3，且与直线 $2x+y+3=0$ 垂直的直线的方程是（ ）.

A. $x-2y-6=0$
B. $2x-y+3=0$
C. $x-2y+3=0$
D. $x+2y+6=0$
E. $x-2y-3=0$

【答案】A

【解析】直线 $2x+y+3=0$ 的斜率为 -2，则与该直线垂直的斜率为 $\dfrac{1}{2}$，因此有垂直直线方程 $y=\dfrac{1}{2}x-3$，即 $x-2y-6=0$，故选 A.

【例 37】设点 $A(7,-4)$，$B(-5,6)$，则线段 AB 的垂直平分线的方程为（ ）.

A. $5x-4y-1=0$
B. $6x-5y+1=0$
C. $6x-5y-1=0$
D. $7x-5y-2=0$
E. $2x-5y-7=0$

【答案】C

【解析】$k_{AB}=\dfrac{-4-6}{7-(-5)}=-\dfrac{5}{6}$，线段 AB 的中点坐标为 $\left(\dfrac{7-5}{2},\dfrac{-4+6}{2}\right)$，即 $(1,1)$，而与 AB 垂直直线的斜率为 $\dfrac{6}{5}$，设 AB 的垂直平分线方程为 $y=\dfrac{6}{5}x+b$，代入 $(1,1)$ 可得 $b=-\dfrac{1}{5}$，即 $6x-5y-1=0$，故选 C.

题型 5.13 直线与圆的位置关系

方程	距离与半径的关系	圆与直线位置的关系	出题模型	应对套路
$Ax+By+C=0$; $(x-a)^2+(y-b)^2=r^2$	$d=r$	相切	求最值	(1) 设出直线； (2) 圆心到直线的距离等于半径
	$d<r$	相交	(1) 构建直角三角形； (2) 勾股定理求弦长	弦长 $=2\sqrt{r^2-d^2}$
	$d>r$	相离	最近距离与最远距离	最远距离 $=d+r$； 最近距离 $=d-r$

【例 38】圆盘 $x^2+y^2 \leqslant 2(x+y)$ 被直线 L 分成面积相等的两部分.

(1) $L: x+y=2$

(2) $L: 2x-y=1$

【答案】D

【解析】圆盘的表达式为 $(x-1)^2+(y-1)^2 \leqslant 2$，若直线 L 将圆盘分为面积相等的两部分，则直线必过圆心，将 (1, 1) 代入 (1) (2) 均充分，故选 D.

【例 39】$x^2+y^2-ax-by+c=0$ 与 x 轴相切，则能确定 c 的值.

(1) 已知 a 的值

(2) 已知 b 的值

【答案】A

【解析】将 $x^2+y^2-ax-by+c=0$ 配方可得 $\left(x-\dfrac{a}{2}\right)^2+\left(y-\dfrac{b}{2}\right)^2=\dfrac{a^2+b^2-4c}{4}$，由于圆与 x 轴相切，则 $\left|\dfrac{b}{2}\right|=r=\sqrt{\dfrac{a^2+b^2-4c}{4}}$，整理可得 $c=\dfrac{1}{4}a^2$，故 (1) 充分，选 A.

【例 40】设 a，b 为实数，则圆 $x^2+y^2=2y$ 与直线 $x+ay=b$ 不相交.

(1) $|a-b|>\sqrt{1+a^2}$

(2) $|a+b|>\sqrt{1+a^2}$

【答案】B

【解析】将 $x^2+y^2=2y$ 整理可得 $x^2+(y-1)^2=1$，圆心为 (0, 1)，要使圆与直线不相交，则圆心到直线的距离要大于圆的半径，则有 $\dfrac{|-a-b|}{\sqrt{1+a^2}}>1$，整理后为 (2)，故选 B.

【例41】直线 $x-y+1=0$ 被圆 $(x-a)^2+(y-1)^2=4$ 截得的弦长为 $2\sqrt{3}$，则 a 的值为（　　）.

A. $\sqrt{2}$　　　　B. $-\sqrt{2}$　　　　C. $\pm\sqrt{2}$　　　　D. $\pm\sqrt{3}$　　　　E. $\sqrt{3}$

【答案】C

【解析】圆心为 $(a,1)$，半径为 2，则圆心到直线的距离为 $\sqrt{2^2-(\sqrt{3})^2}=1$，所以 $d=\dfrac{|a-1+1|}{\sqrt{1^2+1^2}}=1$，解得 $a=\pm\sqrt{2}$，故选 C.

【例42】设 a 为实数，圆 C：$x^2+y^2=ax+ay$，则能确定圆 C 的方程.

(1) 直线 $x+y=1$ 与圆 C 相切

(2) 直线 $x-y=1$ 与圆 C 相切

【答案】A

【解析】整理 $x^2+y^2=ax+ay$ 可得 $\left(x-\dfrac{a}{2}\right)^2+\left(y-\dfrac{a}{2}\right)^2=\dfrac{a^2}{2}$，圆心为 $\left(\dfrac{a}{2},\dfrac{a}{2}\right)$，要使圆与直线相切，则圆心到直线的距离等于圆的半径.（1）$d=\dfrac{\left|\dfrac{a}{2}+\dfrac{a}{2}-1\right|}{\sqrt{1^2+1^2}}=\sqrt{\dfrac{a^2}{2}}$，得 $a=\dfrac{1}{2}$，充分.（2）$d=\dfrac{\left|\dfrac{a}{2}-\dfrac{a}{2}-1\right|}{\sqrt{1^2+(-1)^2}}=\sqrt{\dfrac{a^2}{2}}$，得 $a=\pm 1$，不充分，故选 A.

题型 5.14　圆与圆的位置关系

出题模型	应对套路
相切	注意内切外切两种情况
相交求弦长	① C_1-C_2 求出直线方程 ② 任取一圆与直线联合构造直角三角形 ③ 圆与直线相交：用勾股定理求弦长 $=2\sqrt{r^2-d^2}$
有交点	$|r_1-r_2|\leqslant d\leqslant r_1+r_2$

【例43】圆 $(x-3)^2+(y-4)^2=25$ 与圆 $(x-1)^2+(y-2)^2=r^2$ 相切.

(1) $r=5\pm 2\sqrt{3}$

(2) $r=5\pm 2\sqrt{2}$

【答案】B

【解析】由题意得圆心距为 $\sqrt{(4-2)^2+(3-1)^2}=2\sqrt{2}=|5-r|$，则 $r=5\pm 2\sqrt{2}$，故选 B.

【例44】已知圆 C_1：$(x+1)^2+(y-3)^2=9$，C_2：$x^2+y^2-4x+2y-11=0$，则两圆公共弦长为（　　）.

A. $\dfrac{24}{5}$　　　　B. $\dfrac{22}{5}$　　　　C. 4　　　　D. $\dfrac{18}{5}$　　　　E. 5

【答案】A

【解析】将圆 C_1 与 C_2 方程联立得 $3x-4y+6=0$，所以 C_1 的圆心到 $3x-4y+6=0$ 的距离 $d=\dfrac{|-3-4\times3+6|}{\sqrt{3^2+(-4)^2}}=\dfrac{9}{5}$，故弦长的一半为 $\sqrt{9-\left(\dfrac{9}{5}\right)^2}=\dfrac{12}{5}$，则弦长为 $\dfrac{24}{5}$，故选 A.

【例 45】圆 $C_1:\left(x-\dfrac{3}{2}\right)^2+(y-2)^2=r^2$ 与圆 $C_2:x^2-6x+y^2-8y=0$ 有交点.

(1) $0<r<\dfrac{5}{2}$

(2) $r>\dfrac{15}{2}$

【答案】E

【解析】圆 C_2 可整理为 $(x-3)^2+(y-4)^2=25$，半径为 5，而圆 C_1，C_2 有交点，设两圆圆心距离为 d，$d=\sqrt{\left(3-\dfrac{3}{2}\right)^2+(4-2)^2}=\dfrac{5}{2}<5$，则 $|r-5|\leqslant d$，$\dfrac{5}{2}\leqslant r\leqslant\dfrac{15}{2}$，故选 E.

题型 5.15 最值问题

出题模型		应对套路
点在圆上运动	求 $\dfrac{y-b}{x-a}$ 的最值	第一步：化圆（标准式）； 第二步：化直线（一般式）； 第三步：相切取最值（$d=r$）
	求 $ax+by$ 的最值	
点在三角形、四边形上运动	求 $\dfrac{y-b}{x-a}$ 的最值	把点代入，特殊点（端点）取最值
	求 $ax+by$ 的最值	
求 $(x-a)^2+(y-b)^2$ 的最值		可以看成 (x,y) 到 (a,b) 的距离 d 的平方
圆上的点到直线的距离最值		最远距离 $=d+r$，最近距离 $=d-r$
过圆内一点的最长弦和最短弦		过圆内一点最长弦是直径，最短弦是与该条直径垂直的弦

【例 46】动点 $P(x,y)$ 在圆 $x^2+y^2-1=0$ 上，则 $\dfrac{y+1}{x+2}$ 的最大值是（　　）.

A. $\sqrt{2}$　　B. $-\sqrt{2}$　　C. $\dfrac{1}{2}$　　D. $-\dfrac{1}{2}$　　E. $\dfrac{4}{3}$

【答案】E

【解析】$\dfrac{y+1}{x+2}=\dfrac{y-(-1)}{x-(-2)}$，设点 (x,y) 与点 $(-2,-1)$ 所构成的直线的斜率为 k，则题目可转化为求 k 的最大值，此时直线与圆相切. 设过点 $(-2,-1)$ 的直线方程为 $y=kx+b$，即 $kx-y+b=0$，则

圆心到直线的距离为半径，所以 $\frac{|b|}{\sqrt{k^2+1}}=1$，即 $b^2=k^2+1$，将 $(-2,-1)$ 代入直线方程可得 $b=2k-1$，则有 $3k^2-4k=0$，得 $k=0$ 或 $k=\frac{4}{3}$，故选 E.

【例47】 若 (x,y) 满足 $x^2+y^2-2x+4y=0$，则 $x-2y$ 的最大值为（　　）.

A. $\sqrt{5}$　　　　B. 10　　　　C. 9　　　　D. $5+2\sqrt{5}$　　　　E. 0

【答案】 B

【解析】 $x^2+y^2-2x+4y=0$ 可转化为 $(x-1)^2+(y+2)^2=5$，圆心为 $(1,-2)$，半径为 $\sqrt{5}$. 令 $x-2y=z$，则 $y=\frac{x}{2}-\frac{z}{2}$，故当截距最大时，$z$ 可以取最大值，此时 $x-2y-z=0$ 与圆相切，则有 $\frac{|1+4-z|}{\sqrt{5}}=\sqrt{5}$，$z=0$ 或 10，故 $x-2y$ 的最大值为 10，故选 B.

【例48】 如图所示，点 A，B，O 的坐标分别为 $(4,0)$，$(0,3)$，$(0,0)$. 若 (x,y) 是 $\triangle AOB$ 中的点，则 $5x+3y$ 的最大值为（　　）.

A. 6　　　　B. 7　　　　C. 8　　　　D. 9

E. 20

【答案】 E

【解析】 令 $5x+3y=z$，则 $y=-\frac{5}{3}x+\frac{z}{3}$，故截距最大时，$z$ 可以取最大值，所以最大值在三角形三个顶点上出现，可得最大值在 A 坐标，$z=5\times4=20$，故选 E.

【例49】 圆 $x^2+y^2-8x-2y+10=0$ 中过点 $M(3,0)$ 的最长弦和最短弦所在直线的方程是（　　）.

A. $x-y-3=0$，$x+y-3=0$　　　　B. $x-y-3=0$，$x-y+3=0$

C. $x+y-3=0$，$x-y-3=0$　　　　D. $x+y-3=0$，$x-y+3=0$

E. 以上选项均不正确

【答案】 A

【解析】 可将圆的方程转化为 $(x-4)^2+(y-1)^2=7$，最长的弦为直径，则过圆心 $(4,1)$ 和点 M，此时直线方程为 $x-y-3=0$，最短弦与该直线垂直且过点 M 的直线，所以最短弦所在直线方程为 $x+y-3=0$，故选 A.

【例50】 设 x，y 为实数，则 $\sqrt{x^2+y^2}$ 既有最小值也有最大值.

(1) $(x-1)^2+(y-1)^2$

(2) $y=x+1$

【答案】 A

【解析】 由题干可知式子的含义为 (x,y) 到原点的距离. 由（1）可得式子为以 $(1,1)$ 为原点的圆，由于圆是闭环图形，因此距离原点的距离大小必定有最大值与最小值. 而直线可无线延伸，故到原点的距离没有最大值，选 A.

【例51】 $x^2+y^2=2x+2y$ 上的点到 $ax+by+\sqrt{2}=0$ 距离最小值大于 1.

(1) $a^2+b^2=1$

(2) $a>0$，$b>0$

【答案】C

【解析】原式可转化为 $(x-1)^2+(y-1)^2=2$，圆心为 $(1,1)$，半径为 $\sqrt{2}$，圆上的点到直线距离最小值为 $d_{\min}=\dfrac{|a+b+\sqrt{2}|}{\sqrt{a^2+b^2}}-r$，显然单独（1）（2）均不充分，考虑联合，得到 $d_{\min}=a+b=\sqrt{(a+b)^2}>\sqrt{a^2+b^2}=1$，充分，故选 C.

题型5.16 对称问题

1. 对称原理

（1）两点关于直线对称.

（2）已知直线 l：$Ax+By+C=0$，求点 $P_1(x_1,y_1)$ 关于直线 l 的对称点 $P_2(x_2,y_2)$. 有两个关系，即线段 P_1P_2 的中点在对称轴 l 上，P_1P_2 与直线 l 互相垂直，可得方程组：

$$\begin{cases} A\left(\dfrac{x_1+x_2}{2}\right)+B\left(\dfrac{y_1+y_2}{2}\right)+C=0 \\ \dfrac{y_1-y_2}{x_1-x_2}=\dfrac{B}{A} \end{cases}$$

即可求得点 P_1 关于 l 对称的点 P_2 的坐标 (x_2,y_2)，其中 $A\neq 0$，$x_1\neq x_2$.

2. 直线定义

（1）特殊直线：x，y 前系数是 ± 1.

（2）一般直线：x，y 前有系数不是 ± 1.

题型套路总结表

出题模型	应对套路
点关于坐标轴对称	关于 x 轴对称，x 坐标不变，y 坐标变为相反数 关于 y 轴对称，y 坐标不变，x 坐标变为相反数
点关于原点对称	x 坐标，y 坐标均变为相反数
点关于特殊直线对称	解出 x，y
直线或圆关于特殊直线对称	解出 x，y，并替换 x，y
点关于一般直线对称	画图、排除
直线或圆关于一般直线对称	
距离最近或最远的点	

1. 点关于特殊直线对称

【例52】点 $P_0(2,3)$ 关于直线 $x+y=0$ 的对称点是（　　）.

A. $(4,3)$　　B. $(-2,-3)$　　C. $(-3,-2)$　　D. $(-2,3)$　　E. $(-4,-3)$

【答案】C

【解析】点 (x_0,y_0) 关于直线 $y=-x$ 的对称点为 $(-y_0,-x_0)$，所以点 $P_0(2,3)$ 关于 $y=-x$ 的对称点为 $(-3,-2)$，故选 C.

2. 直线关于特殊直线对称

【例53】 以直线 $y+x=0$ 为对称轴且与直线 $y-3x=2$ 对称的直线方程为（　　）.

A. $y=\dfrac{x}{3}+\dfrac{2}{3}$ B. $y=-\dfrac{x}{3}+\dfrac{2}{3}$ C. $y=-3x-2$ D. $y=-3x+2$

E. 以上选项均不正确

【答案】 A

【解析】 在直线 $y-3x=2$ 上任取两点，取 $(0,2)$，$\left(-\dfrac{2}{3},0\right)$，则这两个点关于 $y=-x$ 的对称点为 $(-2,0)$，$\left(0,\dfrac{2}{3}\right)$，所以关于直线 $y-3x=2$ 对称的直线方程为 $y=\dfrac{x}{3}+\dfrac{2}{3}$，故选 A.

3. 圆关于特殊直线对称

【例54】 已知圆 C 与圆 $x^2+y^2-2x=0$ 关于直线 $x+y=0$ 对称，则圆 C 的方程为（　　）.

A. $(+1)^2+y^2=1$ B. $x^2+y^2=1$
C. $x^2+(y+1)^2=1$ D. $x^2+(y-1)^2=1$
E. $(-1)^2+(y+1)^2=1$

【答案】 C

【解析】 圆 $x^2+y^2-2x=0$ 的圆心为 $(1,0)$，半径为 1，而 C 与其关于 $y=-x$ 对称，则圆 C 的圆心为 $(0,-1)$，半径为 1，则方程为 $x^2+(y+1)^2=1$，故选 C.

4. 点关于一般直线对称

【例55】 点 $P(-3,-1)$ 关于直线 $3x+4y-12=0$ 的对称点 P' 是（　　）.

A. $(2,8)$ B. $(1,3)$ C. $(8,2)$ D. $(3,7)$ E. $(7,3)$

【答案】 D

【解析】 由题意可得 P 与 P' 所在的直线与直线 $3x+4y-12=0$ 垂直，设点 P 与 P' 所在直线斜率为 k，则 $k=\dfrac{4}{3}$，点 P 与点 P' 所在直线的方程为 $4x-3y+9=0$，将两直线联立解得两直线的交点为 $(0,3)$，故点 P' 坐标为 $(3,7)$，选 D.

5. 圆关于一般直线对称

【例56】 设圆 C 与圆 $(x-5)^2+y^2=2$ 关于 $y=2x$ 对称，则圆 C 的方程为（　　）.

A. $(x-3)^2+(y-4)^2=2$ B. $(x+4)^2+(y-3)^2=2$
C. $(x-3)^2+(y+4)^2=2$ D. $(x+3)^2+(y+4)^2=2$
E. $(x+3)^2+(y-4)^2=2$

【答案】 E

【解析】 由题意可知，两圆圆心所在的直线与 $y=2x$ 垂直，两圆圆心所在直线斜率为 $-\dfrac{1}{2}$，故其方程为 $y=-\dfrac{1}{2}x+\dfrac{5}{2}$，将两直线联立得交点为 $(1,2)$，所以圆 C 的圆心为 $(-3,4)$，半径为 $\sqrt{2}$，则圆 C 的方程为 $(x+3)^2+(y-4)^2=2$，故选 E.

题型 5.17 解析几何图像问题

【例 57】动点 (x, y) 的轨迹是圆.
(1) $|x-1|+|y|=4$
(2) $3(x^2+y^2)+6x-9y+1=0$

【答案】B

【解析】(1) 式子不满足圆的形式,显然不充分.
(2) 配方化简后可得 $(x+1)^2+\left(y-\dfrac{3}{2}\right)^2=\dfrac{35}{12}$,满足圆的形式,充分,故选 B.

【例 58】圆 $x^2+y^2-6x+4y=0$ 上到原点距离最远的点是（　　）.
A. $(-3, 2)$　　B. $(3, -2)$　　C. $(6, 4)$　　D. $(-6, 4)$　　E. $(6, -4)$

【答案】E

【解析】将圆的方程转化为 $(x-3)^2+(y+2)^2=13$,可知圆过原点且圆心为 $(3, -2)$,则在圆上到原点距离最远的点是原点关于圆心对称的点,即 $(6, -4)$,故选 E.

【例 59】已知直线 l 是圆 $x^2+y^2=5$ 在点 $(1, 2)$ 处的切线,则 l 在 y 轴上的截距为（　　）.
A. $\dfrac{2}{5}$　　B. $\dfrac{2}{3}$　　C. $\dfrac{3}{2}$　　D. $\dfrac{5}{2}$　　E. 5

【答案】D

【解析】由题意可知圆的圆心为原点且过 $(1, 2)$,故这两点所在的直线的斜率为 2,而该直线与直线 l 垂直,故直线 l 的斜率为 $-\dfrac{1}{2}$ 且过 $(1, 2)$,故直线方程为 $y=-\dfrac{1}{2}x+\dfrac{5}{2}$,选 D.

【例 60】设集合 $M=\{(x, y) \mid (x-a)^2+(y-b)^2 \leq 4\}$,$N=\{(x, y) \mid x>0, y>0\}$,则 $M \cap N=\varnothing$.
(1) $a>-2$
(2) $b>2$

【答案】E

【解析】集合 M 表示的是以 (a, b) 为圆心、半径为 2 的圆的圆周及内部的点,由于 (1) (2) 的不等式方向均为大于,可取无穷大,故显然存在大于 0 的情况,两者交集并不为空集,均不充分,联合也不充分,选 E.

【例 61】设 x, y 为实数,则能确定 $x \leq y$.
(1) $x^2 \leq y-1$
(2) $x^2+(y-2)^2 \leq 2$

【答案】D

【解析】$x \leq y$ 代表直线 $y=x$ 上方的部分.
(1) $x^2 \leq y-1$ 即 $y \geq x^2+1$,代表在抛物线上方的部分. 将 $y=x^2+1$ 与 $y=x$ 联立,无解,$\Delta<0$,可得 $y=x^2+1$ 在 $y=x$ 上方,充分.
(2) $x^2+(y-2)^2 \leq 2$ 代表以 $(0, 2)$ 为圆心、$\sqrt{2}$ 为半径的圆的圆周以及之内的部分,将 $y=x$ 与 $x^2+(y-2)^2=2$ 联立,可得圆与直线相切,且圆在直线上方,充分,故选 D.

第五节 综合能力测试

扫码观看
章节测试讲解

一、问题求解：第 1~10 小题，每小题 6 分，共 60 分. 下列每题给出的 A、B、C、D、E 五个选项中，只有一项是符合试题要求的.

1. 已知 a，b，c 是 $\triangle ABC$ 的三边长，并且 $a=c=1$，若 $(b-x)^2-4(a-x)(c-x)=0$ 有相同实根，则 $\triangle ABC$ 为（　　）.

   A. 等边三角形　　　　B. 等腰三角形　　　　C. 直角三角形
   D. 钝角三角形　　　　E. 以上均不是

2. 设长方形 $ABCD$ 中 $AB=10\ \text{cm}$，$BC=5\ \text{cm}$，分别以 AB 和 AD 为半径做 $\dfrac{1}{4}$ 圆，则图中阴影部分的面积为（　　）cm^2.

   A. $25-\dfrac{25}{2}\pi$　　　B. $25+\dfrac{125}{2}\pi$　　　C. $50+\dfrac{25}{4}\pi$
   D. $\dfrac{125}{4}\pi-50$　　　E. 以上都不对

   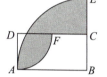

3. 如图所示，在直角三角形 ABC 区域内部有座山，现计划从 BC 边上某点 D 开凿一条隧道到点 A，要求隧道长度最短，一直角边 AB 长为 $5\ \text{km}$，AC 长为 $12\ \text{km}$，则所开凿的隧道 AD 的长度约为（　　）km.

   A. 4.12　　　B. 4.22
   C. 4.42　　　D. 4.62
   E. 4.92

4. 如图所示，在正方形 $ABCD$ 中，弧 AOC 是四分之一圆周，O 为弧 AC 之中点，EF 平行于 AD. 若 $DF=a$，$CF=b$，则阴影部分的面积为（　　）.

   A. $\dfrac{1}{2}ab$　　B. ab　　C. $2ab$　　D. b^2-a^2　　E. $(b-a)^2$

5. 如图所示，四边形 $ABCD$ 是边长为 1 的正方形，弧 AOB，BOC，COD，DOA 均为半圆，则阴影部分的面积为（　　）.

   A. $\dfrac{1}{2}$　　B. $\dfrac{\pi}{2}$　　C. $1-\dfrac{\pi}{4}$　　D. $\dfrac{\pi}{2}-1$　　E. $2-\dfrac{\pi}{2}$

6. 圆 $x^2+y^2+2x-3=0$ 与圆 $x^2+y^2-6y+6=0$ （   ）.

   A. 外离　　　B. 外切　　　C. 相交　　　D. 内切　　　E. 内含

7. 若圆柱体的高增大到原来的 3 倍，底半径增大到原来的 1.5 倍，则其体积增大到原来的体积倍数是（   ）.

   A. 4.5　　　B. 6.75　　　C. 9　　　D. 12.5　　　E. 15

8. 在平行四边形 ABCD 中，顶点为 $B(1,2)$，它的两个相邻顶点为 $A(-2,4)$ 及 $C(2,-4)$，则另一顶点 D 的坐标为（   ）.

   A. (-1, 2)　　　B. (-1, -2)　　　C. (1, -2)　　　D. (-2, -1)　　　E. (-2, 1)

9. 圆心为 $C(3,-5)$，且与直线 $x-7y+2=0$ 相切的圆的方程为（   ）.

   A. $(x-3)^2+(y+5)^2=24$　　　　B. $(x+3)^2+(y-5)^2=32$
   C. $(x-3)^2+(y+5)^2=16$　　　　D. $(x-3)^2+(y+5)^2=32$
   E. $(x+5)^2+(y-3)^2=32$

10. 直线 $(2m^2-5m+2)x-(m^2-4)y+4=0$ 的倾斜角为 45°，则实数 m 的值为（   ）.

    A. 1　　　B. 2　　　C. 3　　　D. -3　　　E. -2

二、条件充分性判断：第 11~15 小题，每小题 8 分，共 40 分.
要求判断每题给出的条件（1）和（2）能否充分支持题干所陈述的结论. A、B、C、D、E 五个选项为判断结果，请选择一项符合试题要求的判断.

   A. 条件（1）充分，但条件（2）不充分；
   B. 条件（2）充分，但条件（1）不充分；
   C. 条件（1）和（2）都不充分，但联合起来充分；
   D. 条件（1）充分，条件（2）也充分；
   E. 条件（1）不充分，条件（2）也不充分，联合起来仍不充分.

11. 如图所示，大正方形 ABCD 由四个相同的长方形和一个小正方形拼成，则能确定小正方形的面积.

    (1) 已知大正方形的面积
    (2) 已知长方形的长宽之比

12. 如图所示，长方形 ABCD 的长与宽分别为 $2a$ 和 a，将其以顶点 A 为中心顺时针旋转 60°，则四边形 AECD 的面积为 $24-2\sqrt{3}$.

    (1) $a=2\sqrt{3}$
    (2) △ABB' 的面积为 $3\sqrt{3}$

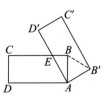

13. $a = -4$.

   (1) 点 $A(1, 0)$ 关于直线 $x-y+1=0$ 的对称点是 $A'\left(\dfrac{a}{4}, -\dfrac{a}{2}\right)$

   (2) 两直线 $(2+a)x+5y=1$ 与 $ax+(2+a)y=2$ 相互垂直

14. 已知圆 A：$x^2+y^2+4x+2y+1=0$，则圆 B 与圆 A 相切.

   (1) 圆 B：$x^2+y^2-2x-6y+1=0$

   (2) 圆 B：$x^2+y^2-6x=0$

15. 直线 $ax+by+3=0$，被圆 $(x-2)^2+(y-1)^2=4$ 截得的线段长度为 $2\sqrt{3}$.

   (1) $a=0$，$b=-1$

   (2) $a=-1$，$b=0$

第六章

数据分析

第六章　数据分析

第一节　排列组合专题

考点考频分析

考点	频率	难度	知识点
加法及乘法原理	高	☆☆☆	分类与分步的区别
排列与组合	高	☆☆☆	定义及计算公式
枚举思维	高	☆☆☆	两直线的垂直、平行关系
特殊优先	中	☆☆	特殊元素、特殊位置优先处理
相邻与不相邻	中	☆☆	相邻元素与不相邻元素的解题方法
正难则反	高	☆☆☆	若正面讨论复杂，则从反面解题
至多、至少	高	☆☆☆	分类讨论、反面思考
不同元素的分组分配	中	☆☆	注意均分消序
相同元素的分配	中	☆☆	隔板法

一、基本原理

（一）加法原理

如果完成一件事有 n 类办法，只要选择其中的任何一种方法，就可以完成这件事. 若在第一类办法中有 m_1 种不同的方法，第二类办法中有 m_2 种不同的方法，……，在第 n 类办法中有 m_n 种不同的方法，那么完成这件事共有 $N=m_1+m_2+\cdots+m_n$ 种不同的方法.

（二）乘法原理

如果完成一件事，需要依次连续地分为 n 个步骤，若完成第一个步骤有 m_1 种不同的方法，完成第二个步骤有 m_2 种不同的方法，……，完成第 n 步有 m_n 种不同的方法，那么完成这件事共有 $N=m_1\times m_2\times\cdots\times m_n$ 种不同的方法.

基础模型题展示

【思考】书架上放有 3 本不同的数学书，5 本不同的语文书，6 本不同的英语书.

（1）若从这些书中任取一本，有多少种不同的取法？

考点分析	加法原理	
步骤详解		
第一步	已知书分三个种类且相互独立	有14种不同的取法
第二步	三个种类的书中,有3本不同的数学书,5本不同的语文书,6本不同的英语书	
第三步	故取法数是:3+5+6=14	

 小贴士

熟悉加法原理应用的方法.

(2) 若从这些书中取数学书、语文书、英语书各一本,有多少种不同的取法?

考点分析	乘法原理	
步骤详解		
第一步	已知书分三个种类且相互独立	有90种不同的取法
第二步	三个种类的书中,有3本不同的数学书,5本不同的语文书,6本不同的英语书	
第三步	故取法数是:3×5×6=90	

 小贴士

熟悉乘法原理应用的方法.

(3) 若从这些书中取不同科目的书两本,有多少种不同的取法?

考点分析	加法原理与乘法原理	
步骤详解		
第一步	已知书分三个种类且相互独立	有63种不同的取法
第二步	从这些书中取不同科目的书两本,可分成三种情况:数学书和语文书,数学书和英语书,语文书和英语书	
第三步	故取法数是:3×5+3×6+5×6=63	

 小贴士

熟悉加法原理和乘法原理应用的方法.

二、排列计算

(一) 定义

1. 排列

从 n 个不同的元素中任取 m ($m \leq n$) 个元素,按照一定的顺序排成的一列,叫作从 n 个不同元素中任取 m 个元素的一个排列.

2. 排列数

从 n 个不同的元素中取出 m 个元素 ($m \leq n$) 的所有排列的种数,称为从 n 个不同元素中取出 m 个不同元素的排列数,记作 A_n^m. 当 $m=n$ 时,称作 n 个元素的全排列,也叫 n 的阶乘,即 A_n^n,通常用符号 $n!$ 表示.

(二) 公式

1. 排列数公式

$$A_n^m = \frac{n!}{(n-m)!} = n(n-1)(n-2)\cdots(n-m+1)$$

2. 全排列数公式

$$A_n^n = n! = n \times (n-1) \times (n-2) \times \cdots \times 2 \times 1$$

三、组合计算

(一) 定义

1. 组合

从 n 个不同的元素中,任意取出 m ($m \leq n$) 个元素并成的一组,叫作从 n 个不同的元素中任取 m 个元素的一个组合.

2. 组合数

从 n 个不同的元素中,取出 m ($m \leq n$) 个元素的所有组合的总数,称为从 n 个不同元素中,取出 m 个元素的组合数,记作 C_n^m.

(二) 公式

1. 组合数公式

$$C_n^m = \frac{A_n^m}{m!} = \frac{n(n-1)(n-2)\cdots(n-m+1)}{m!} = \frac{n!}{m!(n-m)!}$$

2. 相关运算

① 两个规定:$C_n^0 = 1$,$C_n^n = 1$.

② 组合数常用性质:$C_n^m = C_n^{n-m}$,$C_n^m + C_n^{m-1} = C_{n+1}^m$.

四、题型突破

(一) 枚举思维

基础模型题展示

从 4 名男生、3 名女生中选 3 人,至少有一名女生的情况有 (   ) 种.

A. 45　　　　B. 41　　　　C. 36　　　　D. 35　　　　E. 31

考点分析	排列组合问题	
步骤详解		
第一步	不考虑附加情况，只从7人中选出3人有 $C_7^3 = 35$（种）	满足题意的是选项 E
第二步	选出三人中都是男生的情况数有 $C_4^3 = 4$（种）	
第三步	故取法数是：$C_7^3 - C_4^3 = 31$（种）	

正难则反.

（二）特殊优先

基础模型题展示

现有3名男生和2名女生参加面试，则面试的排序法有24种.
(1) 第一位面试的是女生
(2) 第二位面试的是指定的某位男生

考点分析	排列组合中特殊优先思想	
步骤详解		
第一步	条件（1）中，若第一位面试的是女生，则需先选出该女生：$C_2^1 = 2$，其余位置随意排列：$A_4^4 = 24$，则面试排序法有 $2 \times 24 = 48$（种）	满足题意的是选项 B
第二步	条件（2）中，若第二位面试的是指定男生，则直接进行其余位置的排列：$A_4^4 = 24$（种）	
第三步	则显然只有条件（2）满足题意	

有特殊先找特殊.

（三）相邻与不相邻

基础模型题展示

7名同学排成一排，其中甲、乙、丙3人必须排在一起的不同排法有（　　）种.
A. 680　　B. 700　　C. 710　　D. 720　　E. 760

考点分析	排列组合中的捆绑法	
步骤详解		
第一步	先将甲、乙、丙三人捆绑，并进行内部排序，有 $A_3^3 = 6$ 种	满足题意的是选项 D
第二步	将上述捆绑作为一个整体，与其他人全排列，有 $A_5^5 = 120$ 种	
第三步	故不同排法有：$6 \times 120 = 720$（种）	

小贴士

捆绑法是排列组合中重要的方法之一.

(四) 正难则反

基础模型题展示

从6个不同的歌唱节目中选4个编成一个节目单,如果某女演员的独唱节目不能排在第一个节目上,则共有（ ）种不同的排法.

A. 240　　　B. 300　　　C. 320　　　D. 360　　　E. 400

考点分析	排列组合问题	
步骤详解		
第一步	不考虑"某女演员的独唱节目不能排在第一个节目上"这个条件,有 $A_6^4 = 360$ 种排法	满足题意的是选项B
第二步	将该女演员的独唱节目排在第一个节目,有 $A_5^3 = 60$ 种排法	
第三步	故排法数是：$360 - 60 = 300$（种）	

 小贴士

解排列组合问题时,注意"正难则反"思想的使用.

(五) 至多、至少

基础模型题展示

从5名男生和4名女生中选出4人参加一项比赛.

(1) 如果4人中男生、女生各两人,有多少种选法?

考点分析	排列组合问题	
步骤详解		
第一步	从5名男生中选出2人,有 $C_5^2 = 10$ 种选法	有60种选法
第二步	从4名女生中选出2人,有 $C_4^2 = 6$ 种选法	
第三步	故选法数是：$10 \times 6 = 60$（种）	

 小贴士

熟悉分类、分步计数原理的使用.

(2) 如果男生中的甲和女生中的乙必须在内,那么有多少种选法?

考点分析	排列组合问题	
步骤详解		
第一步	男生中的甲和女生中的乙必须在内,即 7 人争取 2 个剩余席位	有 21 种选法
第二步	问题等价于:从余下 7 人中选出 2 人排列	
第三步	故选法数有 $C_7^2 = 21$ 种	

 小贴士

培养问题转化意识.

(3) 如果至少有 1 名男生,那么有多少种选法?

考点分析	加法原理与乘法原理	
步骤详解		
第一步	不考虑任何限制条件,有 $A_9^4 = 3\,024$ 种选法	有 3 000 种选法
第二步	若一名男生都没有,有 $A_4^4 = 24$ 种选法	
第三步	故选法数是:3 024−24 = 3 000(种)	

 小贴士

熟练使用"正难则反"思想.

基础模型题展示

(六) 不同元素的分组、分配

基础模型题展示

将 15 人分成每组 5 人的 3 个组,不同的分法有 (　　) 种.

A. $C_{15}^5 C_{10}^5$ B. $\dfrac{1}{2} C_{15}^5 C_{10}^5$ C. $\dfrac{1}{3} C_{15}^5 C_{10}^5$ D. $\dfrac{1}{6} C_{15}^5 C_{10}^5$ E. 以上均错

考点分析	排列组合中的分组问题	
步骤详解		
第一步	若明确组别,有 $C_{15}^5 C_{10}^5$ 种分法	满足题意的是选项 D
第二步	消序:因题意无组别,故应消序,即 3! = 6(种)	
第三步	故分法数是:$\dfrac{C_{15}^5 C_{10}^5}{3!} = \dfrac{1}{6} C_{15}^5 C_{10}^5$(种)	

 小贴士

分组问题中有无组别是关键要素.

(七) 相同元素的分配——指标、名额分配问题的隔板法

基础模型题展示

若将10只相同的球随机放入编号为1, 2, 3, 4 的四个盒子中, 则每个盒子不空的投放方法有 (　　) 种.

A. 120　　B. 108　　C. 96　　D. 84　　E. 72

考点分析	相同元素的分配问题	
步骤详解		
第一步	相同的球, 随机放入编号不同的盒子中, 符合"隔板法"的使用要求	满足题意的是选项 D
第二步	分隔10个元素, 相当于在9个空隙中加入3个隔板	
第三步	故方法有: $C_9^3 = 84$ (种)	

小贴士

"隔板法" 是解决相同元素分配问题的有效方法.

拓展测试

【拓展1】甲、乙两组同学中, 甲组有3男3女, 乙组有4男2女, 从甲、乙两组中各选出两名同学, 这4人中恰有1名女同学的选法有 (　　) 种.

A. 26　　B. 54　　C. 70　　D. 78　　E. 105

【拓展2】在8名志愿者中, 只能做英语翻译的有4人, 只能做法语翻译的有3人, 既能做英语翻译又能做法语翻译的有1人. 现从这些志愿者中选取3人做翻译工作, 确保英语和法语都有翻译的不同选法共有 (　　) 种.

A. 12　　B. 18　　C. 21　　D. 30　　E. 51

【拓展3】4名男生和2名女生排一排, 要求女生不相邻, 则不同排法有 (　　) 种.

A. 72　　B. 144　　C. 240　　D. 480　　E. 500

【拓展4】三个科室的人数分别为6, 3和2, 因工作需要, 每晚需要3人值班, 则在两个月中以便每晚值班人员不完全相同.

(1) 值班人员不能来自同一个科室
(2) 值班人员来自三个不同科室

【拓展5】某工厂生产的一批灯泡100个, 如果其中有2个次品, 任意抽取3个检验, 其中至多有1个次品的抽取方法共有 (　　) 种.

A. $C_2^1 C_{100}^2$　　B. $C_2^1 C_{98}^2$　　C. $C_2^1 C_{98}^2 + C_{98}^3$　　D. $C_2^1 C_{98}^3 + C_{98}^2$

E. 以上都不正确

【拓展 6】 将 6 张不同的卡片按 2 张一组分别装入甲、乙、丙三个袋中. 若指定的两张卡片要在同一组，则不同装法有（　　）种.

A. 12　　　　B. 18　　　　C. 24　　　　D. 30　　　　E. 36

【拓展 7】 将组成篮球队的 12 个名额分给 7 所学校，每所学校至少 1 个名额，名额分配方法有（　　）种.

A. 462　　　B. 460　　　C. 458　　　D. 456　　　E. 400

思维导图

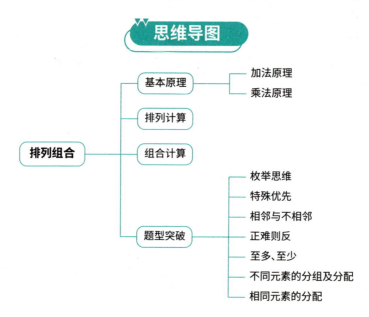

知识测评

掌握程度	知识点	自测
掌握	区别加法原理和乘法原理	
	排列及组合的意义及相关计算	
	重点掌握枚举思维解题	
	正难则反和至多、至少问题	
理解	不同元素的分组与分配的计算	
	相同元素的分配用隔板法的技巧	

第二节　概率专题

考点考频分析

考点	频率	难度	知识点
古典概型	高	☆☆☆	特征枚举、摸球模型、取样模型、分房模型
相互独立事件的概率	高	☆☆☆	事件之间的相互独立性
N 次独立重复试验	中	☆☆	伯努利概率模型

一、古典概型

(一) 定义

事件满足两个特征：
(1) 试验中所有可能出现的基本事件只有有限个；
(2) 各基本事件的出现是等可能的，即它们发生的概率相同.
我们称具有这两个特征的概率为古典概率模型，简称**古典概型**.

(二) 公式

对于古典概型中任一事件 A 的概率 $P(A)$ 定义为：

$$P(A)=\frac{m}{n}=\frac{A\text{ 包含的基本事件个数}}{\text{基本事件的总数}}$$

> **基础模型题展示**

1. 特征枚举

下图是某市 3 月 1 日至 14 日的空气质量指数趋势图，空气质量指数小于 100 表示空气质量优良，空气质量指数大于 200 表示空气重度污染，某人随机选择 3 月 1 日至 3 月 13 日中的某一天到达该市，并停留 2 天，此人停留期间空气质量都是优良的概率为（　　）.

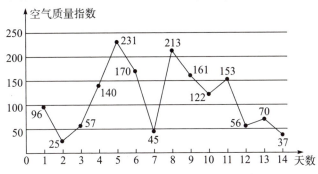

A. $\dfrac{2}{7}$　　B. $\dfrac{4}{13}$　　C. $\dfrac{5}{13}$　　D. $\dfrac{6}{13}$　　E. $\dfrac{1}{2}$

考点分析	古典概型问题	
步骤详解		
第一步	从图表看，3月1日至14日，到达并停留2天，样本共13个	满足题意的是选项 B
第二步	空气质量指数小于100表示空气质量优良，空气质量指数大于200表示空气重度污染，在图表中，满足题意的样本点有4个	
第三步	则此人停留期间空气质量都是优良的概率为 $\dfrac{4}{13}$	

小贴士

枚举是解决概率问题的重要方法之一.

2. 摸球模型

口袋里有4个不同的红球，6个不同的白球，每次取出4个球，取出一个红球记2分，取出一个白球记1分，则使总分不小于5分的取球方法种数是（　　）.

A. $C_4^1 C_6^2 + C_4^2 C_6^2 + C_4^3 C_6^1$ B. $2C_6^4 + C_6^4$ C. $C_{10}^4 - C_6^4$

D. $3C_4^3 C_6^4$ E. 以上结论均不正确

考点分析	摸球问题	
步骤详解		
第一步	枚举出所有情况：2+2+2+2=8，2+2+2+1=7，2+2+1+1=6，2+1+1+1=5，1+1+1+1=4，共5种	满足题意的是选项 C
第二步	不满足题意的情况，只有1种	
第三步	正难则反，使总分不小于5分的取球方法种数是 $C_{10}^4 - C_6^4$	

小贴士

要有枚举意识.

3. 取样模型

某公司有7名工程师，张三、李四在其中，从中任意抽调4人组成攻关小组，求下列事件的概率：

（1）包含张三的概率 P_1

考点分析	取样模型	
步骤详解		
第一步	不考虑限制因素，任意抽调4人组成攻关小组，有 C_7^4 种可能	包含张三的概率 P_1 是 $\dfrac{4}{7}$
第二步	包含张三，意味着其他6人需要竞争3个名额，有 C_6^3 种可能	
第三步	概率是：$\dfrac{C_6^3}{C_7^4} = \dfrac{4}{7}$	

古典概型基本问题.

(2) 不含张三的概率 P_2

考点分析	取样模型	
步骤详解		
第一步	不考虑限制因素，任意抽调 4 人组成攻关小组，有 C_7^4 种可能	不含张三的概率 P_2 是 $\dfrac{3}{7}$
第二步	不包含张三，意味着其他 6 人需要竞争 4 个名额，有 C_6^4 种可能	
第三步	概率是：$\dfrac{C_6^4}{C_7^4}=\dfrac{3}{7}$	

"隔板法"是解决相同元素分配问题的有效方法.

(3) 包含张三不含李四的概率 P_3

考点分析	取样模型	
步骤详解		
第一步	不考虑限制因素，任意抽调 4 人组成攻关小组，有 C_7^4 种可能	包含张三不含李四的概率 P_3 是 $\dfrac{2}{7}$
第二步	包含张三，则张三占有一个名额；不包含李四，意味着其他 5 人需要竞争 3 个名额，有 C_5^3 种可能	
第三步	概率是：$\dfrac{C_5^3}{C_7^4}=\dfrac{2}{7}$	

古典概型基本问题.

(4) 包含张三或李四的概率 P_4

考点分析	取样模型	
步骤详解		
第一步	不考虑限制因素，任意抽调 4 人组成攻关小组，有 C_7^4 种可能	包含张三或李四的概率 P_4 是 $\dfrac{6}{7}$
第二步	若同时不包含张三和李四，意味着其他 5 人需要竞争 4 个剩余名额，即 C_5^4	
第三步	概率是：$1-\dfrac{C_5^4}{C_7^4}=\dfrac{6}{7}$	

小贴士

正难则反.

4. 分房模型

将3人分配到4间房间的每一间中，若每个人被分配到这4间房的每一间房中的概率都相同，则求如下概率：

（1）第一、二、三号房中各有1人的概率

考点分析	分房问题	
步骤详解		
第一步	在无任何规则下，将3人分配到4间房间的每一间中，有4^3种可能	第一、二、三号房中各有1人的概率是$\frac{3}{32}$
第二步	3人分别分配到第一、二、三号房中，意味着3人的全排列，即：A_3^3种可能	
第三步	概率是：$\frac{A_3^3}{4^3}=\frac{3}{32}$	

分房问题的基本题型.

（2）恰有3间房中各有1人的概率

考点分析	分房问题	
步骤详解		
第一步	在无任何规则下，将3人分配到4间房间的每一间中，有4^3种可能	恰有3间房中各有1人的概率是$\frac{3}{8}$
第二步	根据题干"恰有3间房中各有1人"，先从4间房中选择3间房，即有C_4^3种可能；其次将3人平均分配到这三间房中，意味着3人的全排列，即有A_3^3种可能	
第三步	概率是：$\frac{C_4^3 A_3^3}{4^3}=\frac{3}{8}$	

分房问题的基本题型.

（3）某指定房间中恰有2人的概率

考点分析	分房问题	
步骤详解		
第一步	在无任何规则下，将3人分配到4间房间的每一间中，有4^3种可能	某指定房间中恰有2人的概率是$\frac{9}{64}$
第二步	某指定房间中恰有2人，则我们首先选择两人分配到该房间，即有C_3^2种可能；其次，我们需要将最后一人分配到其余三间房间中的任意一间，即有C_3^1种可能	

第三步	概率是：$\dfrac{C_3^2 C_3^1}{4^3}=\dfrac{9}{64}$

分房问题的基本题型.

二、相互独立事件的概率

（一）定义

事件 A 是否发生对事件 B 发生的概率没有影响，这样的两个事件叫作相互独立事件. 数学中：随机事件 A 和 B 满足概率关系 $P(AB)=P(A)P(B)$，就称事件 A 与事件 B 相互独立.

（二）性质

若 A 与 B 是相互独立事件，则 A 与 $\bar{B}$，$\bar{A}$ 与 B，$\bar{A}$ 与 $\bar{B}$ 也相互独立.

【注】互斥事件与相互独立事件是有区别的：两事件互斥是指同一次试验中两事件不能同时发生；两事件相互独立是指不同试验下，二者互不影响. 两个相互独立事件不一定互斥，即可能同时发生，而互斥事件不可能同时发生.

基础模型题展示

甲、乙、丙三人各自去破译一个密码，他们能译出的概率分别为 $\dfrac{1}{5}$，$\dfrac{1}{3}$，$\dfrac{1}{4}$，试求：

（1）恰有一人译出的概率

考点分析	相互独立事件的概率	
步骤详解		
第一步	恰有一人译出，则或只有甲，或只有乙，或只有丙	
第二步	若只有甲译出，则乙、丙未译出，此时概率为：$\dfrac{1}{5}\times\dfrac{2}{3}\times\dfrac{3}{4}$；同样，当只有乙、丙译出，概率分别为：$\dfrac{4}{5}\times\dfrac{1}{3}\times\dfrac{3}{4}$，$\dfrac{4}{5}\times\dfrac{2}{3}\times\dfrac{1}{4}$	恰有一人译出的概率是 $\dfrac{13}{30}$
第三步	恰有一人译出的概率为上述三种情况概率之和，即：$\dfrac{1}{5}\times\dfrac{2}{3}\times\dfrac{3}{4}+\dfrac{4}{5}\times\dfrac{1}{3}\times\dfrac{3}{4}+\dfrac{4}{5}\times\dfrac{2}{3}\times\dfrac{1}{4}=\dfrac{13}{30}$	

分析相互独立事件时，须将每个人的情况都考虑在内.

（2）密码能破译的概率

考点分析	相互独立事件的概率	
步骤详解		
第一步	密码能破译，即甲、乙、丙至少有一个人译出	密码能破译的概率是 $\dfrac{3}{5}$
第二步	正难则反，若无一人译出，概率为：$\dfrac{4}{5} \times \dfrac{2}{3} \times \dfrac{3}{4}$	
第三步	故密码能破译的概率为：$1 - \dfrac{4}{5} \times \dfrac{2}{3} \times \dfrac{3}{4} = \dfrac{3}{5}$	

正难则反.

三、N次独立重复试验——伯努利概率模型

（一）定义

一般地，在相同条件下重复做的 N 次试验称为 N 次独立重复试验.

（二）特点

（1）独立重复试验，是在相同条件下各次之间相互独立地进行的一种试验；

（2）每次试验只有"成功"或"失败"两种可能结果.

每次试验"成功"的概率都为 p，"失败"的概率为 $1-p$.

（三）二项概率公式

在成功率为 $p(0<p<1)$ 的 n 次独立重复试验中恰好成功 m 次的概率为：

$P_n(m) = C_n^m p^m (1-p)^{n-m}$ （$m=0, 1, 2, \cdots, n$）

【注】①公式中的对应关系：

C_n^m 对应 n 次中的 m 次成功有多少种取法；

$p^m(1-p)^{n-m}$ 对应某 m 次成功而其余 $n-m$ 次失败的概率.

②$P_n(0) = P(n\text{次全失败}) = (1-p)^n$，$P_n(n) = P(n\text{次全成功}) = p^n$.

基础模型题展示

$P = \dfrac{4}{9}$.

（1）一个学生通过英语听力测试的概率是 $\dfrac{2}{3}$，他连续测试3次，恰有2次通过的概率为 P

（2）一个学生通过英语听力测试的概率是 $\dfrac{2}{3}$，他连续测试3次，他第一次没有通过，第二次通过的概率为 P

考点分析	伯努利概率模型	
步骤详解		
条件（1）	根据条件"连续测试3次,恰有2次通过",我们首先在三次测试中选择两次通过的可能情况有 C_3^2 种,其次根据二项概率公式,恰有2次通过的概率为 P 为 $C_3^2\left(\dfrac{2}{3}\right)^2\left(\dfrac{1}{3}\right)=\dfrac{4}{9}$	满足题意的是选项 A
条件（2）	连续测试3次,第一次没有通过,第二次通过,顺序已确定,无须单独计算. 我们直接将每一步的概率相乘,即: $\dfrac{1}{3}\times\dfrac{2}{3}=\dfrac{2}{9}$	

伯努利概率模型,前置条件的确认最重要.

拓展测试

【拓展1】 若以连续两枚骰子分别得到的点数 a 与 b 作为点 M,则 $M(a,b)$ 落入圆 $x^2+y^2=18$ 内（不含圆周）的概率是（　　）.

A. $\dfrac{7}{36}$　　　B. $\dfrac{2}{9}$　　　C. $\dfrac{1}{4}$　　　D. $\dfrac{5}{18}$　　　E. $\dfrac{11}{36}$

【拓展2】 一批灯泡共10只,其中有3只质量不合格,今从该批灯泡中随机取出5只,问这5只灯泡都合格的概率是（　　）.

A. $\dfrac{7}{36}$　　　B. $\dfrac{5}{24}$　　　C. $\dfrac{1}{6}$　　　D. $\dfrac{5}{36}$　　　E. $\dfrac{1}{12}$

【拓展3】 某公司有9名工程师,张三是其中之一. 从中任意抽调4人组成攻关小组,包含张三的概率是（　　）.

A. $\dfrac{2}{9}$　　　B. $\dfrac{2}{5}$　　　C. $\dfrac{1}{3}$　　　D. $\dfrac{4}{9}$　　　E. $\dfrac{5}{9}$

【拓展4】 将2个红球与1个白球随机地放入甲、乙、丙三个盒子中,则乙盒中至少有1个红球的概率为（　　）.

A. $\dfrac{1}{9}$　　　B. $\dfrac{8}{27}$　　　C. $\dfrac{4}{9}$　　　D. $\dfrac{5}{9}$　　　E. $\dfrac{17}{27}$

【拓展5】 甲、乙两人参加投篮游戏,已知甲、乙两人投中的概率分别为0.60和0.75,则甲、乙两人各投篮1次,恰有1人投中的概率是（　　）.

A. 0.4　　　B. 0.45　　　C. 0.5　　　D. 0.55　　　E. 0.65

【拓展6】某机场的一个安检口每天中午办理安检手续的乘客人数及相应的概率见下表：

乘客人数	0~5	6~10	11~15	16~20	21~25	25以上
概率	0.1	0.2	0.2	0.25	0.2	0.05

该安检口2天中至少有1天中午办理安检手续的乘客人数超过15的概率是（　　）.
A. 0.2　　　B. 0.25　　　C. 0.4　　　D. 0.5　　　E. 0.75

【拓展7】某乒乓球男子单打决赛在甲、乙两选手间进行，比赛采用7局4胜制. 已知每局比赛甲选手战胜乙选手的概率为0.7，则甲选手以4∶1战胜乙的概率为（　　）.
A. 0.84×0.7^3　　B. 0.7×0.7^3　　C. 0.3×0.7^3　　D. 0.9×0.7^3　　E. 以上均错

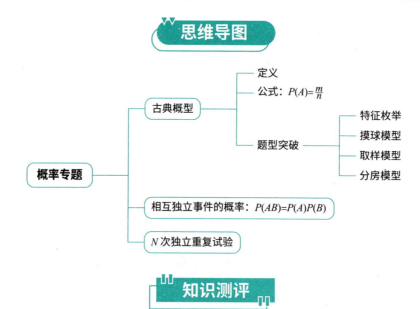

知识测评

掌握程度	知识点	自测
掌握	古典概型的特征、枚举法的解题技巧	
	识别并且熟悉古典概型中摸球模型、分房模型的解题方法	
	相互独立事件的概率发生情况及解法	
理解	独立重复试验的公式运用	

第三节　数据处理

考点考频分析

考点	频率	难度	知识点
平均值	高	☆☆☆	方差、标准差、算术平均数
频率分布直方图	低	☆	根据直方图求频率

一、统计量

（一）算术平均数、众数、中位数

设有 n 个数 $x_1, x_2, \cdots, x_n$，称 $\dfrac{x_1+x_2+\cdots+x_n}{n}$ 为 $x_1, x_2, \cdots, x_n$ 的**算术平均数**. 在这 n 个数中出现次数最多的数称为**众数**. 这 n 个数按从小到大的顺序依次排列，若 n 为奇数，则处在最中间的那个数是这 n 个数的**中位数**；若 n 为偶数，则处在最中间的两个数的平均值为这 n 个数的中位数.

（二）几何平均数

(1) 简单形式：$\overline{x}_g = \sqrt[n]{\prod\limits_{i=1}^{n} x_i} = \sqrt[n]{x_1 \cdot x_2 \cdots \cdot x_n}$；

(2) 加权形式：$\overline{x}_g = \sqrt[\sum\limits_{i=1}^{n} f_i]{\prod\limits_{i=1}^{n} x_i^{f_i}}$，其中 f_i 表示频率，$\sum\limits_{i=1}^{n} f_i = n$.

（三）方差和标准差

设 n 个数 $a_1, a_2, \cdots, a_n$ 的算术平均数为 a，则称：

$S^2 = \dfrac{1}{n}\left[(a_1-a)^2 + (a_2-a)^2 + \cdots + (a_n-a)^2\right]$ 为这组数据的方差.

其中，S 用来表示标准差，$S = \sqrt{\text{方差}}$.

> **基础模型题展示**

三个实数 x_1, x_2, x_3 的算术平均数为 4.
(1) x_1+6, x_2-2, x_3+5 的算术平均数为 4
(2) x_2 为 x_1 和 x_3 的等差中项，且 $x_2 = 4$

考点分析	平均值题型	
	步骤详解	
条件（1）	x_1+6, x_2-2, x_3+5 的算术平均数为 4，则：$\dfrac{x_1+6+x_2-2+x_3+5}{3} = 4 \Rightarrow$ $\dfrac{x_1+x_2+x_3}{3} = 1$，条件（1）不充分	满足题意的是选项 B
条件（2）	$2x_2 = x_1 + x_3 \Rightarrow \dfrac{x_1+x_2+x_3}{3} = x_2 = 4$，条件（2）充分	

平均值的简单问题.

二、统计图表

频率分布直方图

要点：
(1) 频数：落在不同小组中的数据个数为该组的频数，各组的频数之和等于这组数据的总数.
(2) 频率：频数与数据总数的比，频率大小反映各组频数在数据中所占的份额.
(3) 组数：把全体样本分成的组的个数称为组数.
(4) 组距：把所有数据分成干个组，每个小组的两个端点间的距离.

例如：下图为反映某班级身高分布的频率直方图.

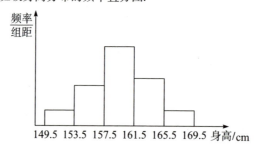

【注】数据落在各组内的频率就是该组相应小矩形的面积，小矩形面积总和为 1.

基础模型题展示

某棉纺厂为了了解一批棉花的质量，从中随机抽取了 100 根棉花纤维（棉花纤维的长度是棉花质量的重要指标），所得数据都在区间 [5，40] 中，其频率分布直方图如下图所示，则其抽样的 100 根中，棉花纤维的长度小于 20 mm 的约有（　　）根.

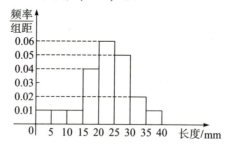

A. 18　　B. 20　　C. 22　　D. 25　　E. 30

考点分析	频率分布直方图	
步骤详解		
第一步	由图可知，棉花纤维的长度小于 20 mm 的频率为：$(0.01+0.01+0.04)\times 5 = 0.3$	满足题意的是选项 E
第二步	频数为 $100\times(0.01+0.01+0.04)\times 5 = 30$	

小贴士

本题考查频率分布直方图的知识，考查读图能力，需要大家充分运用数形结合思想来解决由统计图形式给出的数学实际问题.

拓展测试

【拓展1】 三个实数 1，$x-2$，x 的几何平均数等于 4，5，-3 的算术平均数，则 x 的值是（　　）.

A. -2 　　B. 4   　　C. 2   　　D. -2 或 4   　　E. 2 或 4

【拓展2】 10 名同学的语文和数学成绩如下表所示.

语文成绩	90	92	94	88	86	95	87	89	91	93
数学成绩	94	88	96	93	90	85	84	80	82	98

记语文和数学成绩的均值分别为 E_1 和 E_2，标准差分别为 σ_1 和 σ_2，则（　　）.

A. $E_1 > E_2$，$\sigma_1 > \sigma_2$　　　　B. $E_1 > E_2$，$\sigma_1 < \sigma_2$　　　　C. $E_1 > E_2$，$\sigma_1 = \sigma_2$

C. $E_1 < E_2$，$\sigma_1 > \sigma_2$　　　　E. $E_1 < E_2$，$\sigma_1 < \sigma_2$

【拓展3】 甲、乙、丙三人各轮投篮 10 次，投了三轮，投中数如下表所示.

个体＼轮次	第一轮	第二轮	第三轮
甲	2	5	8
乙	5	2	5
丙	8	4	9

设 σ_1，σ_2，σ_3 分别为甲、乙、丙投中数的方差，则（　　）.

A. $\sigma_1 > \sigma_2 > \sigma_3$　　　　B. $\sigma_1 > \sigma_3 > \sigma_2$　　　　C. $\sigma_2 > \sigma_1 > \sigma_3$

D. $\sigma_2 > \sigma_3 > \sigma_1$　　　　E. $\sigma_3 > \sigma_2 > \sigma_1$

思维导图

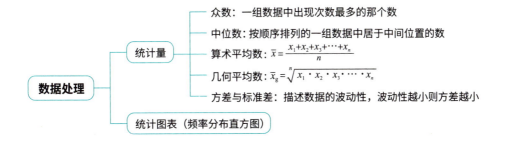

知识测评

掌握程度	知识点	自测
掌握	各个统计量的含义及相应计算（算术平均数、几何平均数、标准差、方差）	
	方差、标准差的数据稳定性判定大小技巧	
	相互独立事件的概率发生情况及解法	
理解	频率分布直方图中小矩形面积的含义	

第四节 题型总结

题型 6.1 乘法原理与加法原理

【例1】如图所示，从甲地到乙地有 2 条路可通，从乙地到丙地有 3 条路可通，从甲地到丁地有 4 条路可通，从丁地到丙地有 2 条路可通，则从甲地到丙地不同的路共有（　　）.

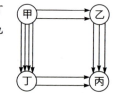

A. 12 条　　　B. 13 条　　　C. 14 条　　　D. 15 条

E. 以上均不正确

【答案】C

【解析】由题意得 $2\times3+4\times2=14$，故选 C.

【例2】有 5 人报名参加 3 项不同的培训，每人都只报一项，则不同的报名法有（　　）.

A. 243 种　　　B. 125 种　　　C. 81 种　　　D. 60 种

E. 以上选项均不正确

【答案】A

【解析】每个人都有 3 种选择，故不同的报名法为 $3^5=243$ 种，故选 A.

【例3】3 个人争夺 4 项比赛的冠军，没有并列冠军，则不同的夺冠可能有（　　）种.

A. 4^3　　　B. 3^4　　　C. 4×3　　　D. 2×3

E. 以上选项均不正确

【答案】B

【解析】每项的冠军都有 3 个候选人，故共有 3^4 种可能，故选 B.

题型 6.2 排列数与组合数

(1) 排列有顺序问题:

元素之间有顺序之分,互换位置,结果不同,用排列数公式 A_n^m.

(2) 组合打包选问题:

元素之间无顺序之分,互换位置,结果相同,用组合数公式 C_n^m.

(3) 分类与分步相结合,一定先分类,再分步.

(4) 正难则反:

题目情况数=整体情况数-不满足题干要求情况数

(5) 若已知 $C_n^a = C_n^b$,a,b 均为非负整数,则有两种可能:
- $a+b=n$
- $a=b$

(6) 循环赛问题:
- n 名选手进行单循环比赛,一共需要比赛 C_n^2 场,其中每名选手比赛 $n-1$ 场.
- n 名选手进行双循环比赛,一共需要比赛 $C_n^2 \cdot 2$ 场,其中每名选手比赛 $2(n-1)$ 场.

【例 4】12 支篮球队进行单循环比赛,完成全部比赛共需 11 天.

(1) 每天每队比赛 1 场

(2) 每天每队比赛 2 场

【答案】A

【解析】完成单循环比赛,即每队均和其他队伍比 1 场,每队比 11 场,共比 C_{12}^2 场,即 66 场,完成全部比赛需要 11 天,即每天比 6 场,(1) 每天每队比 1 场,即每天比 6 场,充分,则(2)不充分,故选 A.

【例 5】确定两人从 A 地出发经过 B,C,沿逆时针方向行走一圈回到 A 地的方案如图所示,若从 A 地出发时,每人均可选大路或山道,经过 B,C 时,至多有 1 人可以更改道路,则不同的方案有(   ).

A. 16 种   B. 24 种   C. 36 种   D. 48 种

E. 64 种

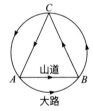

【答案】C

【解析】在 A 地有 2 种方案,在 B,C 时,至多有 1 人可以变道,则在 B,C 地有 3 种不同走法,而共有两个人,故共有 $2\times3\times3\times2=36$ 种选法,选 C.

【例 6】甲、乙两队进行的一场足球赛的最终比分是 5:2,已知甲队先进一球,而乙队在比赛过程中始终没有领先过,那么两队的入球次序共有多少种不同的可能?(   ).

A. 5   B. 10   C. 14   D. 9   E. 15

【答案】C

【解析】(1) 第二次乙进,则第三次只能是甲进,后面 4 次乙随机进一次,所以有 4 种可能.

(2) 第二次甲进,则后面 5 次乙进 2 次,共有 $C_5^2=10$ 种可能,故共有 14 种可能,故选 C.

题型 6.3 排列数组合数的扩展应用

【例7】 图中可以数出多少条线段?

$$A \quad B \quad C \quad D \quad E \quad F$$

【答案】 15

【解析】 线段为 2 个端点确定,共有 6 个端点,则可以数出 $C_6^2 = 15$ 条线段.

【例8】 如图所示,图中每个小方格都是一样的小正方形,从 A 点沿格线到 B 点的最短路线共有多少条?

【答案】 56

【解析】 从 A 到 B 最短路线要横走 5 步,竖走 3 步,共 8 步,因此在 8 步中选 3 步竖走,则最短路线有 $C_8^3 = 56$ 条.

【例9】 平面上有 5 条平行直线与另一组 n 条平行直线垂直,若两组平行直线共构成 280 个矩形,则 $n = (\quad)$.

A. 5 B. 6 C. 7 D. 8 E. 9

【答案】 D

【解析】 2 个竖线与 2 个横线形成矩形,则 $C_5^2 C_n^2 = 280$,得 $n = 8$,故选 D.

【例10】 如图所示,在矩形 $ABCD$ 中,$AD = 2AB$,E,F 分别为 AD,BC 的中点,从 A,B,C,D,E,F 中选 3 个点.

(1) 以这 3 个点为原点可组成多少个三角形?
(2) 以这 3 个点为原点可组成多少个直角三角形?
(3) 选 4 个点为顶点,可连成多少个四边形?

【答案】 (1) 18;(2) 14;(3) 9

【解析】

(1) 三点构成三角形,只要三点不共线即可,而共线有 AED 与 BFC 的情况,则共有 $C_6^3 - 2 = 18$ 个三角形.

(2) 只有 △AEC,△DEB,△BFD,△CFA 不是直角三角形,故直角三角形共有 $18 - 4 = 14$ 个.

(3) 4 个点构成的四边形,其中任意 3 点不可共线,而共线有 AED 与 BFC 的情况,每个情况对应的另一侧有 3 个点可选择,故这些情况都不满足,故可构成 $C_6^4 - 2 \times 3 = 9$ 个四边形.

【例11】 在 $(x^2 + 3x + 1)^5$ 的展开式中,x^2 的系数为 $(\quad)$.

A. 5 B. 10 C. 45 D. 90 E. 95

【答案】 E

【解析】 x^2 的系数有 $n_1 x^2$ 与 $n_2 x \cdot n_3 x$ 的情况,为 $C_5^1 + C_5^2 \times 3^2 = 95$,故选 E.

题型 6.4 选派问题

出题模型	应对套路
不来自同一专业	只要不都是一个专业就可以（正难则反），用树权图"秒杀"
来自不同专业	一个专业一个人

【例12】 三个科室的人数分别为 6，3 和 2，因工作需要，每晚需要排 3 人值班，则在两个月中可使每晚的值班人员不完全相同.
(1) 值班人员不能来自同一科室
(2) 值班人员来自三个不同科室

【答案】A

【解析】由题意得需大于 62 种可能，考虑 7 月、8 月两个 31 日的月份.
(1) 所有可能的情况减去三人来自同一科室的情况，即 $C_{11}^3 - C_6^3 - C_3^3 = 144 > 62$，充分.
(2) $C_6^1 C_3^1 C_2^1 = 36 < 60$，不充分，故选 A.

【例13】 某学生要在 6 门不同课程中选修 2 门课程，这 6 门课程中的 4 门各开设一个班，另外 2 门各开设 2 个班，该学生不同的选课方式共有（　　）.
A. 26 种　　　B. 28 种　　　C. 10 种　　　D. 13 种　　　E. 15 种

【答案】A

【解析】由题可知一共有 8 个班，所以有 $C_8^2 = 28$ 种选法，减去选同一个班的两种情况，共有 26 种选法，故选 A.

题型 6.5 万能元素问题

题型识别	一个元素同时具备多种性质（满足题干要求）
做题套路	按照万能元素选和不选来分类
	按照非万能元素选择数量来分类

【例14】 在 8 名志愿者中，只能做英语翻译的有 4 人，只能做法语翻译的有 3 人，既能做英语翻译又能做法语翻译的有 1 人. 现从这些志愿者中选取 3 人做翻译工作，确保英语和法语都有翻译的不同选法共有（　　）种.
A. 12　　　B. 18　　　C. 21　　　D. 30　　　E. 51

【答案】E

【解析】从 8 人中选 3 人，减去所有人都只能做英语或者做法语翻译的情况，$C_8^3 - C_4^3 - C_3^3 = 51$ 种，故选 E.

题型 6.6　不同元素均匀与不均匀分组与分配

均匀小组定义	组和组之间没有差异（数量一致，没有组名，没有差异）
不均匀小组定义	组和组之间有差异（数量不一致，有组名，有差异）
均匀分组	需要消序（若有 m 组元素个数相等，就要除以 A_m^m）
不均匀分组	不需要消序，常规进行分组即可
分组和分配相结合	严格先分组（注意消序），再分配

【例 15】 从 12 个人中选一些人，在以下要求下，分别有多少种不同的方法？

(1) 每组人数分别为 2，4，6；

(2) 每组人数分别为 4，4，2，2；

(3) 每组人数分别为 4，4，4；

(4) 组成 A 组 2 人，B 组 3 人；

(5) 组成 A 组 2 人，B 组 2 人，C 组 8 人；

(6) 每组人数分别为 2，3，4，去参加不同活动；

(7) 4 人一组，去参加不同活动.

【答案】(1) $C_{12}^2 C_{10}^4 C_6^6$；(2) $\dfrac{C_{12}^4 C_8^4 C_4^2 C_2^2}{A_2^2 A_2^2}$；(3) $\dfrac{C_{12}^4 C_8^4 C_4^4}{A_3^3}$；(4) $C_{12}^2 C_{10}^3$；(5) $C_{12}^2 C_{10}^2 C_8^8$；

(6) $C_{12}^2 C_{10}^3 C_7^4 A_3^3$；(7) $\dfrac{C_{12}^4 C_8^4 C_4^4}{A_3^3}$

【例 16】 将 6 人分成 3 组，每组 2 人，则不同的分组方式共有（　　）种.

A. 12　　　　B. 15　　　　C. 30　　　　D. 45　　　　E. 90

【答案】B

【解析】$\dfrac{C_6^2 C_4^2 C_2^2}{A_3^3} = 15$，故选 B.

【例 17】 将 6 张不同的卡片每 2 张一组分别装入甲、乙、丙 3 个袋子中，若指定的两张卡片要在同一组，则不同的装法有（　　）种.

A. 12　　　　B. 18　　　　C. 24　　　　D. 30　　　　E. 36

【答案】B

【解析】$\dfrac{C_4^2 C_2^2}{A_2^2} \cdot A_3^3 = 18$，故选 B.

【例 18】 羽毛球队有 4 名男运动员和 3 名女运动员，从中选出两对参加混双比赛，则不同的选派方式有（　　）种.

A. 9　　　　B. 18　　　　C. 24　　　　D. 36　　　　E. 72

【答案】A

【解析】$C_4^2 C_3^2 \times 2 = 36$（乘以 2，表示男女配对的可能性有 2 种），故选 A.

【例 19】4 个不同的小球放入甲、乙、丙、丁 4 个盒中，恰有一个空盒的放法有（　　）种.

A. $C_4^1 C_4^2$ B. $C_4^3 C_3^3$ C. $C_4^2 A_4^3$ D. $A_4^2 A_4^3$ E. $A_4^3 C_3^1$

【答案】C

【解析】选两个小球在一起，为 C_4^2，随机放入 3 个不同的盒子中，为 A_4^3，则方法有 $C_4^2 A_4^3$ 种，故选 C.

【例 20】某大学派出 5 名志愿者到西部 4 所中学支教，若每所中学至少有一名志愿者，则不同的分配方案共有（　　）种.

A. 240   B. 144   C. 120   D. 60   E. 24

【答案】A

【解析】选 2 名志愿者在一起，为 C_5^2，再安排到 4 所中学，为 A_4^4，则方法有 $C_5^2 \cdot A_4^4 = 240$ 种，故选 A.

题型 6.7　不同元素的排列问题

出题模型	做题套路
（1）特殊元素优先法	先管事多的，再全排
（2）特殊位置优先法	
（3）正难则反	总情况-不满足题干要求的
（4）相邻问题捆绑法	（1）有捆绑就优先捆绑； （2）捆绑一定要注意内部顺序，m 个元素捆绑，内部顺序 A_m^m
（5）不相邻问题插空法	第一步：余下的元素排一排 第二步：不相邻的来插空
（6）定序问题消序法	先全排，再消序（m 个元素顺序固定，除以 A_m^m）
数字问题排列	
通用套路	排队问题的套路适用
坑点	注意数字是否可重复
	注意数字首位不能为 0
组成的数字能被 2，5 整除	先看末位，再看首位

【例 21】在两队进行的羽毛球对抗赛中，每队派出 3 男 2 女共 5 名运动员进行 5 局单打比赛. 如果女队员小王安排在第二局进行，则每队队员的不同出场顺序有（　　）种.

A. 24   B. 60   C. 8   D. 6   E. 12

【答案】A

【解析】除去女队员小王，将剩下4人随意排序，有 A_4^4 种，即24种，故选A。

【例22】有5本不同的书排成一排，其中甲、乙必须排在一起，丙、丁不能排在一起，则不同的排法共有（　　）种。

A. 12　　　　B. 24　　　　C. 36　　　　D. 48　　　　E. 60

【答案】B

【解析】甲、乙排在一起情况为 $A_2^2 A_4^4$（将甲、乙视为一个整体），减去丙、丁在一起的情况 $A_2^2 A_2^2 A_3^3$，则 $A_2^2 A_4^4 - A_2^2 A_2^2 A_3^3 = 24$ 种，故选B。

【例23】某台晚会由6个节目组成，演出顺序有如下要求：节目A必须排在前两位、节目B不能排在第一位、节目C必须排在最后一位，该晚会节目的编排方案共有（　　）种。

A. 32　　　　B. 34　　　　C. 38　　　　D. 40　　　　E. 42

【答案】E

【解析】A在第一位，则B位置随意，情况有 A_4^4 种。A在第二位，则B有3种可能，再与其他节目排列，有 $3A_3^3$ 种情况，则共有 $A_4^4 + 3A_3^3$（即42）种方法，故选E。

【例24】从0，1，2，3，4，5中取出4个数字，能组成可被5整除的无重复数字的4位数有（　　）个。

A. 84　　　　B. 96　　　　C. 108　　　　D. 120　　　　E. 144

【答案】C

【解析】根据题意可知答案末位为0或5。

(1) 末位为0时，情况为 A_5^3 种。

(2) 末位为5时，首位不可以为0，则情况为 $C_4^1 C_4^1 C_3^1$ 种，共有108种，故选C。

题型6.8　看电影问题

出题模型	应对套路
通用技巧	人和椅子绑定
相邻问题	m 个人看电影相邻，内部顺序 A_m^m
不相邻问题	使用插空法，人和椅子绑定后来插空

【例25】3个人去看电影，已知一排有9把椅子，在以下要求下，不同的坐法有多少种？

(1) 3个人相邻

(2) 3个人均不相邻

【答案】(1) $C_9^3 A_3^3$；(2) $C_7^3 A_3^3$

【解析】(1) 在9把椅子中选3个，即 C_9^3，三个人坐的情况为 A_3^3 种，不同坐法有 $C_9^3 A_3^3$ 种。

(2) 插空，剩余6把空椅子，将人插空，故有7个空，选3个，即 C_7^3，三个人的排序为 A_3^3，故不同坐法有 $C_7^3 A_3^3$ 种。

题型 6.9 不能对号入座问题

出题模型	应对套路
元素和位置有所属关系	1, 2, …, n 的小球, 放入编号为 1, 2, …, n 的盒子, 每个盒子放一个, 要求小球与盒子不同编号
	老师不能监考本班
	5 个人互送贺卡
常考情况对应结论	$n=2$ 时, 有 1 种方法; $n=3$ 时, 有 2 种方法; $n=4$ 时, 有 9 种方法; $n=5$ 时, 有 44 种方法
10 个元素 6 个元素对号	转为 4 个元素不对号

【例26】有 5 位老师, 分别是 5 个班的班主任, 期末考试时, 每位老师监考一个班, 且不能监考自己任班主任的班级, 则不同的监考安排有（　　）种.

A. 6　　　　B. 9　　　　C. 24　　　　D. 36　　　　E. 44

【答案】E

【解析】n 为 5 时, 有 44 种方法, 故选 E.

【例27】某单位为检查 3 个部门的工作, 由这 3 个部门的主任和外聘的 3 名人员组成检查组, 2 人联合检查工作, 每组有 1 名外聘成员. 规定本部门主任不能检查本部门, 则不同的安排方式有（　　）种.

A. 6　　　　B. 8　　　　C. 12　　　　D. 18　　　　E. 36

【答案】C

【解析】不对号问题, 3 个主任不能查本部门, 有 2 种情况, 每个部门安排 1 名外聘成员, 则外聘成员安排方式有 A_3^3 种, 故共有 $2A_3^3=12$ 种情况, 选 C.

题型 6.10 古典概型——基本题型

做题原理	排列组合的所有方法和题型都适用
基础公式	$P(A)=\dfrac{m}{n}$
至多至少问题	正难则反: $P(A)=1-P(A\text{ 的矛盾事件})$

【例28】现从5名管理专业、4名经济专业和1名财会专业的学生中随机派出一个3人小组,则该小组中3个专业各有1名学生的概率为(　　).

A. $\dfrac{1}{2}$　　B. $\dfrac{1}{3}$　　C. $\dfrac{1}{4}$　　D. $\dfrac{1}{5}$　　E. $\dfrac{1}{6}$

【答案】E

【解析】无序组合求概率:全选派方法为 10 人中随机选派 3 人即 $C_{10}^3=120$ 种,满足所要求条件的选派方法有 $5\times4\times1=20$ 种,从而所求概率 $P=\dfrac{20}{120}=\dfrac{1}{6}$,故选 E.

【例29】将2个红球与1个白球随机放入甲、乙、丙三个盒子中,则乙盒中至少有1个红球的概率为(　　).

A. $\dfrac{1}{9}$　　B. $\dfrac{8}{27}$　　C. $\dfrac{4}{9}$　　D. $\dfrac{5}{9}$　　E. $\dfrac{17}{27}$

【答案】D

【解析】乙盒中至少有一个红球的情况有下列几种. 1 红 0 白:$C_2^1\times(C_2^1+C_2^1)=8$;1 红 1 白:$C_2^1\times C_2^1=4$;2 红 0 白:$C_2^1\times C_2^1=4$;2 红 1 白:$C_2^2 C_1^1=1$. 故 $P=\dfrac{8+4+4+1}{3^3}=\dfrac{5}{9}$,选 D.

【例30】如图所示,这是一个简单的电路图,S_1,S_2,S_3 表示开关,随机闭合 S_1,S_2,S_3 中的两个,灯泡发光的概率是(　　).

A. $\dfrac{1}{6}$　　B. $\dfrac{1}{4}$　　C. $\dfrac{1}{3}$　　D. $\dfrac{1}{2}$

E. $\dfrac{2}{3}$

【答案】E

【解析】首先,列出灯泡发光的所有可能的情况:S_1 和 S_2 闭合;S_1 和 S_3 闭合;S_2 和 S_3 闭合. 在这三种情况下,只有当 S_1 和 S_3 闭合或者 S_2 和 S_3 闭合时,灯泡才会发光. 因此,能让灯泡发光的情况有 2 种,总共有 3 种可能的情况,所以灯泡发光的概率为 $\dfrac{2}{3}$,选 E.

【例31】如图所示,节点 A,B,C,D 两两相连,从一个节点沿线段到另一个节点当作 1 步,若机器人从节点 A 出发,随机走了三步,则机器人未到达 C 点的概率为(　　).

A. $\dfrac{4}{9}$　　B. $\dfrac{11}{27}$　　C. $\dfrac{10}{27}$　　D. $\dfrac{19}{27}$

E. $\dfrac{8}{27}$

【答案】E

【解析】根据分析,每走一步都有 3 种路径选择,其中 1 条路径到 C 点,2 条途径到其他节点. 也就是说,3 步中从未到过 C 点,第一步必须从 2 条非 C 路径选择,第二步也必须从 2 条非 C 路径选择,第三步仍然必须从 2 条非 C 路径选择,每一步只能有 2 个选择. 所以满足条件的路径共有 $2\times2\times2=8$ 种,故满足条件的概率为 $\dfrac{8}{27}$,选 E.

【例32】某商店举行店庆活动，顾客消费达到一定金额后，可以在4种赠品中随机选取2个不同的赠品，任意两位顾客所选赠品中，恰有1件品种相同的概率是（　　）.

A. $\dfrac{1}{6}$　　　B. $\dfrac{1}{4}$　　　C. $\dfrac{1}{3}$　　　D. $\dfrac{1}{2}$　　　E. $\dfrac{2}{3}$

【答案】E

【解析】将4种赠品分别用1，2，3，4编号，任意2位顾客选赠品的总可能性为 $C_4^2 C_4^2 = 36$ 种. A 表示2位顾客所选赠品中恰有一件相同，则 A 的可能性为 $C_4^1 \times 3 \times 2 = 24$，从而所求概率为 $P = \dfrac{24}{36} = \dfrac{2}{3}$，故选 E.

【例33】在一次商品促销活动中，主持人出示一个9位数，让顾客猜测商品的价格，商品的价格是该9位数中从左到右相邻的3个数字组成的3位数，若主持人出示的是513535319，则顾客一次猜中价格的概率是（　　）.

A. $\dfrac{1}{7}$　　　B. $\dfrac{1}{6}$　　　C. $\dfrac{1}{5}$　　　D. $\dfrac{2}{7}$　　　E. $\dfrac{1}{3}$

【答案】B

【解析】用穷举法：从左到右相邻的3个数字组成的3位数有513，135，353，535，353，531，319. 去掉重复的353，总共6种，选出1种，概率为 $\dfrac{1}{6}$.

【例34】从1到100的整数中任取一个数，则该数能被5或7整除的概率为（　　）.

A. 0.02　　　B. 0.14　　　C. 0.2　　　D. 0.32　　　E. 0.34

【答案】D

【解析】从1到100的整数中，能被5整除的有20个，能被7整除的有14个，既能被5又能被7整除的有2个，所以能被5或7整除的有 20+14−2 = 32 个，故概率为 $\dfrac{32}{100} = 0.32$，选 D.

题型 6.11　古典概型——穷举法的应用

出题模型	应对套路
色子问题	常用穷举法，每抛一个色子有6种情况
数字概率	常用穷举法，有分类优先分类，按顺序（递增或者递减）穷举

【例35】若以连续两次掷色子得到的点数 a 和 b 作为点 P 的坐标，则点 $P(a, b)$ 落在直线 $x+y=6$ 和两坐标轴围成的三角形内的概率为（　　）.

A. $\dfrac{1}{6}$　　　B. $\dfrac{7}{36}$　　　C. $\dfrac{2}{9}$　　　D. $\dfrac{1}{4}$　　　E. $\dfrac{5}{18}$

【答案】E

【解析】本题用古典概率求解. 总事件数为 $n = C_6^1 \times C_6^1 = 36$；满足事件的点数 m：通过枚举可得

(1, 1), (1, 2), (1, 3), (1, 4), (2, 1), (2, 2), (2, 3), (3, 1), (3, 2), (4, 1) 共 10 个，则所求概率为 $P = \dfrac{m}{n} = \dfrac{10}{36} = \dfrac{5}{18}$，故选 E。

【例 36】 从标号为 1 到 10 的 10 张卡片中随机抽取 2 张，它们的标号之和能被 5 整除的概率为（　　）。

A. $\dfrac{1}{5}$　　　B. $\dfrac{1}{9}$　　　C. $\dfrac{1}{9}$　　　D. $\dfrac{2}{15}$　　　E. $\dfrac{7}{45}$

【答案】 A

【解析】 从 10 张卡片中随机抽取 2 张，有 $C_{10}^2 = 45$ 种方式。从标号为 1~10 的卡片中取出两张，标号之和能被 5 整除和可能为 5，10，15。穷举可知，和为 5 的共有 1+4，2+3 这两种可能，和为 10 的共有 1+9，2+8，3+7，4+6 这四种可能，和为 15 的共有 8+7，9+6，10+5 这三种可能。即满足条件的共有 9 种，则概率 $P = \dfrac{2+4+3}{C_{10}^2} = \dfrac{1}{5}$，故选 A。

题型 6.12　独立事件——基本题型

出题模型	应对套路
对于相互独立的事件 A 和 B	$P(AB) = P(A)P(B)$
独立事件 A，B 至少发生一个的概率	$P(A \cup B) = 1 - P(\bar{A})P(\bar{B})$
独立事件 A，B 至多发生一个的概率	$P(\bar{A} \cup \bar{B}) = 1 - P(A)P(B)$

【例 37】 某产品由二道独立工序加工完成，则该产品是合格品的概率大于 0.8。
(1) 每道工序的合格率为 0.81。
(2) 每道工序的合格率为 0.9。

【答案】 B

【解析】 由条件（1）得，$0.81 \times 0.81 = 0.6561 < 0.8$；由条件（2）得，$0.9 \times 0.9 = 0.81 > 0.8$；即条件（1）不充分，但条件（2）充分，故选 B。

【例 38】 某试卷由 15 道选择题组成，每道题有 4 个选项，其中只有一项是符合试题要求的，甲有 6 道题是能确定正确选项，有 5 道能排除 2 个错误选项，有 4 道能排除 1 个错误选项，若从每题排除后剩余的选项中选一个作为答案，则甲得满分的概率为（　　）。

A. $\dfrac{1}{2^4} \cdot \dfrac{1}{3^5}$　　B. $\dfrac{1}{2^5} \cdot \dfrac{1}{3^4}$　　C. $\dfrac{1}{2^5} + \dfrac{1}{3^4}$　　D. $\dfrac{1}{2^4} \cdot \left(\dfrac{3}{4}\right)^5$　　E. $\dfrac{1}{2^4} + \left(\dfrac{3}{4}\right)^5$

【答案】 B

【解析】 相互独立事件概率计算。根据题意，6 道题能做对的概率无须考虑。有 5 道题能排除 2 个错误选项的，则选对每道题的概率为 $\dfrac{1}{2}$；有 4 道题能排除 1 个错误选项的，则选对每道题的概率

为 $\frac{1}{3}$，故甲得满分的概率为 $P=\left(\frac{1}{2}\right)^5\cdot\left(\frac{1}{3}\right)^4=\frac{1}{2^5}\cdot\frac{1}{3^4}$，选 B．

【例 39】 如图所示，由 P 到 Q 的电路中有三个元件，分别标有 T_1，T_2，T_3，电流能通过 T_1，T_2，T_3 的概率分别为 0.9，0.9，0.99，假设电流能通过三个元件是互相独立的，则电流能在 P，Q 之间通过的概率为（　　）．

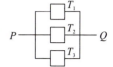

A. 0.809 1　　　　B. 0.998 9　　　　C. 0.999
D. 0.999 9　　　　E. 0.999 99

【答案】 D

【解析】 本题考查并联电路正常的情形，从反面入手即可．由于 T_1，T_2，T_3 三个元件属于并联关系，所以只要有一个正常，则整个电路都可以正常．故考虑问题的反面：电路不正常，即三个元件都不正常．此时的概率为 $\overline{P}=(1-0.9)(1-0.9)(1-0.99)=0.000\ 1$，则电流能在 P，Q 之间通过的概率为 $1-\overline{P}=1-0.000\ 1=0.999\ 9$，故选 D．

题型 6.13　独立事件——伯努利概型

【例 40】 某次考试中，3 道题中答对 2 道题即为及格．假设某人答对各题的概率相同，则此人及格的概率是 $\frac{20}{27}$．

(1) 答对各题的概率均为 $\frac{2}{3}$

(2) 3 道题全部答错的概率为 $\frac{1}{27}$

【答案】 D

【解析】 本题考查伯努利概率模型．及格的意思是 3 道题中至少答对 2 道题，且条件（2）中 3 道题全部答错的概率为 $\frac{1}{27}$，则答错 1 道题的概率为 $\frac{1}{3}$，故答对 1 道题的概率为 $\frac{2}{3}$，条件（1）和条件（2）等价．及格的概率 $P=C_3^2\left(\frac{2}{3}\right)^2\left(\frac{1}{2}\right)+\left(\frac{2}{3}\right)^3=\frac{20}{27}$，两条件均充分，故选 D．

题型 6.14　独立事件——比赛问题

(1) 比赛场数.
- 3 局 2 胜比赛场数 ≤ 3 局；
- 5 局 3 胜比赛场数 ≤ 5 局；
- 7 局 4 胜比赛场数 ≤ 7 局．

(2) 比赛问题最后一局一定最终获胜的人赢．

(3) 比赛问题常与伯努利概型结合考查．

【例41】甲、乙两人进行围棋比赛，约定先胜2盘者赢得比赛．已知每盘棋甲获胜的概率是0.6，乙获胜的概率是0.4，若乙在第一盘获胜，则甲赢得比赛的概率为（　　）．

A．0.144　　　B．0.288　　　C．0.36　　　D．0.4　　　E．0.6

【答案】C

【解析】乙在第一盘获胜后，甲必须连续赢得接下来的两盘才能获胜．每一盘棋都是独立事件，前后相互之间无影响．因此，甲连续赢两盘的概率为 $0.6 \times 0.6 = 0.36$，选C．

【例42】乒乓球男子单打决赛在甲、乙两选手间进行，比赛用7局4胜制．已知每局比赛甲选手战胜乙选手的概率为0.7，则甲选手以4∶1战胜乙的概率为（　　）．

A．0.84×0.7^3　　　B．0.7×0.7^3　　　C．0.3×0.7^3　　　D．0.9×0.7^3

E．以上选项均不正确

【答案】A

【解析】甲选手以4∶1战胜乙，则比赛打了5局，且第5局甲胜，前4局中甲胜了3局，则所求概率为 $P = C_4^3 \times 0.7^3 \times (1-0.7) \times 0.7 = 0.84 \times 0.7^3$，故选A．

题型6.15　独立事件——闯关问题

出题模型	应对套路
常用公式	$P(AB) = P(A)P(B)$
常用秒杀方法	不同情况分类、范围排除法

【例43】掷一枚均匀的硬币若干次，当正面向上次数大于反面向上次数时停止，则在4次之内停止的概率为（　　）．

A．$\dfrac{1}{8}$　　　B．$\dfrac{3}{8}$　　　C．$\dfrac{5}{8}$　　　D．$\dfrac{3}{16}$　　　E．$\dfrac{5}{16}$

【答案】C

【解析】所有的抛硬币结果中，停止的只有2种：①第1次就抛到正面的情况，停止的概率为 $\dfrac{1}{2}$；②第1次反面，第2次、第3次连续抛到正面的情况，停止的概率为 $\dfrac{1}{2} \times \dfrac{1}{2} \times \dfrac{1}{2} = \dfrac{1}{8}$．在4次之内停止的概率为 $\dfrac{1}{2} + \dfrac{1}{2} \times \dfrac{1}{2} \times \dfrac{1}{2} = \dfrac{5}{8}$，故选C．

【例44】在一次竞猜活动中，设有5关，如果连续通过2关就算闯关成功，小王通过每关的概率都是 $\dfrac{1}{2}$，他闯关成功的概率为（　　）．

A．$\dfrac{1}{8}$　　　B．$\dfrac{1}{4}$　　　C．$\dfrac{3}{8}$　　　D．$\dfrac{4}{8}$　　　E．$\dfrac{19}{32}$

【答案】E

【解析】根据过关数量不同，分为以下四种情况：①两关过：$P_1=\frac{1}{2}\times\frac{1}{2}=\frac{1}{4}$；②三关过：第一关不过，后两关过，$P_2=\frac{1}{2}\times\frac{1}{2}\times\frac{1}{2}=\frac{1}{8}$；③四关过（两种可能）：前两关不过、后两关过，第二关不过且其他三关都过，$P_3=\left(\frac{1}{2}\right)^4+\left(\frac{1}{2}\right)^4=\frac{1}{8}$；④五关过（三种可能）：前三关不过且后两关过，第二关和第三关不过且其他三关过，第一关和第三关不过且其他三关过，$P_4=\left(\frac{1}{2}\right)^5+\left(\frac{1}{2}\right)^5+\left(\frac{1}{2}\right)^5=\frac{3}{32}$. 因此，闯关成功的概率为 $P=\frac{1}{4}+\frac{1}{8}+\frac{1}{8}+\frac{3}{32}=\frac{19}{32}$，故选 E.

题型 6.16 独立事件——反面求解

出题模型	应对套路
安装多个报警器报警成功问题	可将其转化为"至少"问题，N 个报警器中至少有一个报警的概率. 反面求解，用 1 减去 N 个报警器均不报警的概率即可
多次抽奖中奖问题	可将其化为"至少"问题，抽奖 N 次，至少中一次的概率. 反面求解，用 1 减去 N 次均不中奖的概率即可

【例 45】在一个库房中安装了 n 个烟火感应报警器，每个报警器遇到烟火成功报警的概率为 P. 该库房遇烟火发出报警的概率达 0.999.

（1）$n=3$，$P=0.9$
（2）$n=2$，$P=0.97$

【答案】D

【解析】相互独立事件的概率. 题干结论为遇到烟火发出警报的概率达 0.999，即至少一个报警器成功报警的概率大于等于 0.999 即可. 条件（1）：从反面考虑，总概率 1 减去 3 个警报器都未发出警报的概率，则 $P=1-(1-0.9)^3=0.999$，充分；条件（2）：从反面考虑，总概率 1 减去 2 个警报器都未发出警报的概率，则 $P=1-(1-0.97)^2=1-0.00009=0.9991>0.999$，充分，故选 D.

【例 46】某人将 5 个环一一投向一木柱，直到有一个套中为止. 若每次套中的概率为 0.1，则至少剩下一个环未投的概率是（   ）.

A. $1-0.9^4$ B. $1-0.9^3$ C. $1-0.9^5$ D. $1-0.1\times 0.9^4$
E. 以上选项均不正确

【答案】A

【解析】至少剩下一个环未投的概率，等于前面投四次至少一次中的概率. 投四次一次不中的概率 $P=(1-0.1)^4=0.9^4$. 所以，投四次至少一次中的概率 $P'=1-0.9^4$. 故选 A.

【例 47】有甲、乙两袋奖券，获奖率为 p 和 q，某人从两袋中各随机抽取 1 张奖券，则此人获奖的概率不低于 $\frac{3}{4}$.

(1) 已知 $p+q=1$

(2) $pq = \dfrac{1}{4}$

【答案】D

【解析】使用正难则反，即题目所求为 $1-(1-p)(1-q)$。条件（1）中，$p+q=1$，则 $1-(1-p)(1-q)=p+q-pq=1-pq$，又 $1=p+q\geq 2\sqrt{pq}$，可得 pq 最小值为 $\dfrac{1}{4}$，则 $1-\dfrac{1}{4}=\dfrac{3}{4}$，充分；条件（2）中，$pq=\dfrac{1}{4}$，则 $1-(1-p)(1-q)=p+q-pq=1-pq=\dfrac{3}{4}$，充分，故选 D.

题型 6.17 取球问题

(1) 一次取球模型：可一次性取完，无须考虑顺序.
- 考点：古典概型 $P(A)=\dfrac{m}{n}$.
- 打包取球.

(2) 不放回取球模型：一个一个地取球，取完不放回，有顺序，样本数量逐渐减少.
- 考点：抽签模型.
- 设口袋中有 a 个白球，b 个黑球，逐一取出若干个球，看后不再放回袋中，则第 k 次取到白球的概率为 $P=\dfrac{a}{a+b}$，与 k 无关.

(3) 有放回取球模型：取完放回，样本数量不变.
- 考点：独立事件.
- 多次取球下，每次取球概率相同.

(4) 取球问题可扩展至抽奖问题.

【例 48】已知袋中装有红、黑、白三种颜色的球若干个，则红球最多.

(1) 随机取出的一球是白球的概率为 $\dfrac{2}{5}$

(2) 随机取出的两球中至少有一个黑球的概率小于 $\dfrac{1}{5}$

【答案】C

【解析】设袋中有红球 x 个，黑球 y 个，白球 z 个，由条件（1）得 $\dfrac{z}{x+y+z}=\dfrac{2}{5}$，由条件（2）得 $\dfrac{C_{x+z}^2}{C_{x+y+z}^2}>\dfrac{4}{5}$，因此条件（1）和条件（2）单独都不充分.

联合条件（1）和条件（2），令 $x+y+z=5a$，则 $z=2a$，$5C_{x+2a}^2>4C_{5a}^2$，得 $5(x+2a)(x+2a-1)>4\times 5a(5a-1)$. 若 $x\leq 2a$，则 $5(x+2a)(x+2a-1)\leq 80a^2-20a$，而 $4\times 5a(5a-1)=100a^2-20a\Rightarrow 100a^2<80a^2$ 是不可能的，从而 $x>2a$，$x>y$ 且 $x>z$，故选 C.

【例49】袋中有50个乒乓球,其中20个是白色的,30个是黄色的,现有二人依次随机从袋中各取一球,取后不放回,则第二人取到白球的概率是( ).

A. $\dfrac{19}{50}$ B. $\dfrac{19}{49}$ C. $\dfrac{2}{5}$ D. $\dfrac{20}{49}$ E. $\dfrac{2}{3}$

【答案】C

【解析】本题要求第二人取得黄球的概率,设为P. 分析题目之后得出两种情况:①第一人取得白球后第二人取得黄球的概率=第一人取得白球的概率×第二人取得黄球的概率. 第一人取得白球的概率=$\dfrac{30}{50}$;若不放回,则此时总数是49,黄球数为20,即第二人再取黄球的概率为$\dfrac{20}{49}$;所以第一人取得白球后第二人取得黄球的概率=$\dfrac{30}{50}\times\dfrac{20}{49}$. ②第一人取得黄球后第二人取得黄球的概率=第一人取得黄球的概率×第二人取得黄球的概率. 第一人取得黄球的概率=$\dfrac{20}{50}$;若不放回,则此时总数是49,黄球数为19,即第二人再取黄球的概率为$\dfrac{19}{49}$. 第一人取得黄球后第二人取得黄球的概率=$\dfrac{20}{50}\times\dfrac{19}{49}$. 所以$P=\dfrac{30}{50}\times\dfrac{19}{49}+\dfrac{20}{50}\times\dfrac{19}{49}=\dfrac{2}{5}$,选C.

【例50】某商场利用抽奖方式促销,100张奖券中设有3个一等奖、7个二等奖,则一等奖先于二等奖抽完的概率为( ).

A. 0.3   B. 0.5   C. 0.6   D. 0.7   E. 0.73

【答案】D

【解析】一等奖、二等奖10个奖全部取出,第10个是二等奖,则一等奖先于二等奖抽完的概率$P=\dfrac{C_7^1 A_9^9}{A_{10}^{10}}=\dfrac{7}{10}$,选C.

题型6.18 方差与均值问题——算术平均值、几何平均值的定义

【例51】为了解某公司员工的年龄结构,按男、女人数的比例进行了随机抽样,结果如下:

男员工年龄/岁	23	26	28	30	32	34	36	38	41
女员工年龄/岁	23	25	27	27	29	31	—	—	—

根据表中数据估计,该公司男员工的平均年龄与全体员工的平均年龄分别是( ). (单位:岁)

A. 32,30   B. 32,29.5   C. 32,27   D. 30,27   E. 29.5,27

【答案】A

【解析】男员工平均年龄为$\dfrac{23+26+28+30+32+34+36+38+41}{9}=32$,全体员工平均年龄为$\dfrac{32\times9+23+25+27+27+29+31}{15}=30$,故选A.

【例52】甲、乙、丙三人每轮各投篮10次，投了三轮，投中数如下表所示．

	第一轮	第二轮	第三轮
甲	2	5	8
乙	5	2	5
丙	8	4	9

记 σ_1，σ_2，σ_3 分别为甲、乙、丙投中数的方差，则（　　）．

A. $\sigma_1>\sigma_2>\sigma_3$ B. $\sigma_1>\sigma_3>\sigma_2$ C. $\sigma_2>\sigma_1>\sigma_3$ D. $\sigma_2>\sigma_3>\sigma_1$ E. $\sigma_3>\sigma_2>\sigma_1$

【答案】B

【解析】$\overline{x_{甲}}=\dfrac{2+5+8}{3}=5$，$\sigma_1=\dfrac{(2-5)^2+(5-5)^2+(8-5)^2}{3}=6$；

$\overline{x_{乙}}=\dfrac{5+2+5}{3}=4$，$\sigma_2=\dfrac{(5-4)^2+(2-4)^2+(5-4)^2}{3}=2$；

$\overline{x_{丙}}=\dfrac{8+4+9}{3}=7$，$\sigma_3=\dfrac{(8-7)^2+(4-7)^2+(9-7)^2}{3}=\dfrac{14}{3}$．故选 B.

题型 6.19　方差与均值问题——方差和标准差的性质

变化	均值 x	方差 S^2	标准差 S
$+k$	$x+k$	不变	不变
$\times k$	xk	$k^2 \cdot S^2$	kS

【例53】某科研小组研制了一种水稻良种，第一年5块实验田的亩产分别为1 000 kg、900 kg、1 100 kg、1 050 kg 和 1 150 kg．第二年由于改进了种子质量，5 块实验田亩产分别为 1 050 kg、1 150 kg、950 kg、1 100 kg 和 1 200 kg．则这两年的产量（　　）．

A. 平均值增加了，方差也增加了

B. 平均值增加了，方差减小了

C. 平均值增加了，方差不变

D. 平均值不变，方差也不变

E. 平均值减小了，方差不变

【答案】C

【解析】第一年平均值为 $\dfrac{1\,000+900+1\,100+1\,050+1\,150}{5}=1\,040$，第二年平均值为 $\dfrac{1\,050+1\,150+950+1\,100+1\,200}{5}=1\,090$，将第一年各项减900，第二年各项减去950，按照大小顺序排序后数据一致，故两者方差一致，选 C.

【例54】跳水比赛中，裁判给某选手的动作打分，其平均值为8.6，方差为1.1，若去掉一个最高分9.7和一个最低分7.3，则剩余得分的（　　）．

A. 平均值变小，方差变大

B. 平均值变小，方差变小

C. 平均值变小，方差不变

D. 平均值变大，方差变大

E. 平均值变大，方差变小

【答案】E

【解析】由于去掉的两个分数平均值为 8.5，小于分数 8.6，故平均值增大，而去掉了波动最大的两个最值，故方差变小，选 E．

【例 55】设两组数据 S_1：3，4，5，6，7 和 S_2：4，5，6，7，a，则能确定 a 的值．

(1) S_1 与 S_2 的均值相等

(2) S_1 与 S_2 的方差相等

【答案】A

【解析】观察可得两组数据中 4，5，6，7 相等．(1) 由于四个数据相等，而平均值相等，故剩下的值也确定，为 3，充分．(2) 方差体现的是数据的离散程度，故当 $a=3$，$a=8$ 的时候，两者的方差均相等，故无法确定 a 的值，不充分，故选 A．

第五节　综合能力测试

扫码观看
章节测试讲解

一、问题求解：第 1~10 小题，每小题 6 分，共 60 分。下列每题给出的 A、B、C、D、E 五个选项中，只有一项是符合试题要求的．

1. 在某次考试中，甲、乙、丙三个班的平均成绩分别为 80，81，81.5，三个班的学生得分之和为 6 952，三个班共有学生（　　）名．
   A. 85　　　　B. 86　　　　C. 87　　　　D. 88　　　　E. 90

2. 宿舍楼走廊上有一排照明灯，共 8 盏，为节约用电又不影响照明，要求同时熄掉其中 3 盏，但不能同时熄掉相邻的灯，则熄灯的方法有（　　）种．
   A. 16　　　　B. 18　　　　C. 20　　　　D. 22　　　　E. 24

3. 3 个 3 口之家一起观看演出，他们购买了同一排的 9 张连坐票，则每一家的人都坐在一起的不同坐法有（　　）种．
   A. $(3!)^2$　　B. $(3!)^3$　　C. $3(3!)^3$　　D. $(3!)^4$　　E. $9!$

4. 满足 $x_1+x_2+x_3+x_4=12$ 的正整数解有（　　）组．
   A. 160　　　B. 165　　　C. 175　　　D. 184　　　E. 190

5. 设有编号为 1，2，3，4，5 的 5 个小球和编号为 1，2，3，4，5 的 5 个盒子，现将这 5 个小球放入这 5 个盒子内，要求每个盒子内放一个球，且恰好有 1 个球的编号与盒子的编号相同，则这样的投放方法共有（　　）种．
   A. 20　　　　B. 30　　　　C. 45　　　　D. 60　　　　E. 130

6. 用 0，2，3，4，5 五个数字组成没有重复数字的三位数，其中能被 5 整除的有（　　）个．
   A. 21　　　　B. 22　　　　C. 24　　　　D. 28　　　　E. 32

7. 10 双不同的鞋子，从中任意取出 4 只，则 4 只鞋子恰为两双的情况有（　　）种．
   A. 30　　　　B. 35　　　　C. 40　　　　D. 45　　　　E. 55

8. 现从 5 名管理专业、4 名经济专业和 1 名财会专业的学生中随机派出一个 3 人小组，则该小组中 3 个专业各有 1 名学生的概率为（　　）．
   A. $\dfrac{1}{2}$　　B. $\dfrac{1}{3}$　　C. $\dfrac{1}{4}$　　D. $\dfrac{1}{5}$　　E. $\dfrac{1}{6}$

9. 某次网球比赛的四强对阵为甲对乙、丙对丁，两场比赛的胜者将争夺冠军．选手之间相互获胜的概率如下表所示．

类别	甲	乙	丙	丁
甲获胜概率	—	0.3	0.3	0.8
乙获胜概率	0.7	—	0.6	0.3
丙获胜概率	0.7	0.4	—	0.5
丁获胜概率	0.2	0.7	0.5	—

甲获得冠军的概率为（　　）．
A. 0.165　　　　B. 0.245　　　　C. 0.275　　　　D. 0.315　　　　E. 0.330

10. 下列框图中的字母代表元件种类，字母相同但下标不同的为同一类元件，已知 A，B，C，D 各类元件正常工作的概率依次为 p，q，r，s，且各元件的工作是相互独立的，则此系统正常工作的概率为（　　）．

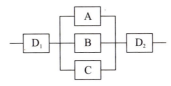

A. s^2pqr　　　　　　　B. $1-(1-pqr)(1-s)^2$　　　　　　C. $s^2(1-pqr)$
D. $s^2(p+q+r)$　　　　E. $s^2[1-(1-p)(1-q)(1-r)]$

二、条件充分性判断：第 11~15 小题，每小题 8 分，共 40 分．
要求判断每题给出的条件（1）和（2）能否充分支持题干所陈述的结论．A、B、C、D、E 五个选项为判断结果，请选择一项符合试题要求的判断．
　　A. 条件（1）充分，但条件（2）不充分；
　　B. 条件（2）充分，但条件（1）不充分；
　　C. 条件（1）和（2）都不充分，但联合起来充分；
　　D. 条件（1）充分，条件（2）也充分；
　　E. 条件（1）不充分，条件（2）也不充分，联合起来仍不充分．

11. 已知三种水果的平均价格为 10 元/kg，则每种水果的价格均不超过 18 元/kg．
　　（1）三种水果中价格最低的为 6 元/kg
　　（2）分别购买 1 kg、1 kg 和 2 kg 的三种水果，共用了 46 元

12. 公路 AB 上各站之间共有 90 种不同的车票．
　　（1）公路 AB 上有 10 个车站，每两站之间都有往返车票
　　（2）公路 AB 上有 9 个车站，每两站之间都有往返车票

13. 某产品由两道独立工序加工完成，则该产品是合格品的概率大于 0.8．
　　（1）每道工序的合格率为 0.81
　　（2）每道工序的合格率为 0.9

14. 点 (s, t) 落入圆 $(x-a)^2+(y-a)^2=a^2$ 内的概率是 $\dfrac{1}{4}$.

   (1) s, t 是连续掷一枚骰子两次所得到的点数，$a=3$

   (2) s, t 是连续掷一枚骰子两次所得到的点数，$a=2$

15. 信封中装有 10 张奖券，只有 1 张有奖．从信封中同时抽取 2 张奖券，中奖的概率为 P；从信封中每次抽取 1 张奖券后放回，如此重复抽取 n 次，中奖的概率为 Q. 则 $P<Q$.

   (1) $n=2$

   (2) $n=3$

第七章

应用题

第七章　应用题

第一节　八大基本题型

考点考频分析

考点	频率	难度	知识点
比例类型	高	☆☆	比值、变化率、利润率
平均值类型	中	☆☆	根据直方图求频率
行程问题	高	☆☆☆	直线型相遇、环形操场相遇、船在水中航行
工程问题	中	☆☆	工作总量的优化思维、合作的优化思维
容斥问题	中	☆☆	容斥定理的实际应用
不定方程	高	☆☆☆	不定方程的实际应用
分段收费	低	☆	分段函数的实际应用
最值类型	中	☆☆	二次函数等涉及最值的实际用途

一、比例类型

常考公式：

（1）比值常用百分率表示．

称 a 是 b 的百分之 r，是指 $a=b \cdot r\%$，即个体所占百分比 $=\dfrac{\text{个体量}}{\text{总量}}\times 100\%$.

（2）变化率 $=\dfrac{\text{变后量}-\text{变前量}}{\text{变前量}}\times 100\% \Rightarrow$ 变后量 $=$ 变前量 $\times$（1+变化率）．

（3）利润率 $=\dfrac{\text{利润}}{\text{成本}}\times 100\%$.

利润＝单件利润×销量＝(售价–进价)×销量

【注】①数学中的利润是严格相对于成本的，即默认认为"成本利润率"．
②在解题中，注意如下关系量的表格法运用：

进价/成本价	标价	售价	销量	利润

基础模型题展示

甲与乙的比是 $3:2$，丙与乙的比是 $2:3$，则甲与丙的比是（　　）．

A. $1:1$　　　B. $3:2$　　　C. $2:3$　　　D. $9:4$　　　E. $8:5$

考点分析	比例型应用题	
步骤详解		
第一步	甲：乙 = 3 : 2 = 9 : 6	满足题意的是选项 D
第二步	丙：乙 = 2 : 3 = 4 : 6	
第三步	甲：丙 = 9 : 4	

 小贴士

做比例型应用题时，需要找到中间量．

拓展测试

【拓展 1】 某产品有一等品、二等品和不合格品三种，若在一批产品中一等品件数和二等品件数的比是 5 : 3，二等品件数和不合格件数的比是 4 : 1，则该产品的不合格品率约为（　　）．

A. 7.2%　　B. 8%　　C. 8.6%　　D. 9.2%　　E. 10%

【拓展 2】 某班学生中，$\dfrac{3}{4}$ 的女生和 $\dfrac{3}{5}$ 的男生是共青团员，若女生团员人数是男生团员人数的 $\dfrac{5}{6}$，则该班女生人数与男生人数的比为（　　）．

A. 5 : 6　　B. 2 : 3　　C. 3 : 2　　D. 4 : 5　　E. 5 : 4

【拓展 3】 仓库中有甲、乙两种产品若干件，其中甲占总库存量的 45%，若在存入 160 件乙产品后，甲产品占新库存量的 25%．那么甲产品原有件数（　　）．

A. 80　　B. 90　　C. 100　　D. 110　　E. 以上均错

【拓展 4】 某工厂生产某种新型产品，一月份每件产品销售的利润是出厂价的 25%（利润等于出厂价减去成本）．若二月份出厂价降低 10%，成本不变，销售件数因此比一月份增加 80%，那么二月份比一月份的总利润增加（　　）．

A. 6%　　B. 8%　　C. 16%　　D. 25%　　E. 以上均错

【拓展 5】 一种货币贬值 15%，一年后需增值（　　）才能保持原币值．

A. 15%　　B. 15.25%　　C. 16.78%　　D. 17.17%　　E. 17.65%

二、平均值类型

常考公式：

1. 概念与公式

① 总体平均值 = $\dfrac{总量}{总个体数}$；

②溶液浓度＝$\frac{溶质量}{溶液总量}$×100%；溶液总量＝溶质量+溶剂量.

【注】在用数学方法解题时，要把握溶质的"来龙去脉"，建立溶质的等量关系方程求解.

2. 均值问题交叉法

①原理：数量为 m 的甲均值为 a，数量为 n 的乙均值为 b，甲、乙整体均值为 c，则 $\frac{a-c}{c-b}=\frac{n}{m}$.

②表现形式：

交叉法：甲溶液：a　　　　　　$c-b$

　　　　　　　　　　　c　　　　　　　　，则有 $\frac{c-b}{a-c}=\frac{m}{n}$.

　　　　　　乙溶液：b　　　　　　$a-c$

3. 用清水加满题型公式

①纯溶液 L L（g），每次倒出 a L（g）后均用清水加满，反复 n 次后，溶液的浓度为 $\left(\frac{L-a}{L}\right)^n$；

②若每次倒出的量不一致，第一次倒出 a 后用清水加满，第二次倒出 b 后也用清水加满，则两次后的溶液浓度为 $\frac{(L-a)(L-b)}{L^2}$；

③若原始溶液不是纯溶液，是浓度为 $p\%$ 的溶液，则上述两个公式的最终结果分别为 $\left(\frac{L-a}{L}\right)^n \times p\%$ 与 $\frac{(L-a)(L-b)}{L^2} \times p\%$.

基础模型题展示

公司有职工50人参加考试，理论知识考核平均成绩为81分，按成绩将公司职工分为优秀和非优秀两类，优秀职工的平均成绩为90分，非优秀职工的平均成绩是75分，则非优秀职工的人数为（　　）人.

A. 30　　　　B. 25　　　　C. 20　　　　D. 27　　　　E. 35

考点分析	平均值问题	
步骤详解		
第一步	设非优秀职工有 x 人，优秀职工有 $50-x$ 人	
第二步	根据题意，列方程，并求解：$90\times(50-x)+75x=50\times 81 \Rightarrow x=30$	满足题意的是选项 A
第三步	则非优秀职工的人数为 30 人	

确认部分和整体的关系.

拓展测试

【拓展6】 车间共有40人，某次技术操作考核的平均成绩为80分，其中男工平均成绩为83分，女工平均成绩为 78 分. 该车间有女工（　　）人.

A. 16　　　　B. 18　　　　C. 20　　　　D. 24　　　　E. 25

【拓展 7】某高校高一年级男生人数占该年级人数的 40%. 在一次考试中，男生、女生的平均成绩分别为 75 分和 80 分，则这次考试高一年级学生的平均成绩为（　　）.

A. 76　　　　B. 77　　　　C. 77.5　　　　D. 78　　　　E. 79

【拓展 8】将 2 L 甲酒精和 1 L 乙酒精混合得到丙酒精，则能确定甲、乙两种酒精的浓度.

（1）1 L 甲酒精和 5 L 乙酒精混合后的浓度是丙酒精浓度的 $\dfrac{1}{2}$ 倍

（2）1 L 甲酒精和 2 L 乙酒精混合后的浓度是丙酒精浓度的 $\dfrac{2}{3}$ 倍

【拓展 9】一满桶纯酒精倒出 10 L 后，加满水搅匀，再倒出 4 L 后，再加满水. 此时，在桶中纯酒精与水的体积之比是 2∶3. 则该桶的容积是（　　）L.

A. 15　　　　B. 18　　　　C. 20　　　　D. 22　　　　E. 25

【拓展 10】三根试管 A、B、C 各有清水若干，将 12% 浓度的 10 g 溶液加入 A 试管，混合后取 10 g 加入 B 试管，再取 10 g 加入 C 试管，最终溶液的浓度分别为 6%、2% 和 0.5%. 原三根试管中哪根试管的清水最多？最多的试管清水是多少克？（　　）

A. A, 10 g　　B. B, 20 g　　C. C, 30 g　　D. B, 40 g　　E. C, 50 g

三、行程问题

常考公式：

1. 普通匀速直线运动问题

路程 = 速度 × 时间；平均速度 = 总路程 ÷ 总时间.

2. 行程问题中常用的比例关系

① 时间相同时，速度比等于路程比；

② 速度相同时，时间比等于路程比；

③ 路程相同时，速度比等于时间的反比.

3. 行程问题中的相遇、追赶题型

①直线型相遇、追赶问题.

【解法提示】此类问题比较常见，根据题意画出简单示意图，抓住等量关系（一般是时间和路程），列方程求解.

a. 同时相向而行.（如下图所示）

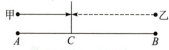

问题表述：甲、乙两人同时分别从 A、B 两地相向而行，在 C 点相遇.

等量关系：$S_甲 + S_乙 = S_{AB} \Rightarrow (V_甲 + V_乙)t = S_{AB}$，$\dfrac{V_甲}{V_乙} = \dfrac{S_甲}{S_乙} = \dfrac{AC}{BC}$（时间相同）.

b. 追赶问题. (如下图所示)

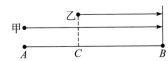

问题表述：甲、乙相距 AC, 同一时间出发，甲追赶乙，并最终在 B 点追上乙.

等量关系：$S_甲 - S_乙 = S_{AC} \Rightarrow (V_甲 - V_乙)t = S_{AC}$, $\dfrac{V_甲}{V_乙} = \dfrac{S_甲}{S_乙} = \dfrac{AB}{BC}$ （时间相同）.

②圆圈型（操场）相遇问题.

a. 同向相遇. (设圆周长为 S)

等量关系：$S_甲 - S_乙 = S$ (假设甲的速度较快).

甲、乙每相遇一次，甲比乙多跑一圈，若 n 次相遇，

则有 $S_甲 - S_乙 = nS$, $\dfrac{V_甲}{V_乙} = \dfrac{S_甲}{S_乙} = \dfrac{S_乙 + nS}{S_乙}$.

b. 逆向相遇. (设圆周长为 S)

等量关系：$S_甲 + S_乙 = S$.

即：每次相遇，甲、乙的路程之和为一圈，若相遇 n 次，

则有 $S_甲 + S_乙 = nS$, $\dfrac{V_甲}{V_乙} = \dfrac{S_甲}{S_乙} = \dfrac{nS - S_乙}{S_乙}$.

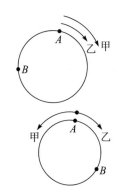

③船在水中航行问题.

【解题提示】 船在水中航行的公式：

a. $V_{顺水} = V_船 + V_水$

b. $V_{逆水} = V_船 - V_水$

c. $V_船 = \dfrac{V_{顺水} + V_{逆水}}{2}$

d. $V_水 = \dfrac{V_{顺水} - V_{逆水}}{2}$

基础模型题展示

老王上午 8:00 骑自行车离家去办公楼开会. 若每分钟骑行 150 m, 则他会迟到 5 min; 若每分钟骑行 210 m, 则他会提前 5 min. 则会议开始的时间是（ ）.

A. 8:20　　　B. 8:30　　　C. 8:45　　　D. 9:00　　　E. 9:10

考点分析	行程问题	
步骤详解		
第一步	设正常骑行时间为 x min	
第二步	根据题意，若每分钟骑行 150 m, 迟到 5 min, 则骑行距离为 $150(x+5)$; 若每分钟骑行 210 m, 提前 5 min, 则骑行距离为 $210(x-5)$. 可以列出等式，并求解：$150(x+5) = 210(x-5) \Rightarrow x = 30$	满足题意的是选项 B
第三步	则正常骑行时间为 30 min, 会议开始的时间是 8:30	

简单的行程问题，套公式即可求解.

拓展测试

【拓展 11】 老王 8：00 匀速骑自行车离家去办公楼开会，他会迟到 5 min；若老王每分钟提速 40%，则他会提前 5 min．则会议开始的时间是（　　）．

A. 8：20　　B. 8：30　　C. 8：45　　D. 9：00　　E. 9：10

【拓展 12】 大巴车原准备以匀速从甲城按预定时间恰好到达乙城，但在距乙城 150 km 处因故停留了半小时，之后便将车速每小时增加 10 km，仍按时到达乙城，则大巴车原来的速度等于（　　）km/h.

A. 45　　B. 50　　C. 55　　D. 60　　E. 65

【拓展 13】 一列火车完全通过一个长为 1 600 m 的隧道用了 25 s，通过一根电线杆用了 5 s，则该列火车的长度为（　　）m.

A. 200　　B. 300　　C. 400　　D. 450　　E. 500

【拓展 14】 甲、乙两车同时从 A，B 两地相向而行，它们相遇时距 A，B 两地中心处 8 km，已知甲车速度是乙车的 1.2 倍，则 A，B 两地距离为（　　）km.

A. 176　　B. 178　　C. 180　　D. 170　　E. 174

【拓展 15】 甲、乙两人在环形跑道上跑步，他们同时从起点出发，当方向相反时每隔 48 s 相遇一次，当方向相同时每隔 10 min 相遇一次．若甲每分钟比乙快 40 m，则甲、乙两人的跑步速度分别是（　　）m/min 和（　　）m/min.

A. 470，430　　B. 380，340　　C. 370，330　　D. 280，240　　E. 270，230

【拓展 16】 甲、乙两人同时从椭圆形跑道上同一起点出发，沿着顺时针方向跑步，甲比乙快，可以确定甲的速度是乙的速度的 1.5 倍.

（1）当甲第一次从背后追上乙时，乙跑了 2 圈

（2）当甲第一次从背后追上乙时，甲立即转身沿着逆时针跑去，当两人再次相遇时，乙又跑了 0.4 圈

【拓展 17】 某人乘长途客车中下车，客车开走 10 min 后，发现将一行李遗忘在客车上，情急之下，马上乘出租车前去追赶，若客车速度为 75 km/h，出租车可达 100 km/h，价格为 1.2 元/km，那么该乘客想追上他的行李，要付出的出租车费至少应为（　　）元.

A. 90　　B. 85　　C. 80　　D. 75　　E. 60

【拓展 18】 一艘船顺流而下，逆流返回，已知船的静水速度是水流速度的 5 倍，则逆流返回的

时间要比顺流而下的时间多出（　　）.

A. 20%　　　B. 30%　　　C. 50%　　　D. 25%　　　E. 45%

四、工程问题

常考公式：

(1) 计算公式：

工作效率 = $\dfrac{\text{工作量}}{\text{工作时间}}$

工作量 = 工作效率 × 工作时间

(2) 负效率：存在相对的工作效率，方向不同，正负号就不同.

(3) 工程问题中，若不求工作总量，则通常将整个工程量看成单位1，但在实际解题中，注意工作总量的最小公倍数思维.

基础模型题展示

生产一批产品，工人甲每天能生产3件，甲、乙两工人合作9天可完成一半生产任务，工人乙单独做要30天完成任务，则要生产的产品共（　　）件.

A. 135　　　B. 140　　　C. 145　　　D. 150　　　E. 155

考点分析	工程问题	
步骤详解		
第一步	设工人乙每天生产 x 件，整个工程量为单位 y	
第二步	由题意，列出方程，并求解：$\begin{cases}(3+x)\cdot 9 = \dfrac{1}{2}\cdot y \\ 30\cdot x = y\end{cases} \Rightarrow \begin{cases}x=4.5 \\ y=135\end{cases}$	满足题意的是选项A
第三步	所以，要生产的产品共135件	

 小贴士

工程问题中，少有不设"1"的题.

拓展测试

【拓展19】一项工程由甲、乙合作需30天完成. 甲单独做24天后乙加入，两人合作10天后，甲被调走，乙继续做了17天才完成. 若这项工程由甲单独做，则需要（　　）天.

A. 60　　　B. 70　　　C. 80　　　D. 90　　　E. 100

【拓展20】甲、乙两队修一条路，甲队单独施工需要40天完成，乙队单独施工需要24天完成. 现两队同时从两端开工，结果在距该路中点7.5 km处会合完工，这条公路的长度为（　　）km.

A. 60　　　B. 70　　　C. 80　　　D. 90　　　E. 100

【拓展 21】 一个水池上装若干粗细的进水管，底部装有一根常开的排水管．当打开 4 个进水管时，需要 4 h 将水池注满；当打开 3 个进水管时，需要 8 h 将水池注满．现需要 2 h 将水注满，至少打开进水管（　　）个．

A. 4 　　　　B. 5 　　　　C. 6 　　　　D. 7 　　　　E. 8

五、容斥类型（Venn 图）

常考公式：

> **【解题提示】** 画出 Venn 图，厘清各部分间的关系．

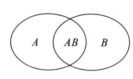 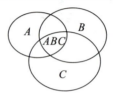

两个标签容斥型公式：A 或 $B=A\cup B=A$，B 中至少一个 $=A+B-A\cap B$；

三个标签容斥型公式：依据重复方式 $A+B+C=x_1+2x_2+3x_3$．

其中：x_1 表示仅占用一个标签的个体数；x_2 表示仅占用两个标签的个体数；x_3 表示三个标签都占用的个体数．

整理可知下列计算公式：

A 或 B 或 $C=A\cup B\cup C=A$，B，C 中至少一个 $=x_1+x_2+x_3=A+B+C-A\cap B-B\cap C-C\cap A+A\cap B\cap C=A+B+C-x_2-2x_3$

 基础模型题展示

某单位有 90 人，其中有 65 人参加外语培训，72 人参加计算机培训，已知参加外语培训而没有参加计算机培训的有 8 人，则参加计算机培训而没有参加外语培训的有（　　）人．

A. 5 　　　　B. 8 　　　　C. 10 　　　　D. 12 　　　　E. 15

考点分析	容斥类型问题	
步骤详解		
第一步	由"65 人参加外语培训""参加外语培训而没有参加计算机培训的有 8 人"可知，同时参加外语和计算机培训的有 65−8＝57（人）	满足题意的是选项 E
第二步	再由"72 人参加计算机培训"，结合同时参加外语和计算机培训的有 57 人，可知参加计算机培训而没有参加外语培训的有 72−57＝15（人）	

💡 **小贴士**

熟悉容斥定理模型与常用公式．

拓展测试

【拓展 22】 某单位有职工 40 人，其中参加计算机考核的有 31 人，参加外语考核的有 20 人，有 8 人没有参加任何一种考核，则同时参加两项考核的职工有（　　）人.

A. 10　　　B. 13　　　C. 15　　　D. 19　　　E. 以上均错

【拓展 23】 老师问班上 50 名学生的周末复习情况. 结果有 20 人复习过数学，30 人复习过语文，6 人复习过英语，且同时复习过数学和语文的有 10 人，同时复习过语文和英语的有 2 人，同时复习过英语和数学的有 3 人. 若同时复习过这三门课的人为 0，则没复习过这三门课程的学生人数为（　　）.

A. 7　　　B. 8　　　C. 9　　　D. 10　　　E. 11

六、不定方程类型

解题思路：

(1) 当方程个数少于未知数个数时，采用定性枚举；

(2) 通过整数、自然数等隐藏在生活实际中的规律，对变量进行奇偶性、尾数、倍数、大小估计，从而求出未知数.

基础模型题展示

一次考试有 20 道题，做对一题得 8 分，做错一题扣 5 分，不做不计分. 某同学共得 13 分，该同学没有做的题数是（　　）.

A. 4　　　B. 6　　　C. 7　　　D. 8　　　E. 9

考点分析	不定方程问题	
步骤详解		
第一步	设该生做对了 x 题，做错了 y 题，未做 z 题	
第二步	根据题意，可列出方程组：$\begin{cases} 8x-5y=13 & \cdots ① \\ x+y+z=20 & \cdots ② \end{cases}$ ⇒ ①+②×5 ⇒ $13x+5z=113$	满足题意的是选项 C
第三步	因为 x,y,z 都是正整数，所以分别从 1 开始向上给 x 赋值，则只有 $\begin{cases} x=6 \\ y=7 \\ z=7 \end{cases}$，则该同学没有做的题数是 7	

不定方程问题常需用正整数赋值.

拓展测试

【拓展 24】 在年底的献爱心活动中,某单位共有 100 人参加捐款. 经统计,捐款总额是 19 000 元,个人捐款数额有 100 元、500 元和 2 000 元三种,该单位捐款 500 元的人数为(   ).

A. 13　　　　B. 18　　　　C. 25　　　　D. 30　　　　E. 38

【拓展 25】 班长花了 500 元买了 10 元、15 元、20 元三种票价的电影票,其中票价 20 元的电影票比票价 10 元的电影票多 10 张.

(1) 班长买了 30 张电影票

(2) 班长买了 25 张电影票

七、分段收费类型

解题思路:

此类题目的特点:对于不同的范围,取值是不同的. 这类题目的关键在于,要先估算一下超越边界范围的取值,然后与所给的数值进行比对,根据比对的结果确定所对应的范围.

基础模型题展示

某商场在一次活动中规定:一次购物不超过 100 元时没有优惠;超过 100 元而没有超过 200 元时,按该次购物全额 9 折优惠;超过 200 元时,其中 200 元按 9 折优惠,超过 200 元部分按 8.5 折优惠. 若甲、乙两人在该商场购买的物品分别付费 94.5 元和 197 元,则两人购买的物品在举办活动前需要的付费总额是(   )元.

A. 291.5　　　　B. 314.5　　　　C. 325　　　　D. 291.5 或 314.5

E. 314.5 或 325

考点分析	分段收费问题	
步骤详解		
第一步	甲支付费用可能是不享受任何优惠的 94.5 元,也可能是 9 折后的 94.5 元,此时购物金额是 94.5÷90% = 105(元);所以甲的购物金额是 94.5 元或 105 元	满足题意的是选项 E
第二步	乙支付 197 元,其中 180 元是购物金额 200 元优惠过的费用,剩下的 197−180 = 17(元) 是购物金额超过 200 元享受 85 折优惠后的费用,这部分的购物金额是 17÷85% = 20(元);所以,乙的购物金额是 200+20 = 220(元)	
第三步	所以,甲、乙两人的购物总额是 220+94.5 = 314.5(元) 或 220+105 = 325(元)	

小贴士

此类题目的特点是:对于不同的范围,取值不同.

拓展测试

【拓展 26】 设自来水费的收费方法为:每户每月不超过 5 t 的每吨收费 4 元,超过 5 t 的每吨收取较高标准的费用.已知 9 月份张家的用水量比李家的用水量多 50%.张家和李家的水费分别是 90 元与 55 元,则用水量超过 5 t 的收费标准是(　　)元/t.

A. 5　　　B. 5.5　　　C. 6　　　D. 6.5　　　E. 7

八、最值类型

解题思路:

找出自变量和应变量,建立适当的函数关系求解.转化途径方式:(1)一元二次方程的最值问题;(2)均值不等式;(3)平面区域及简单的线性规划.

基础模型题展示

甲商店销售某种商品,该商品的进价为每件 90 元.若每件定价为 100 元,则一天内能售出 500 件.在此基础上,定价每增加 1 元,一天便少售出 10 件.甲商店欲获得最大利润,则该商品的定价应为(　　)元.

A. 115　　　B. 120　　　C. 125　　　D. 130　　　E. 135

考点分析	最值类型	
步骤详解		
第一步	设定价增加了 x 元,利润为 y 元	—
第二步	由题意,根据可列方程,并求解: $y=(100+x)\cdot(500-10x)-90\cdot(500-10x)$ 化简得 $y=-10(x^2-40x-500)$,是一个开口向下的一元二次函数,在对称轴即 $x=20$ 处取得最大值	满足题意的是选项 B
第三步	则该商品定价为 $100+20=120$(元)	

 小贴士

依托于二次函数单调性的最值类应用题,是所有最值问题中,考查频率最高的一种.

拓展测试

【拓展 27】 某商场将每台进价为 2 000 元的冰箱以 2 400 元销售时,每天销售 8 台.调研表明,这种冰箱的售价每降低 50 元,每天就多销售 4 台.若要每天销售利润最大,则该冰箱的定价为(　　)元.

A. 2 200　　　B. 2 250　　　C. 2 300　　　D. 2 350　　　E. 2 400

思维导图

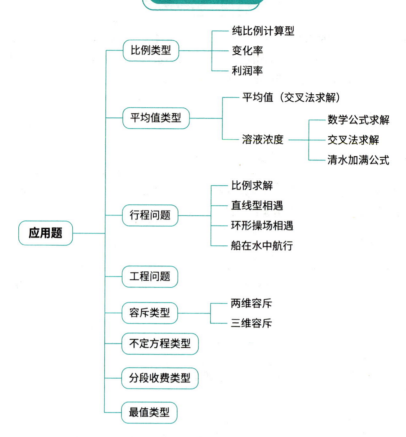

知识测评

掌握程度	知识点	自测
掌握	百分比型应用题（注意运用多层比例的统一比例求解思维）	
	变化率、利润率	
	交叉法求平均值	
	行程型应用题（注意运用定值的比例求解思维）	
	行程中直线型、环形以及水中航行的特定求解	
	工作总量、合作的优化思维	
	不定方程的"定性枚举"	
理解	清水加满型的溶液浓度	
	分段收费型应用题出题的细节	
	二维、三维型容斥应用题的公式及其求解	

第二节 题型总结

题型 7.1 基本算术问题

【例1】1 kg 牛肉的价格高于 1 kg 鸡肉的价格.
(1) 一家超市出售袋装鸡肉与袋装牛肉,一袋牛肉的价格比一袋鸡肉的价格高30%
(2) 一家超市出售袋装鸡肉与袋装牛肉,一袋牛肉比一袋鸡肉重25%

【答案】C

【解析】单独显然不充分,考虑联合. 设袋装鸡肉价格为 a,重量为 b,则袋装牛肉价格为 $1.3a$,重量为 $1.25b$,故鸡肉价格为 $\frac{a}{b}$,牛肉价格为 $\frac{1.3a}{1.25b} > \frac{a}{b}$,故联合成立,选 C.

【例2】四只小猴吃桃,第一只猴吃的是其他猴吃的 $\frac{1}{3}$,第二只猴吃的是其他猴吃的 $\frac{1}{4}$,第三只猴吃的是其他猴的 $\frac{1}{5}$,第四只猴将剩下的46个桃全吃了,则4只猴子共吃了(　　)个桃.

A. 80   B. 60   C. 120   D. 150   E. 175

【答案】C

【解析】第一只猴吃了其他猴吃的 $\frac{1}{3}$,设其他猴吃了 x 个,则第一只猴吃了 $\frac{x}{3}$ 个,共有 $\frac{4x}{3}$ 个桃,故第一只猴吃了总量的 $\frac{1}{4}$. 同理,第二只、第三只吃了总量的 $\frac{1}{5}$、$\frac{1}{6}$,则总桃数量为 $\frac{46}{1-\frac{1}{4}-\frac{1}{5}-\frac{1}{6}}=120$,故选 C.

【例3】某公司共有甲、乙两个部门. 如果从甲部门调10人到乙部门,那么乙部门人数是甲部门的2倍;如果把乙部门员工的20%调到甲部门,那么两个部门的人数相等. 该公司的总人数为(　　).

A. 150   B. 180   C. 200   D. 240   E. 250

【答案】D

【解析】设甲有 x 人,乙有 y 人,则由题意可得 $\begin{cases} y+10=2(x-10) \\ 0.8y=x+0.2y \end{cases}$,解得 $\begin{cases} x=90 \\ y=150 \end{cases}$,故 $x+y=240$,选 D.

题型 7.2 阶梯价格问题

【例4】某单位采取分段收费的方式收取网络流量(单位:GB)费用:每月流量20 GB(含)以内免费,流量20~30 GB(含)的每GB收费1元,流量30~40 GB(含)的每GB收费3元,流量40 GB以上的每GB收费5元,小王这个月用了45 GB的流量,则他应该交费(　　)元.

A. 45   B. 65   C. 75   D. 85   E. 135

【答案】B

【解析】由题意得 $(30-20)\times1+(40-30)\times3+(45-40)\times5=65$,故选 B.

题型 7.3 植树问题

出题模型	应对套路
闭合植树	植树数量 $= \dfrac{S_{总长}}{L_{间距}}$
不闭合植树	植树数量 $= \dfrac{S_{总长}}{L_{间距}} + 1$

【例5】将一批树苗种在一个正方形花园四周,如果每隔 3 m 种一棵树,那么剩下 10 棵树苗,如果每隔 2 m 种一棵,那么恰好种满正方形的 3 条边,则这批树苗有(　　)棵.

A. 54　　　B. 60　　　C. 70　　　D. 82　　　E. 94

【答案】D

【解析】设有树苗 x 棵,花园的一边长为 a,则有 $\begin{cases} x-10=\dfrac{4a}{3} \\ x=\dfrac{3a}{2}-1 \end{cases}$,解得 $x=82$,故选 D.

题型 7.4 均值问题

出题模型	应对套路
算术平均值	$\bar{x} = \dfrac{x_1+x_2+x_3+\cdots+x_n}{n}$
加权平均值	各数值先乘以相应的权数,然后加总求和得到总体值,再除以总的单位数
求数量或者比例	十字交叉法、极值法

【例6】某股民投资股票,已知他买了 1 000 股股票 A,价格 10 元/股,买了 2 000 股股票 B,价格 15 元/股,则他购买的两种股票平均每股(　　)元.

A. 12.5　　　B. $\dfrac{40}{3}$　　　C. 13　　　D. 14　　　E. 15

【答案】B

【解析】由题意得 $\bar{x} = \dfrac{1\,000 \times 10 + 2\,000 \times 15}{1\,000 + 2\,000} = \dfrac{40}{3}$,故选 B.

【例7】某车间共有40人,某次技术操作考核的平均成绩为80分,其中男工平均成绩为83分,女工平均成绩为78分.该车间有女工( )人.

A. 16　　　　B. 18　　　　C. 20　　　　D. 24　　　　E. 25

【答案】D

【解析】设女工有 x 人,男工有 $40-x$ 人,则 $\dfrac{78x+83(40-x)}{40}=80$,解得 $x=24$,故选 D.

【例8】某部门在一次联欢活动中共设了26个奖,奖品均价为280元,其中一等奖单价为400元,其他奖品均价为270元,一等奖的个数为( ).

A. 6　　　　B. 5　　　　C. 4　　　　D. 3　　　　E. 2

【答案】E

【解析】设一等奖有 x 个,其他奖品有 $26-x$ 个,故 $26\times280=400x+270(26-x)$,解得 $x=2$,故选 E.

【例9】已知某公司的男员工的平均年龄和女员工的平均年龄,则能确定该公司员工的平均年龄.
(1) 已知该公司员工的人数
(2) 已知该公司男女员工的人数之比

【答案】B

【解析】(1) 由于不知道男女的具体人数,不充分.

(2) 设男女员工人数之比为 $a:b$,则可得总平均年龄为 $\dfrac{\bar{x}_{男}a+\bar{x}_{女}b}{a+b}$,充分,故选 B.

【例10】已知某车间的男工人数比女工人数多80%,若在该车间一次技术考核中全体工人的平均成绩为75分,而女工平均成绩比男工平均成绩高20%,则女工的平均成绩为( )分.

A. 88　　　　B. 86　　　　C. 84　　　　D. 82　　　　E. 80

【答案】C

【解析】设女工人数为 a、男工平均成绩为 b,则男工人数为 $1.8a$、女工平均成绩 $1.2b$,故 $\dfrac{1.2ab+1.8ab}{2.8a}=75$,解得 $b=70$,故女工平均成绩为 $1.2\times70=84$(分),故选 C.

【例11】总成绩=甲成绩×30%+乙成绩×20%+丙成绩×50%,考试通过的标准是每部分≥50分,且总成绩≥60分,已知甲成绩70分,乙成绩75分,且通过了考试,则丙成绩至少是( )分.

A. 48　　　　B. 50　　　　C. 55　　　　D. 60　　　　E. 62

【答案】B

【解析】由题意得 $70\times30\%+75\times20\%+$丙$\times50\%\geq60$ 分,解得丙成绩≥48分.而通过时要求每部分≥50分,则丙成绩最少为50分.

题型 7.5　增长率问题与等比数列

出题模型	应对套路
变化率公式	变化率 $= \dfrac{|\text{现值}-\text{原值}|}{\text{原值}}$
甲比乙大 $a\%$	$\dfrac{\text{甲}-\text{乙}}{\text{乙}} = a\%$
乙比甲小 $a\%$	$\dfrac{\text{甲}-\text{乙}}{\text{甲}} = a\%$
商品原价为 m，先涨价 $p\%$，再降价 $p\%$，则现在售价为	$m(1+p\%)(1-p\%) = m(1-p\%^2) < m$
商品原价为 m，先降价 $p\%$，再涨价 $p\%$，则现在售价为	$m(1-p\%)(1+p\%) = m(1-p\%^2) < m$
某物品初始金额为 a，先以平均增长率 x 增长 n 期，再以平均下降率 y 下降 m 期，则现在价值为	$a(1+x)^n(1-y)^m = b$

【例 12】某品牌电冰箱连续两次降价 10% 后的售价是降价前的（　　）.

A. 80%　　　B. 81%　　　C. 82%　　　D. 83%　　　E. 85%

【答案】B

【解析】设原价为 a，则降价两次 10% 后的价格为 $(1-10\%)(1-10\%)a = 0.81a$，故选 B.

【例 13】在股市的二级市场上，某只股票首日上市只上涨 25%，第二天该股的价格下跌至首日的开盘价，则第二天股价下跌（　　）.

A. 25%　　　B. 20%　　　C. 22%　　　D. 30%　　　E. 18%

【答案】B

【解析】设原价为 a，则首日上市价为 $1.25a$，故跌幅为 $\dfrac{1.25a-a}{1.25} \times 100\% = 20\%$，故选 B.

【例 14】某新兴产业在 2005 年年末至 2009 年年末产值的年平均增长率为 q，在 2009 年年末至 2013 年年末的年平均增长率比前四年下降了 40%，2013 年的产值约为 2005 年产值的 14.46（$\approx 1.95^4$）倍，q 约为（　　）.

A. 30%　　　B. 35%　　　C. 42%　　　D. 45%　　　E. 50%

【答案】B

【解析】设 2005 年的产值为 a，则 2009 年的产值为 $a(1+q)^4$，2013 年的产值为 $a(1+q)^4(1+0.6q)^4 \approx 1.95^4 a$，解得 $q = \dfrac{1}{2}$，故选 B.

【例 15】有一种细菌和一种病毒，每个细菌在每一秒末能杀死一个病毒的同时将自身分裂为两个. 现在有一个这样的细菌和 100 个这样的病毒，则细菌将病毒全部杀死至少需要（　　）s.

A. 6　　　B. 7　　　C. 8　　　D. 9　　　E. 5

【答案】B

【解析】由题意可得，细菌的分裂式子为 2^{n-1}，则 $S_n = \dfrac{1\times(1-2^n)}{1-2} \geq 100$ ($n\in \mathbf{Z}$)，解得 $n\geq 7$，故选 B.

题型 7.6　路程公式的运用

出题模型	应对套路
基础公式	$S=Vt$ (S 为路程，V 为平均速度，t 为时间)
相对速度问题	同向：$\Delta V = V_{大} - V_{小}$； 反向：$\Delta V = V_{大} + V_{小}$
直线追击相遇问题	相向相遇：甲的速度×时间+乙的速度×时间=距离之和； 同向追击：追击距离=追击时间×速度差
比例扩展	t 相同时，则 $\dfrac{V_1}{V_2} = \dfrac{S_1}{S_2} = K$； S 相同时，则 $\dfrac{V_1}{V_2} = \dfrac{t_2}{t_1}$

【例 16】甲、乙两人从相距 20 km 的两地同时出发，相向而行，甲的速度为 6 km/h，乙的速度为 4 km/h，一只小狗与甲同时出发向乙奔去，小狗遇到乙之后又立即掉头向甲跑去，遇到甲之后又立即掉头向乙跑去，直到甲乙两人相遇为止，若小狗的速度为 13 km/h，则在这一奔跑过程中，小狗跑的总路程是（　　）km.

A. 26　　　　B. 24　　　　C. 28　　　　D. 32　　　　E. 34

【答案】A

【解析】由题意得，甲、乙相遇需要的时间为 $t = \dfrac{20}{6+4} = 2$ h，故小狗跑的总路程为 $13\times 2 = 26$ km，故选 A.

【例 17】甲、乙两人相距 330 km，他们驾车同时出发，经过 2 h 相遇，甲继续行驶 2 h 24 min 后到达乙的出发地，则乙的车速为（　　）km/h.

A. 0　　　　B. 75　　　　C. 80　　　　D. 90　　　　E. 96

【答案】D

【解析】由题意得 $\begin{cases} 2(v_{甲}+v_{乙}) = 330 \\ \left(2+2\dfrac{24}{60}\right)v_{乙} = 330 \end{cases}$，解得 $v_{乙} = 90$，故选 D.

【例 18】一支队伍排成长度为 800 m 的队列行军，速度为 80 m/min. 队首的通讯员以 3 倍于行军的速度跑步到队尾，花 1 min 传达首长命令后，立即以同样的速度跑回到队首，在这往返全过程中通讯员所花费的时间为（　　）min.

A. 6.5　　　　B. 7.5　　　　C. 8　　　　D. 8.5　　　　E. 10

【答案】D

【解析】由题意可得 $v_{通} = 240$ m/min,从队首到队尾的时间为 $\frac{800}{80+240} = 2.5$ min,从队尾到队首的时间为 $\frac{800}{240-80} = 5$ min,故共花费 $(1+2.5+5)$ min,即 8.5 min,故选 D.

【例19】上午9时一辆货车从甲地出发前往乙地,同时一辆客车从乙地出发前往甲地,中午12时两车相遇,已知货车和客车的时速分别是 90 km 和 100 km,则当客车到达甲地时,货车距乙地的距离是(　　) km.

A. 30　　　　B. 43　　　　C. 45　　　　D. 50　　　　E. 57

【答案】E

【解析】由题意得甲、乙两地距离为 $S = 3 \times (90+100) = 570$ km,故客车到甲地所需时间为 $t = \frac{570}{100} = 5.7$ h,故货车共行驶 $90 \times 5.7 = 513$ km,距离乙地 $570 - 513 = 57$ km,故选 E.

题型 7.7　多次相遇问题

【例20】甲、乙两人在相距 1 800 米的 A、B 两地,相向运动,甲的速度 100 m/min,乙的速度 80 m/min,甲、乙两人到达对面后立即按原速度返回,则两人第三次相遇时,甲距其出发点(　　) m.

A. 600　　　　B. 900　　　　C. 1 000　　　　D. 1 400　　　　E. 1 600

【答案】D

【解析】甲、乙第三次相遇时共走了 5 个全程,使用的时间为 $t = \frac{5 \times 1\,800}{100+80} = 50$ min,故甲一共走的路程为 $S_{甲} = 50 \times 100 = 5\,000$ m,距离出发点 $5\,000 - 2 \times 1\,800 = 1\,400$ m,故选 D.

【例21】甲、乙两辆汽车同时从 A,B 两站相向开出.第一次在离 A 站 60 km 的地方相遇之后,两车继续以原来的速度前进,各自到达对方车站后都立即返回,又在距 B 站 30 km 处相遇,两站相距(　　) km.

A. 130　　　　B. 140　　　　C. 150　　　　D. 160　　　　E. 180

【答案】C

【解析】设两站相距 x km,则 $\begin{cases} \dfrac{60}{v_{甲}} = \dfrac{x-60}{v_{乙}} \\ \dfrac{x-60+30}{v_{甲}} = \dfrac{60+x-30}{v_{乙}} \end{cases}$,解得 $\dfrac{v_{甲}}{v_{乙}} = \dfrac{2}{3}$,代入可解得 $x = 150$,故选 C.

【例22】甲、乙两人上午 8:00 分别自 A、B 出发相向而行,9:00 第一次相遇,之后速度均提高了 1.5 km/h,甲到 B、乙到 A 后都立刻沿原路返回.若两人在 10:30 第二次相遇,则 A、B 两地的距离为(　　) km.

A. 5.6　　　　B. 7　　　　C. 8　　　　D. 9　　　　E. 9.5

【答案】D

【解析】由题意得 $\begin{cases} v_{甲} + v_{乙} = S \\ 1.5[(v_{甲}+1.5) + (v_{乙}+1.5)] = 2S \end{cases}$,解得 $S = 9$,故选 D.

题型 7.8 顺水、逆水问题

出题模型	应对套路
基础公式	（1）顺水速度＝船速＋水速 （2）逆水速度＝船速－水速
扩展公式	（3）静水速度＝船速＝（顺水速度＋逆水速度）÷2 （4）水速＝（顺水速度－逆水速度）÷2
秒杀技巧	只要题干没有要求水速不为 0，则可令水速为 "0"

【例 23】已知船在静水中的流速为 28 km/h，河水的流速为 2 km/h，则此船在相距 78 km 的两地间往返一次所需的时间是（　　）h.

A. 5.9　　　　B. 5.6　　　　C. 5.4　　　　D. 4.4　　　　E. 4

【答案】A

【解析】船往返一次顺水一次逆水，由题意可得 $t=\dfrac{78}{28+2}+\dfrac{78}{28-2}=5.6$ h，故选 A.

【例 24】一艘小轮船上午 8:00 起航逆流而上（设船速和水流速度一定），中途船上一块木板落入水中，直到 8:50 船员才发现这块重要的木板丢失，立即掉转船头去追，最终于 9:20 追上木板，由上述数据可以算出木板落水的时间是（　　）.

A. 8:35　　　　B. 8:30　　　　C. 8:25　　　　D. 8:20　　　　E. 8:15

【答案】D

【解析】设出发开始经历 x min 木板落水，则 $v_{船逆}=v_{船}-v_{水}=v_{木逆}$，$v_{船顺}=v_{船}+v_{水}$，木板与船从分离到船追上，位置的变化量相同，即 $S_{木逆}-S_{木顺}=S_{船逆}-S_{船顺}$，代入可得 $x(v_{船}-v_{水})-v_{水}(30+50-x)=50(v_{船}-v_{水})-30(v_{船}+v_{水})$，可解得 $x=20$，故选 D.

题型 7.9 跑圈问题

出题模型	应对套路
从同一起点出发	（1）甲、乙每相遇一次，甲比乙多跑一圈，若相遇 n 次，则有：$S_{甲}-S_{乙}=nS$； （2）反向：甲、乙每相遇一次，甲、乙的路程和为一圈，若相遇 n 次，则有：$S_{甲}+S_{乙}=nS$； （3）跑得快的必定从后方超过跑得慢的； （4）再次回到出发点相遇：无论是同向还是反向，速度比＝路程比＝圈数之比
从不同起点出发	（1）同向：追击问题（跑得快的追跑得慢的）； （2）反向：相遇问题

【例25】 甲、乙两人在环形跑道上跑步,他们同时从起点出发,当方向相反时每隔48 s相遇一次,当方向相同时每隔10 min相遇一次.若甲每分钟比乙快40 m,则甲、乙两人的跑步速度分别是(　　)(单位:m/min).

A. 470,430　　B. 380,340　　C. 370,330　　D. 280,240　　E. 270,230

【答案】 E

【解析】 由题意得 $\begin{cases} (v_甲+v_乙)\dfrac{48}{60}=S \\ 10(v_甲-v_乙)=S \\ v_甲=v_乙+40 \end{cases}$,解得 $v_甲=270$, $v_乙=230$,故选 E.

【例26】 甲、乙两人从同一起跑线上绕周长为300 m的跑道跑步,甲每秒跑6 m,乙每秒跑4 m.则第二次在起跑线追上乙时甲跑了(　　)m.

A. 1 400　　B. 1 800　　C. 2 000　　D. 2 100　　E. 2 400

【答案】 B

【解析】 设第二次甲在起跑线上追上乙时,甲所用的时间为 t,由题意得 $(6-4)t=2\times 300$,解得 $t=300$ s,因此甲跑了 $300\times 6=1\,800$ m,选 B.

题型7.10　火车问题

出题模型	应对套路
火车过段（隧道）	火车通过的距离=车长+隧道长
火车过点（电线杆）	火车通过的距离=车长
火车过动点时需要考虑相对速度	(1) 快车超过慢车：相对速度=快车速度-慢车速度（同向而去，速度相减）； (2) 两车相对而行：相对速度=快车速度+慢车速度（迎面而来，速度相加）

【例27】 一列火车完全通过一个长为1 600 m的隧道用了25 s,通过一根电线杆用了5 s,则该列火车的长度为(　　)m.

A. 200　　B. 300　　C. 400　　D. 450　　E. 500

【答案】 C

【解析】 由题意得 $\begin{cases} 25v=1\,600+l \\ 5v=l \end{cases}$,解得 $l=400$,故选 C.

【例28】 快、慢两列车的长度分别为160 m和120 m,它们相向行驶在平行轨道上,若坐在慢车上的人见整列快车驶过的时间是4 s,那么坐在快车上的人见整列慢车驶过的时间是(　　)s.

A. 3　　B. 4　　C. 5　　D. 6

E. 以上选项均不正确

【答案】 A

【解析】坐在慢车上的人看到的是快车的长度，即 $(v_{快}+v_{慢}) \times 4 = 160$，则快车的人看到整列慢车驶过的时间为 $\dfrac{120}{v_{快}+v_{慢}} = 3$ s，故选 A.

【例29】在一条与铁路平行的公路上有一行人与一骑车人同向行进，行人速度为 3.6 km/h，骑车速度为 10.8 km/h. 如果一列火车从他们的后面同向匀速驶来，它通过行人的时间是 22 s，通过骑车人的时间是 26 s，则这列火车的车身长为（ ）m.

A. 186　　　　B. 268　　　　C. 168　　　　D. 286　　　　E. 188

【答案】D

【解析】转换单位，3.6 km/h = 1 m/s，10.8 km/h = 3 m/s，由题意得 $\begin{cases} 22v_{火车} = l + 1 \times 22 \\ 26v_{火车} = l + 3 \times 26 \end{cases}$，解得 $v_{火车} = 14$ m/s，$l = 286$ m，故选 D.

题型 7.11　工作效率问题

> (1) 基本等量关系：工作效率 = $\dfrac{\text{工作量}}{\text{工作时间}}$.
> (2) 常用的等量关系：各部分的工作量之和 = 总工作量 = 1.
> (3) 工程问题中，总工程量一般设成单位 1，部分情况也可设成天数的最小公倍数.
> (4) 工程问题中，一般把天数设成未知量.

【例30】现有一批文字材料需要打印，两台新型打印机单独完成此任务分别需要 4 h 与 5 h，两台旧型打印机单独完成此任务分别需要 9 h 与 11 h，则能在 2.5 h 内完成此任务.

(1) 安排两台新型打印机同时打印

(2) 安排一台新型打印机与两台旧型打印机同时打印

【答案】D

【解析】(1) $t = \dfrac{1}{\dfrac{1}{4}+\dfrac{1}{5}} = \dfrac{20}{9} < \dfrac{5}{2}$，充分.

(2) 使用效率低的新型打印机 $t = \dfrac{1}{\dfrac{1}{5}+\dfrac{1}{9}+\dfrac{1}{11}} = \dfrac{495}{199} < \dfrac{5}{2}$，若使用效率高的新型打印机显然时间更短更充分，故选 D.

【例31】某工厂生产一批零件，计划 10 天完成任务，实际提前 2 天完成，则每天的产量比计划平均提高了（ ）.

A. 15%　　　B. 20%　　　C. 25%　　　D. 30%　　　E. 35%

【答案】C

【解析】设原计划的每天产量为 a，实际比平均提高了 $b\%$，则有 $10a = 8a(1+b\%)$，解得 $b = 25$，故选 C.

【例32】某车间计划10天完成一项任务，工作了3天后因故停工2天，若要按原计划完成任务，则工作效率需要提高（　　）.

A. 20%　　　　B. 30%　　　　C. 40%　　　　D. 50%　　　　E. 60%

【答案】C

【解析】设原计划的每天产量为 a，按原计划完成，工作效率需提高 $b\%$，则有 $10a=3a+(10-3-2)a(1+b\%)$，解得 $b=40$，故选 C.

题型 7.12　基本工程问题

> 设天数为未知量，返回求效率，根据效率列等式.

【例33】一项工作，甲、乙两人合作需要 2 天，人工费 2 900 元；乙、丙两人合作需要 4 天，人工费 2 600 元；甲、丙两人合作 2 天完成了全部工作量的 $\dfrac{5}{6}$，人工费 2 400 元. 甲单独做该工作需要的时间与人工费分别为（　　）.

A. 3 天，3 000 元　　　　B. 3 天，2 850 元

C. 3 天，2 700 元　　　　D. 4 天，3 000 元

E. 4 天，2 900 元

【答案】A

【解析】设总工作量为 1，甲、乙、丙的工作效率为 a, b, c，则 $\begin{cases} 2(a+b)=1 \\ 4(b+c)=1 \\ 2(a+c)=\dfrac{5}{6} \end{cases}$，$a=\dfrac{1}{3}$，即甲需要 3 天完成. 设甲、乙、丙每天的人工费为 x, y, z，则有 $\begin{cases} 2(x+y)=2\ 950 \\ 4(y+z)=2\ 600 \\ 2(x+z)=2\ 400 \end{cases}$，解得 $x=1\ 000$，则甲单独做需要 3 天，人工费为 3 000 元，故选 A.

【例34】公司的一项工程由甲、乙两队合作 6 天完成，公司需付 8 700 元，由乙、丙两队合作 10 天完成，公司需付 9 500 元，甲、丙两队合作 7.5 天完成，公司需付 8 250 元，若单独承包给一个工程队并且要求不超过 15 天完成全部工作，则公司付钱最少的队是（　　）.

A. 甲队　　　　B. 丙队　　　　C. 乙队　　　　D. 不能确定

E. 以上选项均不正确

【答案】A

【解析】设总工作量为 1，甲、乙、丙的工作效率为 a, b, c，则 $6(a+b)=1$，$10(b+c)=1$，$7.5(a+c)=1$，解得 $a=\dfrac{1}{10}$，$b=\dfrac{1}{15}$，$c=\dfrac{1}{30}$，即分别需要 10 天、15 天、30 天. 设甲、乙、丙每天的人工费为 x, y, z，则有 $6(x+y)=8\ 700$，$10(y+z)=9\ 500$，$7.5(x+z)=8\ 250$，解得 $x=800$，$y=650$，$z=300$，而要求在 15 天之内可以完成的队只有甲、乙，分别需要 8 000 元与 9 750 元，故选 A.

【例35】完成某项任务，甲单独做需4天，乙单独做需6天，丙单独做需8天，现甲、乙、丙三人依次一日一轮换地工作，则完成该项任务共需的天数为（　　）.

A. $6\dfrac{2}{3}$　　　B. $5\dfrac{1}{3}$　　　C. 6　　　D. $4\dfrac{2}{3}$　　　E. 4

【答案】B

【解析】甲、乙、丙的工作效率分别为 $\dfrac{1}{4}$，$\dfrac{1}{6}$，$\dfrac{1}{8}$，5天后完成任务 $\dfrac{1}{4}+\dfrac{1}{6}+\dfrac{1}{8}+\dfrac{1}{4}+\dfrac{1}{6}=\dfrac{23}{24}$，剩余 $\dfrac{1}{24}$ 轮到丙工作，需要 $\dfrac{1}{3}$ 天，故共需要 $5\dfrac{1}{3}$ 天，选 B.

【例36】甲、乙两队修一条公路，甲单独施工需要40天完成，乙单独施工需要24天完成，现在两队同时从两端开始施工，在距离公路中点7.5 km处会合完工，则公路长度为（　　）km.

A. 60　　　B. 70　　　C. 80　　　D. 90　　　E. 100

【答案】A

【解析】由题意得 $\dfrac{\frac{S}{2}+7.5}{\frac{1}{24}}=\dfrac{\frac{S}{2}-7.5}{\frac{1}{40}}$（两队工作时间相同），解得 $S=60$，故选 A.

题型 7.13　工程效率变化和路程变速问题

出题模型	应对套路
变化问题	对于工程效率变化或路程变速问题，根据时间列等式
提前完成	计划时间−实际时间=时间差值
滞后完成	实际时间−计划时间=时间差值

【例37】一辆大巴车从甲城以匀速 v 行驶可按照预定时间到达乙城，但在距乙城还有150 km处因故障停留了半小时，因此需要以平均每小时增加10 km的速度才能按照预定时间到达乙城，则大巴车原来的速度 v 为（　　）km/h.

A. 45　　　B. 50　　　C. 55　　　D. 60　　　E. 65

【答案】B

【解析】由题意得 $\dfrac{S}{v}=\dfrac{S-150}{v}+\dfrac{1}{2}+\dfrac{150}{v+10}$，可约去 S，解得 $v=50$ 或 -60（舍），故选 B.

【例38】某施工队承担了开凿一条长为2 400 m隧道的工程，在掘进了400 m后，由于改进了施工工艺，每天比原计划多掘进2 m，最后提前50天完成了施工任务，原计划施工工期是（　　）天.

A. 200　　　B. 240　　　C. 250　　　D. 300　　　A. 350

【答案】D

【解析】设原施工计划每天掘进 x m，由题意得有 $\dfrac{2\,400}{x} = \dfrac{400}{x} + \dfrac{2\,000}{x+2} + 50$，解得 $x = 8$ 或 -10（舍去负根），所以原计划施工 $2\,400 \div 8 = 300$ 天，故选 D.

题型 7.14　盈不足问题

【例39】有一批同规格的正方形瓷砖，用它们铺满整个正方形区域时剩余180块，将此正方形区域的边长增加一块瓷砖的长度时，还需要增加21块才能铺满，该批瓷砖共有（　　）块.

A. 9 981　　　B. 10 000　　　C. 10 180　　　D. 10 201　　　E. 10 222

【答案】C

【解析】设最初一边的区域需要 x 块，则边长增加一块后需要 $x+1$ 块，故两者的差值为 $(x+1)^2 - x^2 = 180 + 21$，解得 $x = 100$，故瓷砖有 $100^2 + 180 = 10\,180$ 块，选 C.

【例40】几个朋友外出游玩，购买了一些瓶装水，则能确定购买的瓶装水数量.

（1）若每人分2瓶，则剩余30瓶.

（2）若每人分10瓶，则只有一人不够.

【答案】C

【解析】单独显然不充分，考虑联合. 设有 x 人，m 瓶水，不够的一个人有 a 瓶水（$a < 10$），将（1）（2）联立可得 $\begin{cases} 2x + 30 = m \\ 10(x-1) + a = m \end{cases}$，故 $40 - a = 8x$，其中 a 只能取 8，所以 $x = 4$，$m = 2 \times 4 + 30 = 38$，因此可以确定，故选 C.

题型 7.15　不定方程问题

1. 不定方程

丢番图方程（Diophantine Equation）：有一个或者几个变量的整系数方程，它们的求解仅在整数范围内进行. 最后这个限制使得丢番图方程求解与实数范围方程求解有根本的不同. 丢番图方程又名不定方程、整系数多项式方程，是变量仅容许取整数的多项式等式.

2. 题型特点

（1）未知数的个数多于方程的个数；

（2）解是整数或者自然数.

3. 求解

使用穷举法，可通过题干的限制条件、奇偶性、倍数关系、尾数计算法等减小讨论范围.

【例41】在年底的献爱心过程中，某单位共有100人参加捐款. 经统计，捐款总额是19 000元，个人捐款数额有100元、500元和2 000元三种，该单位捐款500元的人数为（　　）.

A. 13　　　B. 18　　　C. 25　　　D. 30　　　E. 38

【答案】A

【解析】设捐 100 元的有 a 人，捐 500 元的有 b 人，捐 2 000 元的有 c 人，故 $\begin{cases} a + b + c = 100 \\ 100a + 500b + 2\,000c = 19\,000 \end{cases}$，可得 $4b + 19c = 90$，由于 4 与 90 都是偶数，则 c 必为偶数，将 0，2，4

代入后发现只有 $c=2$ 时，b 才有整数解，此时 $b=13$，故选 A.

【例 42】某机构向 12 位教师征题，共征集到 5 种题型的试题 52 道，则能确定供题教师的人数.
(1) 每位供题教师提供题数相同
(2) 每位供题教师提供的题型不超过 2 种

【答案】C

【解析】单独显然不充分，考虑联合.(1) 设有 a 名教师供题，每位教师供题 b 道，则 $\begin{cases} ab=52 \\ a \leq 12 \end{cases}$，则 a 为 2 或 4，当 a 为 2 时，最多有 4 种题型，当 a 为 4 时，最多有 8 种题型，可以满足题意，故选 C.

【例 43】甲购买了若干件 A 玩具，乙购买了若干件 B 玩具，甲比乙少花了 100 元.则能确定甲购买的玩具件数.
(1) 甲与乙共购买了 50 件玩具
(2) A 玩具的价格是 B 玩具的 2 倍

【答案】E

【解析】单独显然不充分，考虑联合.设购买 A 玩具 x 件，B 玩具 $50-x$ 件，A 玩具每件 $2y$ 元，B 玩具每件 y 元，故 $2xy+100=(50-x)y$，无法解出 x，y，故选 E.

【例 44】某人购买了果汁、牛奶和咖啡三种物品，已知果汁每盒 12 元，牛奶每盒 15 元，咖啡每盒 35 元，则能确定所买各种物品的数量.
(1) 总花费为 104 元
(2) 总花费为 215 元

【答案】A

【解析】设买果汁、牛奶、咖啡分别 a，b，c 盒.
(1) 若总花费为 104 元，则 $c=1$ 或 2. 当 $c=1$ 时，$12a+15b=69$，当 $b=3$，$a=2$ 时，有解；当 $c=2$ 时，$12a+15b=34$，无整数解.故可以确定，充分.
(2) 显然可能性不止一种，如 $a=5$、$b=8$、$c=1$，$a=10$、$b=4$、$c=1$ 等.不能确定，不充分，故选 A.

题型 7.16　利润问题

【例 45】一家商店为回收资金，把甲、乙两件商品以 480 元/件卖出，已知甲商品赚了 20%，乙商品亏了 20%，则商品盈亏结果为（　　）.
A. 不亏不赚　　B. 亏了 50 元　　C. 赚了 50 元　　D. 赚了 40 元　　E. 亏了 40 元

【答案】E

【解析】设甲商品进价为 x 元，乙商品进价为 y 元，则 $\dfrac{480-x}{x} \times 100\% = 20\%$，$\dfrac{480-y}{y} \times 100\% = -20\%$，解得 $x=400$，$y=600$，则成本共为 1 000 元，而共卖出获得 960 元，故亏了 40 元，选 E.

【例 46】 甲商店销售某种商品，该商品的进价为每件 90 元，若每件定位 100 元，则一天内能售出 500 件，在此基础上，定价每增 1 元，一天少售出 10 件. 为使甲商店获得最大利润，该商品的定价应为（　　）元.

A. 115　　　B. 120　　　C. 125　　　D. 130　　　E. 135

【答案】B

【解析】设商品定价为 x 元，利润为 y 元，由题意得 $y=(x-90)[500-10(x-100)]=-10x^2+2400x+3500$，当取二次函数对称轴 $x=-\dfrac{2400}{-20}=120$ 时，y 取最大值，故选 B.

题型 7.17　溶液问题

出题模型	应对套路
蒸发	溶质守恒定律，根据溶质不变列等式
结晶	溶质守恒定律，根据水不变列等式
倒出 L L 溶液，加 L L 水，重复几次	$a\times\left(\dfrac{V-L}{V}\right)^n=b$
溶液配比问题	十字交叉法

1. 蒸发问题

【例 47】 仓库运来含水量为 90% 的一种水果 100 kg，一星期后再测发现含水量降低了，现在这批水果的总重量是 50 kg.

(1) 含水量变为 80%

(2) 含水量降低了 20%

【答案】A

【解析】刚运来时水果中的水分重量为 $90\%\times100=90$ kg，纯果肉含量为 10 kg.

(1) 含水量为 80% 时，果肉量为 20%，故总重量为 $\dfrac{10}{20\%}\times100\%=50$ kg，充分.

(2) 含水量为 70% 时，不充分，故选 A.

2. 倒出 L L 溶液，加 L L 水，重复几次问题

【例 48】 某容器内装满了浓度为 90% 的酒精，倒出 1 L 后用水将容器注满，搅拌均匀后又倒出 1 L，再用水将容器注满，已知此时的酒精浓度为 40%，则该容器的容积是（　　）L.

A. 2.5　　　B. 3　　　C. 3.5　　　D. 4　　　E. 4.5

【答案】B

【解析】设容器的容积为 v，则有 $0.9v$ 的纯酒精. 倒出 1 L 溶液用水装满后，则纯酒精剩余 $(0.9v-0.9)$ L，此时酒精浓度为 $\dfrac{0.9v-0.9}{v}\times100\%$. 再倒出 1 L 溶液用水装满后，减少酒精为 $\left(1\times\dfrac{0.9v-0.9}{v}\right)$ L，剩余 $\left(0.9v-0.9-1\times\dfrac{0.9v-0.9}{v}\right)$ L，浓度为 $\dfrac{0.9v-0.9-1\times\dfrac{0.9v-0.9}{v}}{v}=40\%$，解得

$v=3$,故选 B.

【例49】一满桶纯酒精倒出 10 L 后,加满水搅匀,再倒出 4 L 后,再加满水,此时桶中的纯酒精与水的体积之比是 2:3.则该桶的容积是（　　）L.

A. 15　　　　B. 18　　　　C. 20　　　　D. 22　　　　E. 25

【答案】C

【解析】设满桶容积为 v L,倒出 10 L 加满水后剩余纯酒精为 $(v-10)$ L,浓度为 $\frac{v-10}{v} \times 100\%$. 再倒出 4 L 再加满水后,倒出的酒精为 $\left(4 \times \frac{v-10}{v}\right)$ L,剩余的酒精为 $\left(v-10-4\times\frac{v-10}{v}\right)$ L,而剩余的纯酒精与水的比例为 2:3,即浓度为 40%,可知 $\frac{v-10-4\times\frac{v-10}{v}}{v}=40\%$,解得 $v=20$,故选 C.

3. 溶液配比问题

【例50】若用浓度为 30% 和 20% 的甲、乙两种食盐溶液配成浓度为 24% 的食盐溶液 500 g,则甲、乙两种溶液各取（　　）.

A. 180 g，320 g　　　　　　B. 185 g，315 g
C. 190 g，310 g　　　　　　D. 195 g，305 g
E. 200 g，300 g

【答案】E

【解析】设甲溶液 a g,乙溶液 b g,由题意可得 $\begin{cases}a+b=500\\0.3a+0.2b=500\times 0.24\end{cases}$,解得 $\begin{cases}a=200\\b=300\end{cases}$,故选 E.

题型 7.18　集合问题

集合的关系与运算

(1) 子集.

两个集合 A 和 B,如果集合 A 的任何一个元素都是集合 B 的元素,那么集合 A 叫作集合 B 的子集,记作 $A \subseteq B$,读作"A 包含于 B".

(2) 真子集.

如果 $A \subseteq B$,且 $A \neq B$,则集合 A 是集合 B 的真子集,记作 $A \subset B$;或者,如果 $A \subseteq B$,且存在元素 $x \in B$,但 $x \notin A$,则称集合 A 是集合 B 的真子集.

- 空集是任何非空集合的真子集.

(3) 交集.

以属于 A 且属于 B 的元素组成的集合称为 A 与 B 的交（集）,记作 $A \cap B$（或 $B \cap A$）,读作"A 交 B"（或"B 交 A"）,即 $A \cap B = \{x \mid x \in A$ 且 $x \in B\}$.

(4) 并集.

以属于 A 或属于 B 的元素组成的集合称为 A 与 B 的并（集）,记作 $A \cup B$（或 $B \cup A$）,读作"A 并 B"（或"B 并 A"）,即 $A \cup B = \{x \mid x \in A$ 或 $x \in B\}$.

(5) 全集与补集.
- 全集是一个相对的概念, 包含所研究问题中所涉及的所有元素.
- 若给定全集 U, 有 $A \subseteq U$, 则全集 U 中所有不属于 A 的元素的集合叫作 A 的补集, 记为 $\overline{A}$.

出题模型	应对套路
两饼图	$A \cup B = A + B - A \cap B$
三饼图	$A \cup B \cup C = A + B + C - (A \cap B + B \cap C + C \cap A) + A \cap B \cap C$ $A + B + C = Ⅰ \times 1 + Ⅱ \times 2 + Ⅲ \times 3$ $A \cup B \cup C = Ⅰ + Ⅱ + Ⅲ$

【例 51】 某年级 60 名学生中, 有 30 人参加合唱团、45 人参加运动队, 其中参加合唱团而未参加运动队的有 8 人, 则参加运动队而未参加合唱团的有 (　　) 人.
A. 15　　　　B. 22　　　　C. 23　　　　D. 30　　　　E. 37

【答案】 C

【解析】 由题意可得有 $30-8=22$ 人既参加了合唱团也参加了运动会, 所以只参加运动队的人数为 $45-22=23$ 人, 故选 C.

【例 52】 老师问班上 50 名同学周末的复习情况, 结果有 20 人复习过数学, 30 人复习过语文, 6 人复习过英语, 同时复习过数学和语文的有 10 人, 同时复习过语文和英语的有 2 人, 同时复习过英语和数学的有 3 人. 若同时复习过这三门课的人数为 0, 则没有复习过这三门课程的学生人数为 (　　).
A. 7　　　　B. 8　　　　C. 9　　　　D. 10　　　　E. 11

【答案】 C

【解析】 设只复习过一门的人数为 x, 则 $20+30+6=x+(10+2+3) \times 2$, 解得 $x=26$, 则没有复习过的人数为 $50-26-10-2-3=9$ 人, 故选 C.

【例 53】 某便利店第一天售出 50 件商品, 第二天售出 45 件, 第三天售出 60 件, 前两天售出的商品有 25 种相同, 后两天售出的商品有 30 种相同, 这三天售出商品至少有 (　　) 种.
A. 70　　　　B. 75　　　　C. 80　　　　D. 85　　　　E. 100

【答案】 B

【解析】 第一天与第二天共售 $50+45-25=70$ 种, 要使三天售出的商品最少, 则使得第二、三天种类相同的 30 种中的 25 种与第一、三天的一样, 即三天共同交集为 25 种. 设第一天与第三天有 x 种相同的商品, 且相同的商品数量越大, 总种类越少. 当 x 为 25 时, 可使总种类最少, 此时第三天有 $60-30-25=5$ 种只有第三天销售的商品. 因此总共最少有 $70+5=75$ 种, 故选 B.

第三节　综合能力测试

扫码观看
章节测试讲解

一、问题求解：第1~10小题，每小题6分，共60分．下列每题给出的 A、B、C、D、E 五个选项中，只有一项是符合试题要求的．

1. 甲、乙两商店同时购进了一批某品牌电视机，当甲店售出 15 台时乙售出了 10 台，此时两店的库存比为 8：7，库存差为 5 台，甲、乙两店总进货量为（　　）台．
   A. 85　　　　　B. 90　　　　　C. 95　　　　　D. 100　　　　　E. 125

2. 某产品去年涨价 10%，今年涨价 20%，则该产品这两年涨价（　　）．
   A. 15%　　　　B. 16%　　　　C. 30%　　　　D. 32%　　　　E. 33%

3. 设 $\dfrac{1}{x}:\dfrac{1}{y}:\dfrac{1}{z}=4:5:6$，则使 $x+y+z=74$ 成立的 y 的值是（　　）．
   A. 24　　　　B. 36　　　　C. $\dfrac{74}{3}$　　　　D. $\dfrac{37}{2}$　　　　E. $\dfrac{37}{4}$

4. 某国参加北京奥运会的男、女运动员的比例原为 19：12，由于先增加若干名女运动员，使男、女运动员的比例变 20：13，后又增加了若干名男运动员，于是男、女运动员比例最终变为 30：19，如果后增加的男运动员比先增加的女运动员多 3 人，则最后运动员的总人数为（　　）．
   A. 686　　　　B. 637　　　　C. 700　　　　D. 661　　　　E. 600

5. 一商店把某商品按标价的 9 折出售，仍可获利 20%，若该商品的进价为每件 21 元，则该商品每件的标价为（　　）元．
   A. 26　　　　B. 28　　　　C. 30　　　　D. 32　　　　E. 34

6. 某车间计划 10 天完成一项任务，工作 3 天后因故停工 2 天，若仍要按原计划完成任务，则工作效率需提高（　　）．
   A. 20%　　　　B. 30%　　　　C. 40%　　　　D. 50%　　　　E. 60%

7. 在一条与铁路平行的公路上有一行人与一骑车人同向行进，行人速度为 3.6 km/h，骑车人速度是 10.8 km/h．如果一列火车从他们的后面同向匀速驶来，它经过行人的时间是 22 s，经过骑车人的时间是 26 s，则这列火车的车身长度为（　　）m.
   A. 186　　　　B. 268　　　　C. 168　　　　D. 286　　　　E. 188

8. 甲、乙两人同时从 A 点出发，沿 400 m 跑道同向匀速行走，25 min 后乙比甲少走了一圈，若乙行走一圈需要 8 min，则甲的速度是（　　）m/min.
   A. 62　　　　B. 65　　　　C. 66　　　　D. 67　　　　E. 69

9. 已知船在静水中的速度为 28 km/h，河水的流速为 2 km/h，则此船在相距 78 km 的两地间往返一次所需的时间是（　　）h.

A. 5.9　　　　　B. 5.6　　　　　C. 5.4　　　　　D. 4.4　　　　　E. 4

10. 某公司用 1 万元购买了价格分别为 1 750 元和 950 元的甲、乙两种办公设备，则购买的甲、乙办公设备的件数分别为（　　）．

A. 3，5　　　　　B. 5，3　　　　　C. 4，4　　　　　D. 2，6　　　　　E. 6，2

二、条件充分性判断：第 11~15 小题，每小题 8 分，共 40 分．
要求判断每题给出的条件（1）和（2）能否充分支持题干所陈述的结论．A、B、C、D、E 五个选项为判断结果，请选择一项符合试题要求的判断．

　　A. 条件（1）充分，但条件（2）不充分；
　　B. 条件（2）充分，但条件（1）不充分；
　　C. 条件（1）和（2）都不充分，但联合起来充分；
　　D. 条件（1）充分，条件（2）也充分；
　　E. 条件（1）不充分，条件（2）也不充分，联合起来仍不充分．

11. 现有一批文字材料需要打印，两台新型打印机单独完成此任务分别需要 4 h 与 5 h，两台旧型打印机单独完成此任务分别需要 9 h 与 11 h，则能在 2.5 h 内完成此任务．
   (1) 安排两台新型打印机同时打印
   (2) 安排一台新型打印机与两台旧型打印机同时打印

12. 一项工作，甲、乙、丙三人各自独立完成需要的天数分别为 3，4，6，则丁独立完成该项工作需要 4 天时间．
   (1) 甲、乙、丙、丁四人共同完成该项工作需要 1 天时间
   (2) 甲、乙、丙三人各做 1 天，剩余部分由丁独立完成

13. 甲、乙两人赛跑，则甲的速度是 6 m/s．
   (1) 乙比甲先跑 12 m，甲起跑后 6 s 追上乙
   (2) 乙比甲先跑 2.5 s，甲起跑后 5 s 追上乙

14. 几个朋友外出游玩，购买了一些瓶装水，则能确定购买的瓶装水数量．
   (1) 若每人分 3 瓶，则剩余 30 瓶
   (2) 若每人分 10 瓶，则只有一人不够

15. 某公司计划租 n 辆车出游，则能确定人数．
   (1) 若租 20 座的车辆，只有 1 辆没坐满
   (2) 若租 12 座的车辆，则缺 10 个座位

拓展部分习题参考答案

✅ 第一章

第一节 【拓展1】D 　【拓展2】E 　【拓展3】A 　【拓展4】D 　【拓展5】C
　　　　【拓展6】E 　【拓展7】B 　【拓展8】C 　【拓展9】D

第二节 【拓展1】B 　【拓展2】A 　【拓展3】D

第三节 【拓展1】C 　【拓展2】C 　【拓展3】A 　【拓展4】B 　【拓展5】E
　　　　【拓展6】C

✅ 第二章

第一节 【拓展1】C 　【拓展2】A 　【拓展3】E

第二节 【拓展1】E 　【拓展2】D 　【拓展3】A

✅ 第三章

第一节 【拓展1】C 　【拓展2】A 　【拓展3】A

第二节 【拓展1】C 　【拓展2】A 　【拓展3】A 　【拓展4】E 　【拓展5】A

第三节 【拓展1】C 　【拓展2】E 　【拓展3】A 　【拓展4】A 　【拓展5】E
　　　　【拓展6】E 　【拓展7】D 　【拓展8】C 　【拓展9】B

✅ 第四章

第一节 【拓展1】B 　【拓展2】$\dfrac{1}{56}$

第二节 【拓展1】A 　【拓展2】D 　【拓展3】D 　【拓展4】B 　【拓展5】B

【拓展6】D　　【拓展7】A

第三节　【拓展1】D　　【拓展2】C　　【拓展3】A　　【拓展4】A

✅ 第五章

第一节　三角形　【拓展1】A　　【拓展2】B

四边形　【拓展1】D　　【拓展2】C

圆形及扇形　【拓展1】A　　【拓展2】E

第二节　【拓展1】E　　【拓展2】D

第三节　直线坐标系及点坐标　【拓展】B

直线方程　【拓展1】B　　【拓展2】A

圆的方程　【拓展1】D　　【拓展2】A

✅ 第六章

第一节　【拓展1】D　　【拓展2】E　　【拓展3】D　　【拓展4】A

　　　　【拓展5】C　　【拓展6】B　　【拓展7】A

第二节　【拓展1】D　　【拓展2】E　　【拓展3】D　　【拓展4】D

　　　　【拓展5】B　　【拓展6】E　　【拓展7】A

第三节　【拓展1】B　　【拓展2】B　　【拓展3】B

✅ 第七章

专题　【拓展1】C　　【拓展2】B　　【拓展3】B　　【拓展4】B

　　　【拓展5】E　　【拓展6】D　　【拓展7】D　　【拓展8】E

　　　【拓展9】C　　【拓展10】C　　【拓展11】B　　【拓展12】B

　　　【拓展13】C　　【拓展14】A　　【拓展15】E　　【拓展16】D

【拓展 17】E 　　【拓展 18】C 　　【拓展 19】B 　　【拓展 20】A

【拓展 21】C 　　【拓展 22】D 　　【拓展 23】C 　　【拓展 24】A

【拓展 25】A 　　【拓展 26】E 　　【拓展 27】B

综合能力测试参考答案及解析

第一章 算术

一、问题求解

1. 【答案】E
   【解析】由于三个数分别能被7，8，9整除，而且商相同，所以可设这三个数分别是$7n$，$8n$，$9n$. 又由于三个数的和是312，可得$7n+8n+9n=312$，解得$n=13$，故最大的数与最小的数相差26. 故选 E.

2. 【答案】C
   【解析】要使加工生产均衡，各道工序生产的零件总数应是3、10和5的公倍数. 要求三道工序"至少"多少工人，要先求3，10，5的最小公倍数. $[3,10,5]=5\times3\times2=30$，故各道工序均应加工30个零件. 则每道工序安排的人分别为$30\div3=10$（人），$30\div10=3$（人），$30\div5=6$（人）. 因此，总共至少$10+3+6=19$人. 故选 C.

3. 【答案】E
   【解析】$9N+5N=14N$，已知除以10的余数为6，所以，$14N=10\times$商$+6$，得到$14N$的个位数为6，因此N的个位数为4或9.

4. 【答案】B
   【解析】$(\sqrt{5}+2)m+(3-2\sqrt{5})n+7=(m-2n)\sqrt{5}+2m+3n+7=0$，得$\begin{cases}m-2n=0\\2m+3n+7=0\end{cases}$，
   解得$m=-2$，$n=-1$，则$m+n=-3$.

5. 【答案】E
   【解析】令$k=\dfrac{3x+4}{x-1}=3+\dfrac{7}{x-1}$，因为$x$，$k$都为整数，所以$x$的取值可以为$-6$，0，2，8. 故选 E.

6. 【答案】A
   【解析】210可以分解为$2\times3\times5\times7$，故$2+3+5+7=17$.
   故选 A.

7. 【答案】C
   【解析】20以内的质数有2，3，5，7，11，13，17，19，其中绝对值等于2的有$|3-5|=2$，$|7-5|=2$，$|11-13|=2$，$|17-19|=2$，共有4组. 故选 C.

8. 【答案】D
   100以内能被5或7整除的数=能被5整除的数的个数+能被7整除的数的个数-能被5和7（5和7的公倍数）的个数，能被5整除的数的个数$=\dfrac{100}{5}=20$个，能被7整除的数的个数$=\dfrac{100}{7}=14\dfrac{2}{7}$，
   所以100以内能被7整除的数有14个，5和7最小公倍数为35，则5和7公倍数的个数$=\dfrac{100}{35}=$

$2\frac{30}{35}$，所以 100 以内能被 5 和 7 整除的数有 2 个，100 以内能被 5 或 7 整除的数 = 20+14-2 = 32. 故选 D.

9. 【答案】 E

   【解析】 由绝对值的几何意义可知，$|x-a|+|x+2|$ 的最小值为当 $x=a$ 时，即最小值为 $|a+2|=5$，所以得到 a 为 3 或 -7.

10. 【答案】 E

    【解析】 原式可化为 $|x-3|-|x-(-1)|=4$，它表示在数轴上点 x 到点 3 的距离与到点 -1 的距离的差为 4，可知，小于等于 -1 的范围内的 x 的所有值都满足这一要求. 所以，原式解为 $x \leq -1$.

二、条件充分性判断

11. 【答案】 C

    【解析】 $\frac{3a}{26}=\frac{3a}{2\times 13}$，可知要使 $\frac{3a}{26}$ 是一个整数，则 a 能被 26 整除，即 a 既是 2 的倍数，也是 13 的倍数.

    条件（1）：由 $\frac{3a}{4}$ 可知 a 能被 4 整除，即 a 也能被 2 整除，故不充分；

    条件（2）：由 $\frac{5a}{13}$ 可知 a 只能被 13 整除，故也不充分.

    联合（1）（2），可知 a 既能被 2 整除，也能被 13 整除，故充分. 故选 C.

12. 【答案】 D

    【解析】（1）可推出 $3m$ 为偶数，因 3 为奇数，故 m 为偶数，充分；
    （2）可推出 $3m^2$ 为偶数，因 3 为奇数，故 m^2 为偶数，即 m 为偶数，充分.

13. 【答案】 A

    【解析】 由条件（1），根据绝对值的几何意义有：a，b，c 到原点的距离都不超过 5.

    如下图所示，如果 $|a-b|\geq 5$，$|a-c|\geq 5$，$|b-c|\leq 5$，同理可知，$|a-b|$，$|b-c|$，$|a-c|$ 不可能都超过 5，即至少有一个小于等于 5. 所以条件（1）充分.

    由条件（2），可以取反例，$a=5$，$b=-5$，$c=15$，显然条件不充分.

14. 【答案】 D

    【解析】 设酒杯的容积为 x.

    条件（1）：$\frac{3}{4}+x=\frac{7}{8}$，解得 $x=\frac{1}{8}$，因此，条件（1）充分；

    条件（2）：$\frac{3}{4}-2x=\frac{1}{2}$，解得 $x=\frac{1}{8}$，因此，条件（2）充分.

15. 【答案】 E

    【解析】（1）$m=3$，$q=3 \Rightarrow p=10$ 为合数，不充分；
    （2）$m=3$，$q=3 \Rightarrow p=10$ 为合数，不充分.
    联合依旧不充分.

第二章　整式与分式

一、问题求解

1. 【答案】A

   【解析】$f(x, y) = x^2 + 4xy + 5y^2 - 2y + 2 = (x+2y)^2 + (y-1)^2 + 1$，前两项最小值为0，当且仅当 $x = -2$，$y = 1$ 时，最小值为1.

2. 【答案】B

   【解析】$(a-b)^2 + (b-c)^2 + (c-a)^2 = 2(a^2+b^2+c^2) - (2ab+2ac+2bc) = 18 - [(a+b+c)^2 - (a^2+b^2+c^2)] = 27 - (a+b+c)^2 \leq 27$，当 $a+b+c=0$ 时，有最大值27.

3. 【答案】C

   【解析】令 $x + \dfrac{1}{x} = t$，$x^2 + \dfrac{1}{x^2} - 3x - \dfrac{3}{x} + 2 = 0 \Rightarrow t^2 - 3t = 0 \Rightarrow t = 0$（舍去），$t = 3$，

   则 $x^3 + \dfrac{1}{x^3} = \left(x + \dfrac{1}{x}\right)\left(x^2 - 1 + \dfrac{1}{x^2}\right) = \left(x + \dfrac{1}{x}\right)\left[\left(x + \dfrac{1}{x}\right)^2 - 3\right] = 18.$

4. 【答案】C

   【解析】本题需用到立方和（差）公式：$a^3 \pm b^3 = (a \pm b)(a^2 \mp ab + b^2)$，

   $\dfrac{x+y}{x^3+y^3+x+y} = \dfrac{x+y}{(x+y)(x^2-xy+y^2)+(x+y)} = \dfrac{1}{x^2+y^2-xy+1} = \dfrac{1}{6}$. 故选 C.

5. 【答案】A

   【解析】方法1：直接将选项展开.

   方法2：原式 $= x^3 - 1 + 6x - 6 = (x-1)(x^2+x+1) + 6(x-1) = (x-1)(x^2+x+7)$.

6. 【答案】B

   【解析】根据余式定理写出 $f(x) = (2x+5)(3x-1) - 5$，代入 $x = -1$，$f(-1) = (-2+5)(-3-1) - 5 = -17$.

7. 【答案】E

   【解析】根据因式定理，有 $f(1) = 1 + a^2 + 1 - 3a = 0$，解得 $a = 1$ 或 $a = 2$.

8. 【答案】D

   【解析】$x^2 - 3x + 2 = 0 \Rightarrow (x-1)(x-2) = 0$，当 $x = 1$ 时，$2 + a + b = 0$，当 $x = 2$ 时，$12 + 2a + b = 0$，解得 $\begin{cases} a = -10 \\ b = 8 \end{cases}$.

9. 【答案】B

   【解析】两式相加，得 $2e = -12 \Rightarrow e = -6$.

10. 【答案】E

    【解析】由 $\dfrac{a^2 b^2}{a^4 - 2b^4} = 1$ 得到 $a^4 - a^2 b^2 - 2b^4 = 0$，即 $a^2 = 2b^2$ 或 $a^2 = -b^2$（舍），若 $a^2 = 2b^2$，则

    $\dfrac{a^2 - b^2}{19a^2 + 96b^2} = \dfrac{1}{134}.$

二、条件充分性判断

11. 【答案】 B

【解析】 $\dfrac{p}{q(p-1)} = \dfrac{p}{pq-q}$.

（1） $p = 1-q$，即 $\dfrac{1-q}{(1-q)q-q} = \dfrac{1-q}{-q^2}$，不充分；

（2） $p+q = pq$，即 $\dfrac{p}{p+q-q} = 1$，充分.

12. 【答案】 C

【解析】 明显两个条件单独均不成立，联合两个条件，得 $\begin{cases} 3x-2y=0 \\ 2y-z=0 \end{cases}$，$\Rightarrow \begin{cases} y=\dfrac{3}{2}x \\ z=3x \end{cases}$，则 $\dfrac{2x+3y-4z}{-x+y-2z} = \dfrac{2x+\dfrac{9}{2}x-12x}{-x+\dfrac{3}{2}x-6x} = 1$，充分.

13. 【答案】 A

【解析】 （1） 若 $a<2$ 且 $b<2$，则 $a+b<4$，这与 $a+b\geqslant 4$ 矛盾，充分；

（2） $a\geqslant 4$ 无法确定 a，b 的正负性，$a=-2$，$b=-2$，$ab=4$，不充分.

14. 【答案】 B

【解析】 $\sqrt{a^2b}$ 在 $b\geqslant 0$ 时才有意义，条件（1）不充分；

当 $a<0$，$b>0$ 时，$\sqrt{a^2b} = |a|\sqrt{b} = -a\sqrt{b}$，条件（2）充分.

15. 【答案】 A

【解析】 条件（1）：$a^2+b^2+c^2 = ab+ac+bc \Rightarrow a^2+b^2+c^2-ab-ac-bc = 0$.

$a^2+b^2+c^2-ab-bc-ac = \dfrac{2a^2+2b^2+2c^2-2ab-2ac-2bc}{2}$

$= \dfrac{a^2-2ab+b^2+a^2-2ac+c^2+b^2-2bc+c^2}{2}$

$= \dfrac{(a-b)^2+(a-c)^2+(b-c)^2}{2} = 0$

$\Rightarrow (a-b)^2+(a-c)^2+(b-c)^2 = 0$

$\Rightarrow \begin{cases}(a-b)^2=0 \\ (a-c)^2=0 \\ (b-c)^2=0\end{cases} \Rightarrow \begin{cases}a-b=0 \\ a-c=0 \\ b-c=0\end{cases} \Rightarrow a=b=c$，可知 $\triangle ABC$ 为等边三角形. 故条件（1）充分.

条件（2）：

$a^3-a^2b+ab^2+ac^2-b^3-bc^2 = a^2(a-b)+b^2(a-b)+c^2(a-b) = (a^2+b^2+c^2)(a-b) = 0$.

因为 $a^2+b^2+c^2$ 恒大于 0，所以 $a-b=0$，即 $a=b$. 推不出 c 与 a，b 的相等关系. 故仅能推出 $\triangle ABC$ 为以 c 为底的等腰三角形. 故条件（2）不充分. 故选 A.

第三章　方程、函数与不等式

一、问题求解

1. 【答案】E

   【解析】$\dfrac{x^2}{x^4+x^2+1}=\dfrac{1}{x^2+1+\dfrac{1}{x^2}}=\dfrac{1}{\left(x+\dfrac{1}{x}\right)^2-2+1}=\dfrac{1}{3^2-1}=\dfrac{1}{8}$. 故选 E.

2. 【答案】D

   【解析】$\dfrac{1}{x_1}+\dfrac{1}{x_2}=\dfrac{x_1+x_2}{x_1 x_2}=\dfrac{-\dfrac{p}{3}}{\dfrac{5}{3}}=-\dfrac{p}{5}=2$，解得 $p=-10$. 故选 D.

3. 【答案】A

   【解析】当 $x<1$ 时，$1+x>\dfrac{1}{1-x}\Rightarrow(1+x)(1-x)-1>0\Rightarrow x^2<0$ 不成立；

   当 $x>1$ 时，$1+x>\dfrac{1}{1-x}\Rightarrow x^2>0$ 成立，所以，解集为 $x>1$.

   【易错点】（1）未注意定义域；（2）未分类求解.

4. 【答案】B

   【解析】根据 $f(0)=f(2)$，那么 $f(x)$ 的对称轴是 $x=1$，即 $-\dfrac{b}{2a}=1\Rightarrow b=-2a$，

   所以 $f(x)=ax^2-2ax+c$，$\dfrac{f(3)-f(2)}{f(2)-f(1)}=\dfrac{(9a-6a+c)-(4a-4a+c)}{(4a-4a+c)-(a-2a+c)}=\dfrac{3a}{a}=3$.

5. 【答案】B

   【解析】$\alpha+\beta=-\dfrac{5}{3}$，$\alpha\beta=\dfrac{1}{3}$，可知 α，β 同为负数，则 $\sqrt{\dfrac{\beta}{\alpha}}+\sqrt{\dfrac{\alpha}{\beta}}=\sqrt{\dfrac{\beta^2}{\alpha\beta}}+\sqrt{\dfrac{\alpha^2}{\alpha\beta}}=\dfrac{|\beta|}{\sqrt{\alpha\beta}}+\dfrac{|\alpha|}{\sqrt{\alpha\beta}}=$

   $-\dfrac{\beta}{\sqrt{\alpha\beta}}-\dfrac{\alpha}{\sqrt{\alpha\beta}}=-\dfrac{\alpha+\beta}{\sqrt{\alpha\beta}}=-\dfrac{-\dfrac{5}{3}}{\sqrt{\dfrac{1}{3}}}=\dfrac{5\sqrt{3}}{3}$. 故选 B.

6. 【答案】C

   【解析】$\begin{cases}k^2\neq 0\\ \Delta=[-(2k+1)]^2-4k^2\times 1>0\end{cases}$，解得 $k>-\dfrac{1}{4}$ 且 $k\neq 0$. 故选 C.

7. 【答案】B

   【解析】由均值不等式得出，$2x+\dfrac{a}{x^2}=x+x+\dfrac{a}{x^2}\geq 3\sqrt[3]{x\cdot x\cdot \dfrac{a}{x^2}}=3\sqrt[3]{a}=12\Rightarrow$ 当且仅当 $x=\dfrac{a}{x^2}$ 时，$\sqrt[3]{a}=$

   4，此时 $x_0=\dfrac{a}{x_0^2}\Rightarrow x_0=\sqrt[3]{a}=4$.

8. 【答案】C

【解析】平均成本 $\overline{C} = \dfrac{C}{x} = \dfrac{1}{40}x + \dfrac{25\,000}{x} + 200 \geqslant 2\sqrt{\dfrac{1}{40}x \times \dfrac{25\,000}{x}} + 200 = 250$，当且仅当 $\dfrac{1}{40}x = \dfrac{25\,000}{x}$ 时 "=" 成立，$\overline{C}$ 取得最小值，解得 $x = 1\,000$. 故选 C.

9. 【答案】C

【解析】$x^2 - 4xy + 4y^2 + \sqrt{3}x + \sqrt{3}y - 6 = (x-2y)^2 + \sqrt{3}(x+y) - 6 = 0 \Rightarrow x+y = \dfrac{1}{\sqrt{3}}[6-(x-2y)^2]$. 当 $(x-2y)^2$ 取最小值 0 时，$(x+y)$ 取最大值 $\dfrac{1}{\sqrt{3}}(6-0) = 2\sqrt{3}$. 故选 C.

10. 【答案】B

【解析】由根号有意义 $\begin{cases}3-x \geqslant 0 \\ x+1 \geqslant 0\end{cases}$，得 $-1 \leqslant x \leqslant 3$，原不等式变形为 $\sqrt{3-x} > \sqrt{x+1} + 1$，由于两边均非负，故两边平方后，整理得 $1 - 2x > 2\sqrt{x+1}$，此时 $1 - 2x > 0 \Rightarrow x < \dfrac{1}{2}$，再平方可得 $(1-2x)^2 > 4(x+1)$，所以 $4x^2 - 8x - 3 > 0$，得到 $x > \dfrac{2+\sqrt{7}}{2}$ 或 $x < \dfrac{2-\sqrt{7}}{2}$. 所以，原不等式解集为 $-1 \leqslant x < \dfrac{2-\sqrt{7}}{2}$，包含 -1 一个整数解.

二、条件充分性判断

11. 【答案】C

【解析】明显两个条件单独均不成立.

联合两个条件，$\begin{cases}x \leqslant y+2 \\ 2y \leqslant x+2\end{cases} \Rightarrow \begin{cases}x-y \leqslant 2 \text{①} \\ -x+2y \leqslant 2 \text{②}\end{cases}$，由①+②解得 $y \leqslant 4$，①×2+②可得 $x \leqslant 6$，联合充分.

12. 【答案】D

【解析】由题可得 $\Delta = a^2 - 4(b-1) = a^2 - 4b + 4$.

(1) $a + b = 0 \Rightarrow a = -b$，$\Delta = b^2 - 4b + 4 = (b-2)^2 \geqslant 0$，方程有实根，充分；

(2) $a - b = 0 \Rightarrow a = b$，$\Delta = b^2 - 4b + 4 = (b-2)^2 \geqslant 0$，方程有实根，充分.

13. 【答案】B

【解析】条件（1）：$a^2 > b^2 \Rightarrow |a| > |b|$，无法推出 $a > b$，故条件（1）不充分.

条件（2）：$\left(\dfrac{1}{2}\right)^a < \left(\dfrac{1}{2}\right)^b$，指数函数 $f(x) = \left(\dfrac{1}{2}\right)^x$ 在 R 上单调递减，故 $a > b$，条件（2）充分.

故选 B.

14. 【答案】A

【解析】若 $f(x)$ 有两个不同的实根，则需推出 $\Delta = b^2 - 4ac > 0$.

(1) 可得 a, c 互为相反数，且 $a \neq 0$，则 $\Delta = b^2 - 4ac = b^2 + 4a^2 > 0$，充分；

(2) 可得 $b = -a - c$，则 $\Delta = b^2 - 4ac = (a+c)^2 - 4ac = (a-c)^2 \geqslant 0$，不充分.

15. 【答案】B

【解析】根据题干联立直线和抛物线 $\begin{cases}y = x^2 \\ y = ax + b\end{cases} \Rightarrow x^2 - ax - b = 0$，依题意，直线与抛物线有两个交点，可知 $x^2 - ax - b = 0$ 有两个不相等的根，即 $\Delta = a^2 + 4b > 0$.

(1) $a^2 > 4b \Rightarrow a^2 - 4b > 0$，不充分；

(2) $b > 0 \Rightarrow 4b > 0$，因 $a^2 \geqslant 0$，故 $a^2 + 4b > 0$，充分.

第四章 数 列

一、问题求解

1. 【答案】D
   【解析】观察可知，只有 $a_n = 3n-1$ 符合等差数列通项 $a_n = kn+b$（k，b 均为常数）的特征. 故选 D.

2. 【答案】B
   【解析】等差数列通项公式：$a_n = a_1+(n-1)d = a_m+(n-m)d$. $\begin{cases} a_4+a_5 = a_1+3d+a_1+4d = -3 \\ a_1 = 3 \end{cases} \Rightarrow d = -1$. 故选 B.

3. 【答案】D
   【解析】等差数列连续等长的片段 S_n，$S_{2n}-S_n$，$S_{3n}-S_{2n}$，…也是等差数列，故 S_5，$S_{10}-S_5$，$S_{15}-S_{10}$ 是等差数列，有 $2(S_{10}-S_5) = S_5+S_{15}-S_{10}$，解得 $S_{10} = 55$. 故选 D.

4. 【答案】E
   【解析】设甲载重 a 吨，乙载重 b 吨，丙载重 c 吨，则 $\begin{cases} 2b = a+c \\ 2a+b = 95 \\ a+3c = 150 \end{cases} \Rightarrow \begin{cases} a = 30 \\ b = 35 \\ c = 40 \end{cases}$，则 $a+b+c = 105$.

5. 【答案】B
   【解析】在等差数列 $\{a_n\}$ 中，如果公差为 d，前 n 项和为 S_n，那么 S_n，$S_{2n}-S_n$，$S_{3n}-S_{2n}$，…也是等差数列，公差为 n^2d. 故 $n^2d = S_{2n}-S_n-S_n$. 当 $n = 3$ 时，$9d = S_6-S_3-S_3 = 24-3-3 = 18$，解得 $d = 2$. 故选 B.

6. 【答案】C
   【解析】因为均取四边形各边中点，所以内四边形是外四边形面积的一半，由于 $S_1 = 12$，则 $S_m = 12 \cdot \left(\dfrac{1}{2}\right)^{m-1}$.

   S_m 为首项为 12，公比为 $\dfrac{1}{2}$ 的等比数列，$S_1+S_2+S_3+\cdots+S_m = \dfrac{12\left[1-\left(\dfrac{1}{2}\right)^{m-1}\right]}{1-\dfrac{1}{2}}$，

   S_m 为无穷数列，m 趋于无穷时，$\left(\dfrac{1}{2}\right)^{m-1} = 0$，则 $\dfrac{12\left[1-\left(\dfrac{1}{2}\right)^{m-1}\right]}{1-\dfrac{1}{2}} = \dfrac{12}{1-\dfrac{1}{2}} = 24$.

7. 【答案】C
   【解析】$a_3 a_8 = x_1 x_2 = \dfrac{-18}{3} = -6$. 根据等比数列性质，$a_4 a_7 = a_3 a_8 = -6$. 故选 C.

8. 【答案】D
   【解析】在等差数列中，当 $m+n = p+q$ 时，$a_m+a_n = a_p+a_q$. $a_2+a_3+a_{10}+a_{11} = (a_2+a_{11})+(a_3+a_{10}) = (a_1+a_{12})+(a_1+a_{12}) = 2(a_1+a_{12}) = 64$，解得 $a_1+a_{12} = 32$. $S_{12} = \dfrac{12}{2} \times (a_1+a_{12}) = 192$. 故选 D.

9. 【答案】B

【解析】α^2，1，β^2 成等比数列 $\Rightarrow \alpha^2\beta^2=1 \Rightarrow \alpha\beta=\pm 1$. $\dfrac{1}{\alpha}$，1，$\dfrac{1}{\beta}$ 成等差数列 $\Rightarrow \dfrac{1}{\alpha}+\dfrac{1}{\beta}=2 \Rightarrow \dfrac{1}{\alpha}+\dfrac{1}{\beta}=\dfrac{\alpha+\beta}{\alpha\beta}=2 \Rightarrow \alpha+\beta=2\alpha\beta$. $\dfrac{\alpha+\beta}{\alpha^2+\beta^2}=\dfrac{2\alpha\beta}{(\alpha+\beta)^2-2\alpha\beta}=\dfrac{\pm 2}{(\pm 2)^2-(\pm 2)}=1$ 或 $-\dfrac{1}{3}$. 故选 B.

10. 【答案】A

【解析】等差数列 $\{a_n\}$ 第 3，4，7 项构成等比数列，则 $a_3a_7=a_4^2 \Rightarrow a_3(a_3+4d)=(a_3+d)^2 \Rightarrow 2a_3=d$. $\dfrac{a_2+a_6}{a_3+a_7}=\dfrac{a_3-d+a_3+3d}{a_3+a_3+4d}=\dfrac{a_3-2a_3+a_3+3\cdot 2a_3}{a_3+a_3+4\cdot 2a_3}=\dfrac{6a_3}{10a_3}=\dfrac{3}{5}$. 故选 A.

二、条件充分性判断

11. 【答案】A

【解析】(1) $a_n=S_n-S_{n-1}=2n+1$，$a_1=S_1=3$，充分；

(2) $a_n=S_n-S_{n-1}=2n+1$，$a_1 \neq S_1$，不充分.

12. 【答案】E

【解析】(1) $a_1+a_6=2a_1+5d=0 \Rightarrow d=-\dfrac{2}{5}a_1$，$a_1$，$d$ 非固定值，不充分；

(2) $a_1a_6=a_1(a_1+5d)=-1 \Rightarrow d=\dfrac{-1-a_1^2}{5a_1}$，不充分.

联合两个条件，得 $-\dfrac{2}{5}a_1=\dfrac{-1-a_1^2}{5a_1}$，解得 $a_1=-1$ 或 $a_1=1$，非固定值，不充分.

13. 【答案】A

【解析】若等比数列公比 $q=1$ 时，$S_2+S_5=2a_1+5a_1=7a_1$，$2S_8=16a_1$，又因为等比数列各项都不为 0，所以 $S_2+S_5 \neq 2S_8$. 若等比数列公比 $q \neq 1$，则 $S_2+S_5=2S_8 \Leftrightarrow \dfrac{a_1(1-q^2)}{1-q}+\dfrac{a_1(1-q^5)}{1-q}=\dfrac{2a_1(1-q^8)}{1-q} \Leftrightarrow 2q^6-q^3-1=0 \Leftrightarrow q^3=1$ 或 $q^3=-\dfrac{1}{2} \Leftrightarrow q=1$（$q \neq 1$，故舍去）或 $q=-\dfrac{1}{\sqrt[3]{2}}=-\dfrac{\sqrt[3]{2} \times \sqrt[3]{2}}{\sqrt[3]{2} \times \sqrt[3]{2} \times \sqrt[3]{2}}=-\dfrac{\sqrt[3]{4}}{2}$. 故条件 (1) 充分，条件 (2) 不充分. 故选 A.

14. 【答案】A

【解析】条件 (1)：$\begin{cases} a_3=a_1+2d=\dfrac{1}{6} \\ a_6=a_1+5d=\dfrac{1}{3} \end{cases}$，解得 $\begin{cases} a_1=\dfrac{1}{18} \\ d=\dfrac{1}{18} \end{cases}$，则 $S_{18}=na_1+\dfrac{n(n-1)}{2}d=18 \times \dfrac{1}{18}+\dfrac{18 \times 17}{2} \times \dfrac{1}{18}=\dfrac{19}{2}$. 故条件 (1) 充分.

条件 (2)：$\begin{cases} a_3=a_1+2d=\dfrac{1}{4} \\ a_6=a_1+5d=\dfrac{1}{2} \end{cases}$，解得 $\begin{cases} a_1=\dfrac{1}{12} \\ d=\dfrac{1}{12} \end{cases}$，则 $S_{18}=na_1+\dfrac{n(n-1)}{2}d=18 \times \dfrac{1}{12}+\dfrac{18 \times 17}{2} \times \dfrac{1}{12}=\dfrac{57}{4} \neq \dfrac{19}{2}$.

故条件 (2) 不充分. 故选 A.

15. 【答案】D

【解析】$a_1+a_2+a_3+a_4=S_4=4a_1+\dfrac{4\times(4-1)}{2}d=4a_1+6d=12.$

条件（1）：$d=-2$ 时，$4a_1+6\times(-2)=12$，解得 $a_1=6$，则 $a_4=a_1+3d=6+3\times(-2)=0$. 故条件（1）充分.

条件（2）：$\begin{cases}4a_1+6d=12\\a_2+a_4=a_1+d+a_1+3d=4\end{cases}$，解得 $\begin{cases}a_1=6\\d=-2\end{cases}$，则 $a_4=a_1+3d=6+3\times(-2)=0$. 故条件（2）充分. 故选 D.

第五章 几 何

一、问题求解

1. 【答案】A

   【解析】由已知 $(b-x)^2-4(1-x)(1-x)=0$，即 $3x^2+(2b-8)x+(4-b^2)=0$ 有两相同实根，从而 $\Delta=(2b-8)^2-12(4-b^2)=0$，得 $b=1$. 故选 A.

2. 【答案】D

   【解析】记四边形 $ABCF$ 的面积为 $S_白$，则所求面积 $S=\dfrac{1}{4}\times\pi\times 10^2-S_白=25\pi-\left(10\times 5-\dfrac{1}{4}\pi\times 5^2\right)=\dfrac{125}{4}\pi-50.$

3. 【答案】D

   【解析】由已知 $BC=\sqrt{5^2+12^2}=13$，从而 $\dfrac{1}{2}\times 5\times 12=\dfrac{1}{2}\times AD\times 13$，解得 $AD=\dfrac{60}{13}\approx 4.62.$

4. 【答案】B

   【解析】作 OQ 垂直于 BC，如图所示，则所求阴影面积与矩形 $OQCF$ 面积相等，因此阴影部分的面积为 $(a+b)b-b^2=ab.$

   （考点分析：由于 O 是弧 AOC 的中点，从而根据对称性，将阴影转换为规则图形的面积）

5. 【答案】E

   【解析】所求面积 $S=2\left[1^2-\pi\left(\dfrac{1}{2}\right)^2\right]=2-\dfrac{\pi}{2}$，故选 E.

6. 【答案】C

   【解析】圆 C_1：$(x+1)^2+(y-0)^2=2^2$，圆 C_2：$(x-0)^2+(y-3)^2=(\sqrt{3})^2$，圆心 $(-1,0)$ 到圆心 $(0,3)$ 的距离 $d=\sqrt{1+9}=\sqrt{10}$，由于 $2-\sqrt{3}<\sqrt{10}<2+\sqrt{3}$，从而 C_1 与 C_2 相交于两点. 故选 C.

7. 【答案】B

   【解析】该圆柱体原来的高为 h，底面半径为 r，则变化后的体积 $V=\pi(1.5r)^2(3h)=6.75\pi r^2 h.$

故选 B.

8. 【答案】B

   【解析】直接用作图法即可.

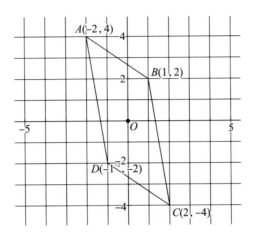

9. 【答案】D

   【解析】因为圆与直线相切 $x-7y+2=0$，所以 $r=\dfrac{|3-7\times(-5)+2|}{\sqrt{1^2+7^2}}=4\sqrt{2}$，所以圆的方程为 $(x-3)^2+(y+5)^2=32$.

10. 【答案】C

    【解析】$(2m^2-5m+2)x-(m^2-4)y+4=0$ 的倾斜角为 $45°$，$k=\dfrac{2m^2-5m+2}{m^2-4}=\tan 45°=1$，$2m^2-5m+2=m^2-4$，$m^2-5m+6=0$，$(m-2)(m-3)=0$，$m=2$ 时，k 不存在；$m=3$ 时，k 存在.

二、条件充分性判断

11. 【答案】C

    【解析】设长方形的长为 a，宽为 b，则小正方形的面积为 $(b-a)^2$.

    (1) 已知正方形 $ABCD$ 的面积，则可知 $a+b$，不充分；

    (2) 设 $\dfrac{a}{b}=k$，k 已知，不可求，不充分.

    联合两个条件设 $b+a=m$，则 $\begin{cases} b+a=m \\ \dfrac{a}{b}=k \end{cases}$，可求得 a，b 的值，充分.

12. 【答案】D

    【解析】$\triangle ABB_1$ 为等边三角形，设 $BE=x$，则 $x=\dfrac{a}{\sqrt{3}}$，要求推出 $2a^2-\dfrac{1}{2}\times a\times\dfrac{\sqrt{3}}{3}a=\left(2-\dfrac{\sqrt{3}}{6}\right)a^2=24-2\sqrt{3}$.

    由条件（1）$\left(2-\dfrac{\sqrt{3}}{6}\right)(2\sqrt{3})^2=\left(2-\dfrac{\sqrt{3}}{6}\right)\times 12=24-2\sqrt{3}$，即条件（1）充分.

    由条件（2）$\dfrac{1}{2}\times a\times\dfrac{\sqrt{3}}{2}\times a=3\sqrt{3}$，即 $a^2=12$，$a=2\sqrt{3}$，即条件（2）与条件（1）等价，条件（2）

也充分. 故选 D.

13. 【答案】A

【解析】根据条件（1），点 $A(1,0)$ 和 $A'\left(\dfrac{a}{4},-\dfrac{a}{2}\right)$ 所确定的直线 l 与 $x-y+1=0$ 垂直，则 l 的斜率 $k=\dfrac{0-\left(-\dfrac{a}{2}\right)}{1-\dfrac{a}{4}}=-1$，得 $a=-4$.

根据条件（2），$-\dfrac{2+a}{5}\times\dfrac{-a}{2+a}=-1$，$a=-2$ 或 $a=-5$，因此条件（1）充分，但条件（2）不充分. 故选 A.

14. 【答案】A

【解析】$A:(x+2)^2+(y+1)^2=2^2$，根据条件（1），$B:(x-1)^2+(y-3)^2=3^2$，圆心 $(-2,-1)$ 到圆心 $(1,3)$ 的距离 $d=\sqrt{(-2-1)^2+(-1-3)^2}=5$，从而 A、B 外切，即条件（1）是充分的. 根据条件（2），$B:(x-3)^2+(y-0)^2=3^2$，圆心 $(-2,-1)$ 到圆心 $(3,0)$ 的距离 $d=\sqrt{(-2-3)^2+(-1-0)^2}=\sqrt{26}$，从而 A、B 不可能相切，条件（2）不充分. 故选 A.

15. 【答案】B

【解析】圆 $(x-2)^2+(y-1)^2=4$ 的圆心为 $(2,1)$，半径为 2.

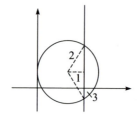

(1) 直线 $y-3=0$，圆心到直线的距离为 $|1-3|=2$，与圆相切，不充分；

(2) 直线 $x-3=0$，圆心到直线的距离为 $|2-3|=1$，直线被圆截得的线段长度 $=2\sqrt{2^2-1}=2\sqrt{3}$，充分.

第六章　数据分析

一、问题求解

1. 【答案】B

【解析】三个班人数最多为 $\dfrac{6\,952}{80}=86\dfrac{72}{80}$，三个班人数最少为 $\dfrac{6\,952}{81.5}=85\dfrac{24.5}{81.5}$，故有 86 名学生.

2. 【答案】C

【解析】假定 8 盏灯中 5 盏灯是亮着的，3 盏灯不亮. 这样原问题就等价于将 5 盏亮着的灯与 3 盏不亮的灯排成一排使 3 盏不亮的灯不相邻（灯是相同的）. 5 盏亮着的灯之间产生 6 个间隔（包括两边），从中插入 3 个作为熄灭的灯有 $C_6^3=20$ 种.

3. 【答案】D

   【解析】每个家庭内部之间的排列顺序为 3!，三个家庭的排列顺序为 3!，每一家的人都坐在一起的不同坐法有 $(3!)^3 \cdot 3! = (3!)^4$ 种.

4. 【答案】B

   【解析】求 $x_1+x_2+x_3+x_4=12$ 的正整数解的组数就可建立组合模型，将 12 个完全相同的球排成一列，在它们之间形成的 11 个空隙中任选 3 个插入 3 块隔板，把球分成 4 个组．每一种方法所得球的数目依次为 x_1, x_2, x_3, x_4 显然满足 $x_1+x_2+x_3+x_4=12$，故为 (x_1, x_2, x_3, x_4) 是方程的一组解．反之，方程的任何一组解对应着唯一的一种在 12 个球之间插入隔板的方式，故方程的解和插板的方法一一对应，即方程的解的组数等于插隔板的方法数，$C_{11}^3 = 165$.

5. 【答案】C

   【解析】要求恰好有 1 个球的编号与盒子的编号相同，用分步原理：先从 5 个球里面选 1 个球使它的编号与盒子的编号相同，有 C_5^1 种；剩下 4 个球的编号与盒子的编号不同，有 9 种，故共有 45 种，分步乘：投放方法的总数为 $5 \times 9 = 45$ 种.

6. 【答案】A

   【解析】能被 5 整除，个位为 0 或 5. 0 在个位时，有 $C_4^2 2!$ 个，5 在个位时，有 $C_3^1 C_3^1$ 个，共有 21 个.

7. 【答案】D

   【解析】从 10 双鞋子中选取 2 双，有 C_{10}^2 种取法.

8. 【答案】E

   【解析】小组中 3 个专业各有 1 名学生的概率 = $\dfrac{\text{每个专业各挑选一人}}{\text{所有人中挑选三人}} = \dfrac{C_5^1 C_4^1 C_1^1}{C_{10}^3} = \dfrac{1}{6}$.

9. 【答案】A

   【解析】甲赢乙，丙赢丁，甲赢丙的概率为 $0.3 \times 0.5 \times 0.3 = 0.045$，甲赢乙，丁赢丙，甲赢丁的概率为：$0.3 \times 0.5 \times 0.8 = 0.12$，故甲获胜的概率为 $0.045+0.12=0.165$.

10. 【答案】E

    【解析】根据电路串联和并联的常识，若使整个系统正常工作：两个 D 元件一定要正常工作，A，B，C 至少有一个正常工作，故概率 $P = s^2[1-(1-p)(1-q)(1-r)]$.

二、条件充分性判断

11. 【答案】D

    【解析】设三种水果的价格分别为 a 元/kg、b 元/kg、c 元/kg，则可知 $a+b+c=30$.
    (1) 设 $a=6$ 元/kg，则 $b+c=24$，若其中 b 超过 18 元/kg，则 c 将低于 6 元/kg，充分；
    (2) $a+b+2c=46 \Rightarrow a+b=14$，$c=16$，所以 a,b,c 三种水果的价格都不超过 18 元，充分.

12. 【答案】A

    【解析】根据条件（1），在公路 AB 上各站之间共有不同车票 $C_{10}^2 \times 2 = 45 \times 2 = 90$（种）；根据条件（2），在公路 AB 上各站之间共有不同车票 $C_9^2 \times 2 = 36 \times 2 = 72$（种），从而条件（1）充分，条件（2）不充分．故选 A.

13. 【答案】B

    【解析】(1) 合格品的概率 $= 0.81^2 = 0.6561 < 0.8$，不充分；
    (2) 合格品的概率 $= 0.9^2 = 0.81 > 0.8$，充分.

14. 【答案】B

【解析】根据条件（1），(s, t) 落入 $(x-3)^2+(y-3)^2=3^2$ 内的所有可能性为：$(s, t) = (1, 1)$，$(1, 2)$，$(2, 1)$，$(1, 3)$，$(3, 1)$，$(1, 4)$，$(4, 1)$，$(1, 5)$，$(5, 1)$，$(2, 2)$，$(2, 3)$，$(3, 2)$，$(2, 4)$，$(4, 2)$，$(2, 5)$，$(5, 2)$，$(3, 3)$，$(3, 4)$，$(4, 3)$，$(3, 5)$，$(5, 3)$，$(4, 4)$，$(4, 5)$，$(5, 4)$，$(5, 5)$，共计 25 种，而掷两次骰子的可能性共 $6\times6=36$（种），从而概率 $P=\dfrac{25}{36}\neq\dfrac{1}{4}$，因此条件（1）不充分.

根据条件（2），(s, t) 落入 $(x-2)^2+(y-2)^2=2^2$ 内的所有可能性为：$(s, t) = (1, 1)$，$(1, 2)$，$(2, 1)$，$(1, 3)$，$(3, 1)$，$(2, 2)$，$(2, 3)$，$(3, 2)$，$(3, 3)$，共计 9 种，从而所求概率为 $P=\dfrac{9}{36}=\dfrac{1}{4}$，即条件（2）是充分的.

故选 B.

15. 【答案】B

【解析】$P=\dfrac{C_1^1 C_9^1}{C_{10}^2}=\dfrac{1}{5}=0.2$. (1) $Q=1-\left(\dfrac{9}{10}\right)^2=0.19$，不充分；(2) $Q=1-\left(\dfrac{9}{10}\right)^3=0.271$，充分.

第七章　应用题

一、问题求解

1. 【答案】D

【解析】设甲进货量为 a，乙进货量为 b，则 $\begin{cases}\dfrac{a-15}{b-10}=\dfrac{8}{7}\\(a-15)-(b-10)=5\end{cases}\Rightarrow\begin{cases}a=55\\b=45\end{cases}$，即总进货量为 100.

2. 【答案】D

【解析】设原价为 a，则该产品这两年涨价 $\dfrac{a\times(1+10\%)\times(1+20\%)-a}{a}=32\%$. 故选 D.

3. 【答案】A

【解析】由 $\dfrac{1}{x}:\dfrac{1}{y}:\dfrac{1}{z}=4:5:6$ 可知，$x:y:z=\dfrac{1}{4}:\dfrac{1}{5}:\dfrac{1}{6}=\dfrac{15}{60}:\dfrac{12}{60}:\dfrac{10}{60}=15:12:10$. $y=74\times\dfrac{12}{15+12+10}=24$. 故选 A.

4. 【答案】B

【解析】方法 1：设原来男运动员人数为 $19k$，女运动员人数为 $12k$，先增加 x 名女运动员，则后增加的男运动员是 $x+3$ 人，根据题意，得 $\begin{cases}\dfrac{19k}{12k+x}=\dfrac{20}{13}\\\dfrac{19k+x+3}{12k+x}=\dfrac{30}{19}\end{cases}$，解得 $k=20$，$x=7$，故最后运动员的总人数为 $(19k+x+3)+(12k+x) = (19\times20+7+3)+(12\times20+7) = 637$.

方法 2：设原男运动员人数为 a，女运动员人数为 b，后增加女运动员 x 人，增加男运动员 y 人，则有

$$\begin{cases} \dfrac{a}{b} = \dfrac{19}{12} \\ \dfrac{a}{b+x} = \dfrac{20}{13} \\ \dfrac{a+y}{b+x} = \dfrac{30}{19} \\ y = x+3 \end{cases}, \text{解得} x=7, y=10, a=380, b=240,$$

从而最后运动员总人数为 380+240+7+10 = 637（人）.

5. 【答案】 B

【解析】 设该商品的标价为 a，则售价为 $0.9a$，由题意 $\dfrac{0.9a-21}{21} = 0.2$，得 $a=28$（元）.

6. 【答案】 C

【解析】 原工作计划为 0.1，设工作效率提高了 a，则提高效率后工作 5 天的工作量＝工作 3 天后剩余的工作量 $\Rightarrow (0.1+a) \times 5 = 1-0.1 \times 3 \Rightarrow a=0.04$，故效率提高了 $\dfrac{\text{提高效率}}{\text{原效率}} = \dfrac{0.04}{0.1} = 40\%$.

7. 【答案】 D

【解析】 设火车的车身长为 x m，火车速度为 v m/s，由已知行人速度为 $v_1 = 1$ m/s，骑车人速度 $v_2 = 3$ m/s，

因此 $\begin{cases} \dfrac{x}{v-v_1} = 22 \\ \dfrac{x}{v-v_2} = 26 \end{cases}$，得 $x=286$（m）. 故选 D.

8. 【答案】 C

【解析】 设甲的速度为 a，则 $\left(\dfrac{400}{a-\dfrac{400}{8}} \right) = 25 \Rightarrow a=66$.

9. 【答案】 B

【解析】 往返时间 $= \dfrac{\text{距离}}{\text{顺流速度}} + \dfrac{\text{距离}}{\text{逆流速度}} = \dfrac{78}{30} + \dfrac{78}{26} = 5.6$ h.

10. 【答案】 A

【解析】 设购买甲办公设备 m 件，购买乙办公设备 n，即 $1\,750m+950n=10\,000 \Rightarrow 35m+19n=200$，35，200 均能被 5 整除，故 $19n$ 也能被 5 整除，即 $n=5$，代入解得 $m=3$. 故选 A.

二、条件充分性判断

11. 【答案】 D

【解析】 （1）完成时间 $= \dfrac{1}{\dfrac{1}{4}+\dfrac{1}{5}} = 2.2$ h，充分；

（2）完成时间 $\leqslant \dfrac{1}{\dfrac{1}{5}+\dfrac{1}{11}+\dfrac{1}{9}} = 2.49$ h，充分.

12. 【答案】A

【解析】设工程量为1，甲、乙、丙分别每天完成的工程量为 $\frac{1}{3}$，$\frac{1}{4}$，$\frac{1}{6}$，设丁每天完成的工程量为 $\frac{1}{x}$，题干要求推出 $x=4$．

根据条件（1），$\frac{1}{3}+\frac{1}{4}+\frac{1}{6}+\frac{1}{x}=1$，则 $\frac{1}{x}=1-\frac{3}{4}=\frac{1}{4}$，即条件（1）是充分的．

条件（2）显然不充分，因为不确定丁需多少天完成剩余部分．故选 A．

13. 【答案】C

【解析】设甲速度为 v_1 m/s，乙速度为 v_2 m/s，题干要求推出 $v_1=6$ m/s，根据条件（1），$\frac{12}{v_1-v_2}=6$；根据条件（2），$\frac{2.5v_2}{v_1-v_2}=5$．

14. 【答案】C

【解析】设有 m 人，共 n 瓶水．

(1) $3m+30=n$，n 不唯一，不充分；

(2) $10(m-1)<n<10m$，n 不唯一，不充分．

联合两个条件，$10(m-1)<3m+30<10m \Rightarrow \frac{30}{7}<m<\frac{40}{7} \Rightarrow$ 有 5 人，即可得出共有 45 瓶水，充分．

15. 【答案】E

【解析】条件（1）"若每辆 20 座，1 车未满"意味着总人数比 $20(n-1)$ 多，比 $20n$ 少；条件（2）"若每辆 12 座，则少 10 个座"意味着总人数等于 $12n+10$．明显两个条件单独均不充分，故联合两个条件．设有 a 人，则 $\begin{cases} 20(n-1)<a<20n \\ 12n+10=a \end{cases} \Rightarrow \frac{5}{4}<n<\frac{15}{4}$，$n$ 为整数，所以 n 取 2 或 3，求得的 n 值不唯一，条件（1）不充分和条件（2）联合起来仍不充分．